**Finanças Públicas
da União Europeia**

Finanças Públicas da União Europeia

2012

João Ricardo Catarino
José F. F. Tavares
Coordenadores

FINANÇAS PÚBLICAS DA UNIÃO EUROPEIA
COORDENADORES
João Ricardo Catarino
José F. F. Tavares
EDITOR
EDIÇÕES ALMEDINA, S.A.
Rua Fernandes Tomás, nºs 76-80
3000-167 Coimbra
Tel.: 239 851 904 · Fax: 239 851 901
www.almedina.net · editora@almedina.net
DESIGN DE CAPA
FBA.
PRÉ-IMPRESSÃO
G.C. – GRÁFICA DE COIMBRA, LDA.
Palheira Assafarge, 3001-453 Coimbra
producao@graficadecoimbra.pt
IMPRESSÃO E ACABAMENTO

Setembro, 2012
DEPÓSITO LEGAL

Apesar do cuidado e rigor colocados na elaboração da presente obra, devem os diplomas legais dela constantes ser sempre objeto de confirmação com as publicações oficiais.
Toda a reprodução desta obra, por fotocópia ou outro qualquer processo, sem prévia autorização escrita do Editor, é ilícita e passível de procedimento judicial contra o infractor.

 GRUPOALMEDINA

BIBLIOTECA NACIONAL DE PORTUGAL – CATALOGAÇÃO NA PUBLICAÇÃO

FINANÇAS PÚBLICAS DA UNIÃO EUROPEIA

Finanças Públicas da União Europeia / coord. João Ricardo Catarino, José F. F. Tavares. – (Obras colectivas)
ISBN 978-972-40-4922-9

I – CATARINO, João Ricardo
II – TAVARES, José

CDU   336

SIGLAS

ACP — Grupo de Estados de África, Caraíbas e Pacífico
AUE — Ato Único Europeu
BCE — Banco Central Europeu
CE — Comunidade Europeia
CECA — Comunidade Europeia do Carvão e do Aço
CEE — Comunidade Económica Europeia
CEEA/EURATOM — Comunidade Europeia de Energia Atómica
COMECOM — Conselho para Assistência Económica Mútua
DAS — Declaration d'Assurance (Declaração de fiabilidade)
ECOFIN — Conselho de Economia e Finanças da União Europeia
EFTA — Associação Europeia de Comércio Livre
FEADER — Fundo Europeu Agrícola de Desenvolvimento Rural
FEAGA — Fundo Europeu Agrícola de Garantia
FED — Fundo Europeu de Desenvolvimento
FEDER — Fundo Europeu de Desenvolvimento Regional
FEOGA — Fundo Europeu de Orientação e Garantia Agrícola
FSE — Fundo Social Europeu
INTOSAI — International Organisation of Supreme Audit Institutions
JOCE — Jornal Oficial das Comunidades Europeias
JOUE — Jornal Oficial da União Europeia
LEO — Lei de Enquadramento Orçamental
OCDE — Organização para a Cooperação e Desenvolvimento Económico
OLAF — Organismo Europeu de Luta Antifraude
PAC — Política Agrícola Comum
PE — Parlamento Europeu

PEC	–	Programa de Estabilidade e Crescimento
PIB	–	Produto Interno Bruto
PNB	–	Produto Nacional Bruto
QREN	–	Quadro de Referência Estratégico Nacional
RF	–	Regulamento Financeiro aplicável ao Orçamento da União Europeia
RNB	–	Rendimento Nacional Bruto
RPT	–	Recursos Próprios Tradicionais
SEBC	–	Sistema Europeu de Bancos Centrais
SME	–	Sistema Monetário Europeu
TCE	–	Tribunal de Contas Europeu
TFUE	–	Tratado sobre o Funcionamento da União Europeia
TUE	–	Tratado da União Europeia
UE	–	União Europeia
UEM	–	União Económica e Monetária

NOTA DE APRESENTAÇÃO

João Ricardo Catarino
José F. F. Tavares
(Coordenadores)

A União Europeia olha para si mesma como um ator global organizado sob a forma de uma parceria económica e política única, hoje com 27 países europeus, que ao longo de cerca de meio século tem garantido a paz, a estabilidade e a prosperidade, ajudando a melhorar os níveis de vida dos cidadãos europeus. Com uma superfície ligeiramente superior a 4 milhões de km² e com cerca de 495 milhões de habitantes, a União Europeia representa a terceira maior população do mundo, depois da China e da Índia. É, hoje, um mercado único sem fronteiras onde pessoas, mercadorias, serviços e capitais circulam livremente, no contexto de uma moeda única europeia, abrangendo 17 Estados membros.

A União Europeia pretende ser uma voz ativa como parceiro de cooperação em todas as regiões do globo, por ser o maior parceiro comercial do mundo, estando particularmente interessada na promoção da dimensão humana das relações internacionais, nomeadamente a solidariedade social, os direitos humanos e a democracia.

O destacado papel da União Europeia tem-na levado a intervir em vários domínios, desde os Direitos do Homem aos transportes e ao comércio, da inovação tecnológica ao reforço da coesão, da agricultura e pescas à cultura e educação, todos eles desdobrados em políticas várias como a monetária ou de concorrência. Daí tem resultado um sucessivo alargamento das políticas comuns e, naturalmente, um reforço dos meios financeiros colocados à disposição dos seus órgãos e instituições através do seu orçamento anual.

Consequentemente, o orçamento da União Europeia eleva-se hoje a cerca de 142 mil milhões de euros, um montante significativo em termos absolutos mas que representa apenas 1% da riqueza gerada anualmente pelos Estados membros da UE. O essencial destes recursos destina-se a melhorar a vida dos cidadãos e das comunidades da União Europeia, nomeadamente a ajudar as regiões e as populações mais desfavorecidas, bem como a fomentar o emprego e o crescimento em todo o seu território.

A atividade de uma organização desta dimensão afeta de forma muito significativa a vida dos cidadãos, das empresas e dos Estados que a integram. Seja pela via da execução das políticas comuns, seja através dos recursos afetos a fundos estruturais, seja por outros modos, a União está presente nos mais diversos domínios.

Pese embora a importância dessa ação e a expressão do seu orçamento, as finanças europeias, compreendendo o processo orçamental europeu, são pouco conhecidas e, diremos nós, pouco estudadas quer nas universidades europeias quer entre nós. Seja porque os cursos de graduação foram temporalmente reduzidos, seja porque existem outras matérias cujo ensino se considera prioritário, as questões financeiras da União Europeia são deixadas para planos de estudos mais avançados e, por isso, mais restritos.

Acresce um desconhecimento mais global da realidade financeira e orçamental da União Europeia noutras partes do mundo. Mas isso não significa que não haja um interesse transversal por estas temáticas dentro e fora da União Europeia. Efetivamente, cidadãos, académicos, agentes económicos e instituições públicas e privadas oriundas de espaços económicos que procuram percorrer caminhos próximos do projeto europeu, como é o caso da *Unasul – União das Nações Sul Americanas*, da *ALCA – Área Livre de Comércio Livre das Américas*, da *APEC – Cooperação Econômica da Ásia e do Pacífico*, da *CEI – Comunidade dos Estados Independentes*, da *ASEAN – Associação das Nações do Sudeste Asiático*, entre muitos outros, manifestam o maior interesse pela temática da União Europeia e dos seus recursos financeiros.

O resultado é um interesse crescente desta realidade que se aglutina em torno do denominado "projeto europeu".

A obra que agora se publica, que tivemos o gosto de organizar, conta com a participação de um insigne conjunto de especialistas interessados nestas matérias e procura colmatar uma lacuna importante no panorama do ensino, sobretudo para o vasto público dos países de língua portuguesa, relativamente às finanças da União Europeia.

O livro foi concebido para servir como *Manual* de ensino destas temáticas, sobretudo para os níveis de graduação e pós-graduação, pelo que se acha pedagogicamente estruturado de forma a nele sobressair a componente formativa.

Assim, os temas foram alinhados de forma lógica visando propiciar uma gradual introdução ou progressivo aprofundamento das matérias segundo uma coerência intrínseca que tem como objetivo essencial facilitar a aprendizagem. Assim se compreende que os capítulos estejam organizados em três grandes áreas, a saber: em primeiro lugar focam-se os traços mais estruturais desta realidade financeira; em segundo são tratados o sistema, a organização decisória e a execução das finanças da União Europeia; e, em terceiro lugar, o controlo, as responsabilidades e as perspetivas de evolução das finanças da União Europeia.

Esperamos deste modo que o livro venha a ter o melhor acolhimento pelo público-alvo, sendo certo que as opiniões expressas são da inteira responsabilidade dos seus autores.

PREFÁCIO

As Finanças na Convenção Europeia
– Reflexão e Testemunho

Guilherme D'Oliveira Martins

Aquando da Convenção Europeia, tive o gosto de participar ativamente na reflexão que conduziu às principais alterações dos Tratados da União que vieram a ser consagrados no Tratado de Lisboa. A matéria financeira pública foi uma das que mereceu especial atenção, considerando que importava reforçar a dupla legitimidade, dos Estados e dos cidadãos, num tema que no futuro teria significativos desenvolvimentos. Daí a necessidade de superar as reminiscências de um tempo em que a distinção entre despesas obrigatórias e não obrigatórias não ajudava à clareza do consentimento por parte dos cidadãos. Segue-se, assim, um testemunho sobre os trabalhos da Convenção.

As **Finanças Públicas da União** são objeto de tratamento específico no novo Tratado de Lisboa – prevendo-se as normas respeitantes aos princípios orçamentais e financeiros, os recursos, o quadro financeiro plurianual e o Orçamento da União. Entre os princípios existe a consagração da universalidade, da especificação e da discriminação, do equilíbrio, da anualidade, da autorização por ato juridicamente obrigatório, do cabimento orçamental, da boa gestão financeira, do combate à fraude e à ilegalidade e da unidade de conta. Assim, *todas* as receitas e todas as despesas da União devem ser previstas para cada exercício e ser inscritas no Orçamento. O Orçamento deve apresentar um equilíbrio formal entre receitas e despesas. As despesas inscritas no Orçamento são autorizadas pelo prazo de um ano, ou seja, para a duração do exercício orçamental. Este coincide com o ano civil, só podendo executar-se uma despesa inscrita no Orçamento desde que exista um ato juridicamente obrigatório prévio, que dê fundamento legal à ação da União.

A União não poderá adotar atos com incidência orçamental sem que exista a segurança de que a proposta ou a medida possa ser adequadamente financiada dentro dos limites dos recursos próprios da União e do quadro financeiro plurianual. Além desta preocupação de disciplina financeira, há a exigência de executar o Orçamento segundo regras de boa gestão financeira – devendo os Estados-membros e a União cooperar para que esse desiderato se realize. Prevê-se ainda o compromisso de Estados-membros e União no sentido do combate à fraude e a todas as atividades ilegais que possam pôr em causa os interesses financeiros da União. O Orçamento anual e o quadro financeiro plurianual são estabelecidos em euros. A deliberação adotada, depois de consulta ao Tribunal de Contas Europeu, determinará as regras financeiras que fixam as modalidades relativas à elaboração e execução do Orçamento e à prestação e fiscalização das contas, bem como as regras relativas à responsabilidade dos auditores financeiros, dos gestores orçamentais e dos contabilistas e ao seu controlo.

Se recordo aqui estes passos, faço-o com sentido pedagógico, uma vez que este procedimento constitui um paradigma da codecisão, num domínio especialmente sensível da legitimidade da democracia supranacional europeia. No **procedimento orçamental**, foi a Convenção que propôs o fim da distinção entre despesas obrigatórias e não obrigatórias, já obsoleta e dificilmente justificável. Segundo o novo procedimento, até 1 de Julho, cada instituição elabora uma previsão das suas despesas. A Comissão reúne as previsões num projeto de Orçamento, acompanhado de um parecer que pode incluir previsões divergentes. O projeto tem uma previsão de receitas e uma previsão de despesas. A Comissão pode alterar o projeto de Orçamento durante o processo, até à convocação do Comité de Conciliação. A Comissão submete o projeto de Orçamento à apreciação do Parlamento Europeu e do Conselho, até ao dia 1 de Setembro do ano que antecede o da execução. O Conselho de Ministros define a sua posição sobre o projeto e transmite-o ao Parlamento Europeu, até 1 de Outubro. Se no prazo de 42 dias, após esta transmissão, o Parlamento Europeu tiver aprovado a posição do Conselho de Ministros, ou não se tiver pronunciado, o Orçamento considera-se adotado. Se no mesmo prazo o Parlamento Europeu tiver proposto, por maioria dos membros que o compõem, alterações à posição do Conselho de Ministros, o texto obtido será transmitido ao Conselho de Ministros e à Comissão. O Presidente do Parlamento Europeu convoca, de acordo com o Presidente do Conselho de Ministros, o Comité de Conciliação. Este não se reúne se, no prazo de dez dias, o Conselho de Ministros comunicar ao Parlamento Europeu que aprova todas as alterações. O Comité de Conciliação, que reúne os membros do Conselho de Ministros (ou os seus representantes) e o mesmo número de membros representando o Parlamento, tem por missão chegar a um projeto comum – por maioria qualificada dos membros do Conselho de Ministros ou dos seus representantes e por maioria dos membros que representam o Parlamento Europeu – num prazo de vinte e um dias a contar da sua convocação. A Comissão participa nos trabalhos do Comité de Conciliação, devendo promover a aproximação de posições do Parlamento e do Conselho. Se, no prazo estipulado, o Comité de Conciliação aprovar um projeto comum, o Parlamento e o Conselho dispõem cada um de um prazo de catorze dias para adotar um projeto comum. Também aqui o Parlamento Europeu delibera por maioria dos votos expressos e o Conselho de Ministros por maioria qualificada. Se o Comité de Conciliação não aprovar um projeto comum ou se o Conselho de Ministros o rejeitar, o Parlamento poderá, num prazo de catorze dias (deliberando por maioria dos membros que o compõem e três quintos dos votos expressos), confirmar as suas alterações. Se a alteração do Parlamento Europeu não for confirmada, considera-se adotada a posição do Conselho de Ministros para cada rubrica orçamental que é objeto de alteração. No caso de o Parlamento rejeitar o projeto comum por maioria dos membros que o compõem e três quintos dos votos expressos, pode solicitar a apresentação de um novo projeto.

 Terminado o processo, o Presidente do Parlamento Europeu declara que o Orçamento se encontra definitivamente adotado. Na ausência de Orçamento no início de um exercício orçamental, as despesas poderão ser efetuadas por capítulo até ao limite de um duodécimo das dotações inscritas na lei europeia do Orçamento do ano anterior. O Conselho de Ministros pode adotar, em condições excecionais, uma decisão que autorize despesas superiores ao referido duodécimo. O Conselho transmite a decisão ao

Parlamento Europeu, e esta só entra em vigor se, passados trinta dias sobre a adoção, o Parlamento não decidir, por maioria dos membros que o compõem, reduzir tais despesas. Torna-se, deste modo, claro que a Comissão é o órgão de **execução do Orçamento**, em cooperação com os Estados-membros. No Orçamento, e tendo como limite as dotações concedidas e o respeito do princípio da boa gestão financeira, a Comissão pode proceder a transferências de dotações, quer entre capítulos quer entre subdivisões. O Parlamento Europeu dá quitação à Comissão quanto à execução do Orçamento, a partir das contas do exercício findo apresentadas anualmente ao Parlamento e ao Conselho. A quitação é dada, sob recomendação do Conselho de Ministros e tendo em consideração o relatório anual do Tribunal de Contas – podendo a Comissão ser ouvida sobre a execução das despesas ou o funcionamento dos sistemas de controlo financeiro.

O tema dos **recursos próprios** da União foi dos mais controversos durante o debate da Convenção, não tendo havido significativos avanços – o que condiciona fortemente a concretização do alargamento da União e a realização da coesão económica, social e territorial. Além do tema ter sido abordado no grupo de trabalho sobre a governação económica, foi objeto da reflexão de um dos círculos de discussão, onde foram colocadas as seguintes questões: Será que os atuais recursos próprios respondem às expectativas dos cidadãos em termos de equidade e transparência? No âmbito do procedimento previsto para os recursos próprios deverá a decisão do Conselho permanecer sujeita à regra da unanimidade? Qual deverá ser o papel do Parlamento Europeu? Deverá ser mantida a exigência de aprovação dos Estados-membros de acordo com as respetivas normas constitucionais ou dever-se-á transformar o financiamento em competência da União? Será que o atual processo decisório permite alterar substancialmente os recursos? O círculo insistiu no princípio da transparência do financiamento da União, devendo os cidadãos ter a possibilidade de conhecer o custo da União e de compreender como é financiada e devendo haver um reforço do controlo democrático sobre os resultados das despesas face aos objetivos previamente fixados, uma vez que "a eficácia é uma fonte de legitimidade". Foram invocados os princípios do consentimento do imposto, da adequação dos meios e da equidade entre os Estados-membros – devendo "o sistema de financiamento ser baseado na capacidade contributiva que deriva da riqueza relativa dos Estados-membros expressa principalmente em termos de PNB". Neste ponto, aliás, houve quem lembrasse a necessidade de corrigir a degressividade do sistema de financiamento da União e quem recordasse que a equidade orçamental não repousa exclusivamente na vertente das receitas mas também no efeito redistributivo das despesas.

A maioria dos membros do círculo propôs que no artigo relativo aos recursos se estabelecesse a distinção entre dois procedimentos diferentes, em lugar do procedimento único: (a) A fixação do limite máximo dos recursos próprios, isto é, a dimensão do Orçamento da União, bem como a criação de novos recursos mantêm-se sujeitas ao procedimento mais pesado da Constituição (aprovação pelo Conselho por unanimidade, com recomendação de adoção aos Estados-membros de acordo com as respetivas normas constitucionais); (b) As modalidades concretas dos recursos da União são definidas segundo um procedimento menos pesado (maioria qualificada do Conselho e parecer favorável do Parlamento Europeu), desaparecendo a exigência de ratificação nacional. O círculo recomendou ainda a consagração das perspetivas financeiras plurianuais como juridicamente vinculativas – sendo o limite máximo de recursos próprios vinculativo para o quadro financeiro plurianual que, por sua vez, é vinculativo para o Orçamento anual.

Relativamente ao fundo da questão, não houve consenso – tendo sido expressas posições divergentes. Alguns desejaram que a União evoluísse para receitas de natureza fiscal, uma vez que a existência de impostos europeus garantiria maior estabilidade e transparência, desde que, porém, em caso algum pudesse haver um aumento da carga fiscal global que pesa sobre os contribuintes. Neste grupo, houve quem entendesse que caberia ao direito derivado estabelecer tal tipo de recursos e que não seria necessária qualquer alteração para decidir a criação de um imposto europeu ou da participação num imposto nacional – uma vez que os recursos tradicionais têm já natureza fiscal. Houve outros que consideraram ser preferível afastar toda a incerteza e abrir expressamente a possibilidade de prever na Constituição recursos de natureza fiscal. Por fim, houve aqueles que consideraram ser o sistema atual seguro e equitativo – afirmando mesmo ser o recurso do PNB o que assegura maior equidade, por basear-se na riqueza relativa dos Estados, devendo, por isso, ter maior peso. O círculo concluiu, porém, que a atual base jurídica permite a criação de novos recursos, incluindo de natureza fiscal. No entanto, diversos membros entenderam que a rigidez do procedimento de tomada de decisão não facilitará a criação de novos recursos.

Na sequência deste consenso mínimo, afirma-se no Tratado de Lisboa que a União se dota dos meios necessários para atingir os objetivos e para executar as suas políticas, devendo o Orçamento da União ser integralmente financiado por recursos próprios, sem prejuízo de haver outras receitas. Como vimos, cabe ao Conselho de Ministros fixar o limite de recursos da União e estabelecer novas categorias dos mesmos ou revogar uma categoria existente. Neste caso, o Conselho deverá decidir por unanimidade, após consulta do Parlamento Europeu. Esta decisão não poderá entrar em vigor sem a ratificação dos Estados-membros, de acordo com as respetivas leis fundamentais. Já as modalidades concretas de recursos da União serão fixadas por uma lei europeia do Conselho, adotada por maioria qualificada, após aprovação do Parlamento Europeu. Por outro lado, o **quadro financeiro plurianual** passa a ser expressamente referido e visa assegurar uma evolução ordenada das despesas da União, no limite dos recursos próprios. Assim, o Orçamento anual da União respeita o quadro financeiro plurianual e uma decisão do Conselho de Ministros fixa o referido quadro financeiro – após aprovação do Parlamento Europeu, que vota por maioria dos membros que o compõem. O quadro plurianual é estabelecido por um período de, pelo menos, cinco anos. Se a decisão que fixa um novo quadro não tiver sido adotada no final do quadro financeiro precedente, os limites máximos e outras disposições correspondentes ao último ano deste quadro são prorrogados até que haja uma nova deliberação. No primeiro quadro financeiro plurianual após a entrada em vigor da Constituição, o Conselho de Ministros deliberará por unanimidade.

O tema das finanças públicas é crucial no âmbito da democracia supranacional europeia. Os recursos próprios, a dimensão das despesas públicas, o sentido e o alcance do governo económico da União, a coordenação de políticas (em especial no tocante ao investimento e ao emprego, sobretudo em tempos de crise) – tudo isso obriga a um esforço especial, que não pode deixar de ser articulado com o alargamento da ligação entre a intervenção dos Parlamentos nacionais em matéria europeia e com a aplicação efetiva do princípio da subsidiariedade. Por isso mesmo, a presente obra reveste-se da maior importância, não só pela qualidade e rigor dos seus contributos, mas sobretudo porque permite uma visão de conjunto sobre os instrumentos orçamentais, as suas virtualidades e limitações. A partir dessa perspetiva seria possível lançar, no plano europeu, um debate rigoroso e aberto no sentido do reforço dos meios e dos instrumentos de controlo e responsabilização na União Europeia.

A União política obriga a um maior equilíbrio da União económica e monetária, o governo económico europeu torna-se cada vez mais urgente, a coesão económica e social apenas poderá ter eficácia se uma disciplina orçamental acrescida for exercida com elevado sentido de justiça distributiva. E, levado às suas melhores consequências, o princípio da subsidiariedade obrigará a que os cidadãos europeus se sintam efetivamente representados nas principais decisões da União, quer nos seus Estados quer nas instituições comunitárias.

Gostaria de saudar muito especialmente a presente iniciativa de publicar uma obra que preencha um vazio na literatura científica das Finanças Públicas e que muito auxiliará professores, estudantes, investigadores e cidadãos na compreensão de um tema de crescente importância nos tempos atuais.

Capítulo 1
A Crise do Euro e o Papel das Finanças Públicas

Eduardo Paz Ferreira[1]

Sumário: 1. Introdução; 2. Fazer o errado em vez do que está certo?; 3. Finanças integradas pelo esforço comum ou pela imposição?; 4. Uma política de pequenos passos; 5. O Keynesianismo ilegalizado; 6. Uma União Económica e Monetária à deriva. Bibliografia.

1. Introdução

Foi com o maior prazer e honra que aceitei o convite dos coordenadores deste livro para me juntar ao conjunto de reflexões que se ficam a dever a figuras do maior relevo nas vidas política e económica portuguesas. A qualidade, extensão e densidade dos restantes aconselham-me a maior cautela no sentido de evitar sobreposições, bem como a clara identificação daquilo que me proponho.

Nesse sentido, direi que o meu texto visa essencialmente relacionar o processo de integração com a evolução das finanças públicas europeias, colocando um especial ênfase naquilo que me parece a infeliz solução consagrada no Tratado Intergovernamental, suscetível de agravar a crise económica e de minar as próprias bases da União Europeia[2].

---

[1] Professor Catedrático da Faculdade de Direito de Lisboa. Presidente do Instituto Europeu da FDL.
[2] Numa parte deste artigo, segue-se o texto do "Manifesto Um Tratado que não serve a Europa", elaborado em conjunto com Luis Máximo dos Santos, Sérgio do Cabo e Nuno Cunha Rodrigues. O autor agradece especialmente ao Dr. Sérgio do Cabo todo o apoio prestado.

2. Fazer o errado em vez do que está certo?

Num célebre discurso, proferido em Setembro de 1946, Winston Churchill, a quem a Europa e a o Mundo, tanto ficaram a dever pela coragem e lucidez únicas com que soube orientar a luta pela liberdade contra as forças da barbárie, proclamava: "é imperioso construir uma espécie de Estados Unidos da Europa. Só dessa forma centenas de milhões de trabalhadores poderão recuperar as alegrias e esperanças simples que dão sentido à vida. O processo é simples. Basta a determinação de centenas de milhões de homens e mulheres empenhados em fazer o que está certo em vez do que está errado, para ter por recompensa felicidade em vez de sofrimento...".

Churchill não viria a ter um papel relevante na Europa do pós-guerra, em resultado das opções do eleitorado britânico, mas ficou-se-lhe, ainda, a dever esse impulso fundador daquilo que viria a ser a União Europeia, o que não deixa de ser irónico quando são conhecidas as dificuldades posteriores de relacionamento entre a Grã-Bretanha e as Comunidades Europeias. No seu discurso perpassava o legado que filósofos, historiadores, escritores e outros foram constituídos ao longo dos séculos, mas sobretudo a perceção da necessidade imperiosa de construir um caminho de paz. Resolvido militarmente o conflito, havia que organizar o quotidiano, dar uma vida digna a todos e criar uma esperança de paz futura

Importa, ainda, recordar que o antigo primeiro-ministro britânico afirmou de modo claro que o primeiro passo para a recriação da família europeia teria de passar por uma parceria entre a França e a Alemanha, inspiração retomada na célebre Declaração Schuman, na qual se proclamava categoricamente:

"A paz mundial só poderá ser salvaguardada com esforços criativos à medida dos perigos que a ameaçam.

A contribuição que uma Europa organizada e viva pode prestar à civilização é indispensável para a manutenção de relações pacíficas. A França, paladina, há mais de vinte anos, de uma Europa unida, teve sempre como objetivo principal estar ao serviço da paz. A Europa não se fez, estivemos em guerra.

A Europa não se construirá de uma só vez, nem pela concretização de um projeto global predeterminado: resultará, sim, de realizações concretas – criando em primeiro lugar solidariedades de facto. A mobilização das nações europeias exige que seja eliminada a oposição secular entre a França e a Alemanha: a ação a levar a cabo deve dizer respeito em primeiro lugar à França e à Alemanha.

Abriu-se o caminho à criação da CECA e a que, em 1957, no Tratado de Roma, os chefes de Estado da Bélgica, Alemanha Federal, França, Itália, Luxemburgo e Holanda firmassem o Tratado de Roma, através do qual criaram a Comunidade Económica Europeia, declarando-se DETERMINADOS a estabelecer os fundamentos de uma união cada vez mais estreita entre os povos europeus, DECIDIDOS a assegurar, mediante uma ação comum, o progresso económico e social dos seus países, eliminando as barreiras que dividem a Europa, PREOCUPADOS em reforçar a unidade das suas economias e assegurar o seu desenvolvimento harmonioso pela redução das desigualdades entre as diversas regiões e do atraso das menos favorecidas e RESOLVIDOS a consolidar, pela união dos seus recursos, a defesa da paz e da liberdade e apelando para os outros povos da Europa que partilham dos seus ideais para que se associem aos seus esforços".

A grande inspiração generosa e pacifista do pós-guerra triunfava, ainda que tragicamente limitada pela divisão da Europa em dois blocos. À iniciativa ocidental o bloco soviético viria, aliás, a responder com a criação do COMECON, experiência de integração económica profundamente diversa das Comunidades Europeias nas suas ambições e objetivos, funcionando basicamente como um instrumento ao serviço dos interesses económicos da União Soviética.

Sessenta e cinco anos depois, não pode deixar de se admirar aquilo que foram os enormes progressos no processo de unificação europeia, bem expressos nos sucessivos alargamentos, bem como na passagem da União para as Comunidades, ao mesmo tempo que nos interrogamos como não foi possível retirar deste longo caminho energia e inspiração para construir os caminhos do futuro.

Na impossibilidade de seguir, nesta sede, o percurso que levou das Comunidades à União Europeia e dos seis Estados fundadores aos atuais vinte e sete, recorde-se, apenas, que este processo se caracterizou por uma progressiva integração económica, seguida por uma mais tímida integração política.

Não deixa de ser simbólico que os sessenta e cinco anos do Tratado de Roma fiquem assinalados pela assinatura por vinte e cinco dos vinte e sete Estados membros de um Tratado intergovernamental, sintomaticamente celebrado à margem do Tratado de Lisboa, versão atual do texto fundador.

A opção pelo Tratado Intergovernamental parece corresponder à verificação de que seria impossível prosseguir no esforço de adaptação da estrutura jurídica de base, tornando necessário o recurso a um procedimento mais adequado ao tradicional direito internacional do que ao direito europeu, apontando-se para uma profunda desconfiança quanto às possibilidades de reforço da integração.

Mas é, sobretudo, na inspiração de base subjacente aos dois Tratados que se encontra o aspeto mais interessante. Onde, no Tratado de Roma, se podia ver um esforço de solidariedade e de colocação das soberanias em comum ao serviço de uma Europa unida e sem desigualdades regionais, encontra-se, agora uma inspiração de claro domínio pelas duas maiores potências europeias e de total desvalorização de qualquer objetivo social ou solidário.

Confrontada com uma situação de destruição e pavor, a Europa soube reagir de uma forma ambiciosa e generosa que se foi mantendo ao longo de décadas e assegurou décadas de prosperidade e bem-estar. Acossada por uma crise financeira, a Europa respondeu diferentemente, afirmando os egoísmos nacionais, desinteressando-se da política social e optando pelo caminho da recessão.

Num Tratado que não pode deixar de ser considerado como uma revisão encapotada do Tratado de Lisboa, feita por um processo totalmente irregular e atípico, aquilo que mais impressiona é a obsessão pela austeridade financeira, erigida em peça fundamental da integração europeia. Especialmente impressionante é, ainda, o considerando que, despudoradamente, determina que a concessão de assistência financeira, no quadro de novos programas ao abrigo do Mecanismo Europeu de Estabilidade, ficará condicionada, a partir de 1 de Março de 2013, à ratificação do presente Tratado pela Parte Contratante.

Será que, invertendo o conselho de Churchill estaremos a fazer o errado em vez de fazer o que está certo?

3. Finanças integradas pelo esforço comum ou pela imposição?

O sumário enunciado das diferenças radicais que separam o Tratado de Roma do Tratado Intergovernamental aponta para que o papel das finanças públicas europeias no quadro de um e outro instrumento jurídico sejam muito variadas. É dessas diferenças e, também, das continuidades em matéria de finanças públicas europeias que se falará, de seguida, diferenciando, tanto quanto possível, o quanto respeita às finanças públicas dos Estados membros e às finanças públicas da própria União.

No que se refere às finanças públicas da União, há que assinalar que elas espelham, de algum modo, o modelo de integração porque se optou e que se afastou da tradicional integração meramente aduaneira, envolvendo uma integração de políticas que tem consequências a dois níveis: a criação de uma máquina administrativa própria e a realização de políticas comuns distintas ou complementares das dos Estados membros, como aquelas que resultaram da criação do Fundo Social Europeu, instituído no próprio Tratado ou da Política Agrícola Comum, rapidamente posta de pé por um Regulamento de 1962, da Política de Desenvolvimento Regional e de diversas outras políticas comuns com relevo para a da Coesão.

A par da tradicional satisfação de necessidades públicas pela via dos Estados ou das entidades intraestaduais, surge um novo agente – a Comunidade Económica Europeia – que assume a produção de bens públicos, o que coloca problemas de financiamento que podem, em abstrato, ser resolvidos por duas vias fundamentais: ou através de contribuições dos Estados membros ou pela atribuição de poderes de obtenção de receitas próprias da nova instituição, assentes num poder de impor coativamente sacrifícios de natureza financeira.

A opção seguida nos primeiros tempos da integração foi, claramente, a primeira, por razões facilmente compreensíveis, uma vez que, por um lado, a integração ainda não atingia dimensões apreciáveis e, por outro, se não podia encontrar uma entidade política legitimada para aprovar um orçamento público.

Não se pode também ignorar que, desde os primórdios, se não encarou um processo de unificação das finanças públicas, que substituísse de forma significativa a ação nacional pela ação das Comunidades. Mesmo nas fases de maior otimismo europeísta e com exceção dos nunca muito numerosos pensadores federalistas, se viu afirmar-se uma vontade clara de assegurar uma dimensão financeira mais importante das Comunidades.

Apenas a nível teórico se foi tentando advogar o peso crescente das finanças públicas das Comunidades. A Comissão também se tentou pela ideia, tendo encomendado, logo em 1977, o estudo das alternativas de evolução nessa área, em comparação com as experiências federais, daí resultando a elaboração do Relatório MacDougall que, ainda hoje, é possível ler com o sentimento de que se se tivesse seguido os caminhos apontados talvez se tivesse feito aquilo que está certo e não aquilo que estava errado.

Pode-se, pois, concluir com alguma tranquilidade que o aprofundamento da integração europeia não foi feito pela via das finanças públicas, mas basicamente pela afirmação, fortemente respaldada na jurisprudência do Tribunal de Justiça das Comunidades, das liberdades de circulação que conduziram à criação de um mercado interno assente muito em especial na liberdade de circulação de mercadorias e capitais.

A jurisprudência do Tribunal de Justiça que determinou um aprofundamento da integração europeia, que não pode deixar de ser saudado determinou, por outro lado, um crescente esbatimento da possibilidade de utilização a nível nacional dos instrumentos de finanças públicas para fins de intervenção.

Trata-se de um caminho que deveria ter tido como contrapartida o aumento das finanças europeias e a possibilidade de utilização do Orçamento Europeu para efeitos de redistribuição e estabilização. A culpa de assim não ter acontecido não pode, todavia, ser assacada ao Tribunal.

4. Uma política de pequenos passos

Tem sido norma distinguir quatro fases na história das finanças comunitárias, tal com o faz José Tavares, para cujo claro e detalhado texto neste volume me permito remeter, cingindo-me a uma apreciação muito sintética, que ajude a compreender a evolução registada nessa matéria. Creio, apenas, que se deve autonomizar uma quinta fase, na qual nos encontramos atualmente.

Numa primeira fase, que se estende desde a criação das comunidades até à década de setenta do século passado e com a exceção da CECA que, desde o início, dispôs de uma receita própria relacionada com os produtos de carvão e aço, encontramos um financiamento assente em contribuições dos Estados, fixadas por força da vontade destes, ano a ano.

Na ausência de um Parlamento Europeu – uma vez que nesse período apenas existia a Assembleia Parlamentar, integrada por membros designados pelos Parlamentos dos Estados e com funções puramente consultivas, a aprovação do Orçamento era feita pelo Conselho -, ficando o controlo e fiscalização orçamental a cargo de órgãos internos: Comissário de Contas na CECA e Comissão de Contas na CEE e na CEEA.

Saliente-se ainda que, apesar de uma inicial fragmentação dos orçamentos, se caminhou para a criação de um único orçamento, acompanhando a tendência geral para a integração das diferentes comunidades.

Substancialmente diversa vai ser a orientação consagrada numa segunda fase, que se estende entre o princípio e meados dos anos 70 e em que encontramos um substancial acréscimo do fenómeno financeiro no âmbito comunitário, bem expresso quer ao nível das receitas, quer dos procedimentos de aprovação do orçamento.

Nesta segunda fase há que sublinhar que as receitas resultantes da pauta aduaneira comum passam a constituir recurso próprio das Comunidades, uma vez deduzidos os encargos de cobrança dos Estados, que à Comunidade é atribuída e, sobretudo, que as Comunidades passam a dispor da receita IVA, calculada de harmonia com uma forma complexa, sobre o produto da arrecadação daquele imposto que, entretanto, se torna obrigatório para todos os Estados membros. Ao mesmo tempo, o Tratado de Luxemburgo vai reforçar significativamente o peso da Assembleia Parlamentar em matéria de Orçamento e atribuir-lhe competência para aprovar a Conta apresentada pela Comissão

Num terceiro período, que vai de 1977 até 1987 vai ser reforçada substancialmente a autonomia financeira, com o aumento da receita IVA de 1 para 1,4% do total, com a eleição direta do Parlamento Europeu, o início do funcionamento do Tribunal de Contas e a criação de bases de programação financeira plurianual.

Trata-se de um período que, do ponto de vista comunitário, é especialmente marcado por grandes progressos na unificação e pelos alargamentos. A aprovação do Ato Único Europeu, ainda que com escassos reflexos no plano das finanças públicas, assinala especialmente esse dinamismo.

No plano orçamental, as Comunidades vão ser confrontadas com dificuldades crescentes e negociações cada vez mais complexas, designadamente com a Inglaterra.

A última fase que se entende que decorre até à eclosão da crise, acompanha as grandes transformações verificadas no espaço comunitário e, designadamente, as resultantes dos alargamentos e da transformação das Comunidades na União Europeia.

Como característica essencial deste período, creio que se pode registar a abdicação de um maior poder orçamental da União Europeia, bem expressa na limitação do Orçamento a 1,1% do PIB da União, em benefício de crescentes poderes de controlo sobre as finanças nacionais.

A União Económica e Monetária instituída pelo Tratado de Maastricht veio, de facto, instituir significativas exigências de coordenação das finanças públicas nacionais, em contraste com os débeis mecanismos de coordenação económica.

A definição de critérios de acesso à moeda única relacionados com a situação das finanças públicas e, designadamente, a exigência de o *ratio* entre a dívida pública e o PIB não exceder os 60 por cento e o défice orçamental não ultrapassar os 3 por cento do PIB é especialmente significativa. O Pacto de Estabilidade e Crescimento viria a traduzir-se num esforço de cristalizar estes valores, tornando o seu respeito obrigatório mesmo após a entrada no euro.

Na sequência do enquadramento jurídico que viria a ser dado ao chamado "Pacto de Estabilidade" proposto pelo Governo Alemão em Dezembro de 1995, o procedimento aplicável em caso de défice excessivo viria ainda a ser desenvolvido através de um Regulamento relativo à aceleração e clarificação da aplicação do procedimento relativo aos défices excessivos (Regulamento 1467/97): a chamada vertente corretiva do Pacto de Estabilidade.

Com o objetivo de reforçar a vertente preventiva do Pacto de Estabilidade, foi aprovado, com base no atual n.o 6 do artigo 121.o do TFUE, um Regulamento relativo ao reforço da supervisão das situações orçamentais e à supervisão e coordenação das políticas económicas (Regulamento 1466/97).

Entretanto, na sequência das situações de défice excessivo registadas em 2003 e em 2004 na França e na Alemanha e do Acórdão do Tribunal de Justiça de 13 de Julho de 2004 (proc. C-27/04) procedeu-se à flexibilização dos regulamentos 1466 e 1467/97 (Regulamentos 1055 e 1056/2005).

Se nos cingirmos ao plano financeiro este período caracteriza-se por uma acentuada modernização da gestão financeira, com o crescente recurso a uma planificação plurianual, bem expressa nas Perspetivas Financeiras, a uma articulação dessa perspetiva com a nacional, consubstanciada nos Quadros Comunitários de Apoio. Outro aspeto da maior importância é a redefinição do sistema de recursos que passa a envolver, para além dos tradicionais, uma contribuição nacional, baseada no Rendimento Nacional Bruto dos Estados membros.

Um aspeto que aparece como especialmente positivo durante este período é o que se relaciona com a alteração significativa da repartição das despesas públicas, em que as despesas da Política Agrícola Comum perdem progressiva importância a favor de despesas com a coesão, a investigação, a energia e os transportes, o que representa uma alocação de recursos bem mais adequada.

5. O Keynesianismo ilegalizado

Na sequência da eclosão da crise financeira de 2007/2008, a União Europeia, relutantemente e sob a pressão das conclusões do G-20 e das políticas de auxílio público então decididas e que vieram a revelar-se decisivas para evitar uma depressão mundial, pôs de pé políticas expansionistas que tiveram reflexos no desequilíbrio das contas públicas nacionais.

Aproveitando a crise grega, os defensores da ortodoxia financeira viriam, todavia, a inverter radicalmente esse caminho, avançando no sentido da austeridade e do equilíbrio orçamental, entendidos como única forma para superar a crise.

As insuficiências e inutilidade do Tratado de Lisboa que ignorara totalmente as questões da União Económica e Monetária ficaram, então patentes. Impressiona que, não obstante estarem identificadas desde há muito, nunca se verificou da parte dos Estados-membros uma vontade de colmatar as lacunas existentes na arquitetura da União Económica e Monetária, pelo menos pela via da revisão dos tratados institutivos da União e da Comunidade Europeia. Pelo contrário, as sucessivas revisões pós-Maastricht deixaram essa matéria sempre intocada.

A única alteração a nível do Tratado da União Europeia, foi a cirúrgica previsão da possibilidade de criação de um mecanismo de estabilidade financeira.

Por decisão do Conselho Europeu de 25 de Março de 2011 foi alterado o artigo 136º do TFUE, ao qual foi aditado o seguinte nº 3:

«3 – Os Estados membros cuja moeda seja o euro podem criar um mecanismo de estabilidade a acionar caso seja indispensável para salvaguardar a estabilidade da área do euro no seu todo. A concessão de qualquer assistência financeira necessária ao abrigo do mecanismo ficará sujeita a rigorosa condicionalidade.»

Afastada a possibilidade de alterar significativamente o Tratado e reafirmada a opção pela continuidade da moeda comum, a União procurou resolver os problemas com recurso aos instrumentos de direito derivado, na esteira do Pacto de Estabilidade

Pressionada pelas críticas quanto à ausência de instrumentos para lidar com a crise, designadamente no que diz respeito à existência de um efetivo governo económico europeu, em Novembro de 2011 (cf. JO L 306, de 23.11.2011) a União Europeia publicou vários regulamentos e uma diretiva tentando formular uma estratégia de reação.

A Diretiva estabelece requisitos aplicáveis aos quadros orçamentais dos Estados- -Membros (Diretiva 2011/85/UE), um novo regulamento relativo à prevenção e correção dos desequilíbrios macroeconómicos (Regulamento 1176/2011). Um novo regulamento relativo a medidas de execução para corrigir os desequilíbrios macroeconómicos excessivos na área do euro (Regulamento 1174/2011).

No Regulamento 1174/2011 estabelece-se um quadro adicional de sanções, que acrescem às multas já previstas no artigo 126.o do TFUE e no Regulamento n.o 1467/97), definindo-se um procedimento relativo aos desequilíbrios macroeconómicos excessivos, ao qual também são associadas sanções pecuniárias para os países da área do euro, procurando reproduzir ao nível da coordenação das políticas económicas (artigo 121.o do TFUE) o mesmo quadro sancionatório existente no plano estritamente orçamental (artigo 126.o do TFUE).

Acrescem mais duas propostas de regulamentos apresentadas pela Comissão em 23 de Novembro de 2011:

- Regulamento relativo ao reforço da supervisão económica e orçamental dos Estados-Membros afetados ou ameaçados por graves dificuldades no que diz respeito à sua estabilidade financeira na área do euro (COM(2011) 819) prevendo a figura dos Estados membros sujeitos a supervisão reforçada, o procedimento de assistência financeira e de ajustamento macroeconómico, incluindo a supervisão pós-programa;
- Regulamento que estabelece disposições comuns para o acompanhamento e a avaliação dos projetos de planos. Esta proposta de regulamento prevê a apresentação anual pelos Estados- Membros, à Comissão e ao Eurogrupo, até 15 de Outubro, de um projeto de plano orçamental para o ano seguinte, que será objeto de parecer da Comissão e de avaliação pelo Eurogrupo e a fiscalização mais rigorosa das políticas orçamentais dos Estados-Membros objeto de um procedimento relativo aos défices excessivos, a fim de assegurar uma correção oportuna e duradoura das situações de défice excessivo, a avaliação dos projetos de planos orçamentais e para a correção do défice

excessivo dos Estados-Membros da área do euro (COM(2011) 821) que visa complementar o Semestre Europeu, definindo um calendário orçamental comum.

Pouco depois, veio a prevalecer o entendimento de que uma intervenção ao nível do direito derivado seria insuficiente, aventurando-se a União no projeto de um novo tratado intergovernamental, figura atípica no ordenamento europeu, ainda que se possa recordar o Tratado de Schengen.

O projeto de novo Tratado vem exigir aos Estados participantes a consagração nas respetivas Constituições, ou em normas de valor equivalente, do princípio do equilíbrio ou excedente orçamental estrutural, o qual apenas admite desvios temporários em circunstâncias excecionais, devendo sempre regressar-se a uma situação de equilíbrio ou excedente orçamental (art. 3º, nº 2, 1ª parte). Vem igualmente impor a instituição, a nível nacional, de mecanismos de correção automática dos desequilíbrios orçamentais com base em princípios comuns a propor pela Comissão Europeia, designadamente quanto ao papel e independência de instituições responsáveis, a nível nacional, por controlar o cumprimento das regras orçamentais (art. 3º, nº 2, 2ª parte), bem como a obrigação de redução da dívida pública à razão de 5% ao ano (1/20) sempre que esta exceda 60% do PIB (art. 4º). É igualmente imposta a obrigação de implementação de um programa de reformas estruturais (económicas e orçamentais) vinculativo em caso de défice excessivo (art. 5º) e a apresentação antecipada ao Conselho e à Comissão dos planos de emissão de dívida pública nacional (artº 6º). O projeto de Tratado consagra ainda a regra de votação por maioria qualificada «invertida» (art. 7º) e atribui ao Tribunal de Justiça de poderes de controlo quanto à consagração a nível constitucional ou equivalente do princípio do equilíbrio ou excedente orçamental estrutural e respetivos mecanismos de correção automática, incluindo a sua vertente institucional (art. 8º). Prevê ainda a figura da convergência e competitividade reforçadas de forma a melhorar o funcionamento da UEM (art. 9º), a cooperação reforçada em matérias essenciais para o funcionamento da área do euro, sem pôr em causa o mercado interno (art. 10º) e a prévia coordenação das reformas económicas a implementar em cada Estado-membro (art. 11º), institucionalizando as cimeiras da zona euro (art. 12º) e as conferências orçamentais entre as comissões pertinentes do Parlamento Europeu e dos Parlamentos Nacionais (artigo 13º). Finalmente, para entrar em vigor, basta que o novo tratado intergovernamental seja ratificado por doze Estados, muito embora apenas se aplique àqueles que procederam à respetiva ratificação (art. 14º), salvo quanto aos mecanismos institucionais criados (cimeiras da zona euro e conferências orçamentais a nível do Parlamento Europeu e dos Parlamentos nacionais) que são aplicáveis a todas as partes contratantes, mesmo que não tenham ratificado o Tratado (art. 14º, nº 4). Estabelece-se ainda uma cláusula de *'opting in'* para os Estados membros da União Europeia que não sejam partes contratantes (artigo 15º) e prevê-se uma futura fusão deste Tratado com o Tratado da União Europeia (TUE) e com o Tratado sobre o Funcionamento da União Europeia (TFUE), o mais tardar cinco anos após a data da sua entrada em vigor (artigo 16º).

Uma análise do Tratado permite pensar que se trata, no essencial, de uma tentativa de elevar ao nível de tratado o fracassado (não por acaso) Pacto de Estabilidade e Crescimento como contrapartida da criação do Mecanismo Europeu de Estabilidade (MEE).

As soluções consagradas não traduzem qualquer passo num avanço real em sentido federal. A esse nível, as disposições do Projeto, embora implicando uma disciplina mais rigorosa sobre as finanças públicas dos países contratantes, não introduzem qualquer inovação significativa. Nem poderiam fazê-lo sem a assunção pelos 27 Estados-membros.

O Projeto de Tratado reincide no erro de instituir um regime económico sem flexibilidade, em resultado do ainda maior espartilho decorrente das regras orçamentais. Os Estados-membros mais frágeis – já bastante condicionados pela dependência de financiamentos de instituições da União – ficam totalmente desprovidos de instrumentos de política económica para prosseguir os seus objetivos específicos. E não podem sequer beneficiar, como nos Estados Unidos, dos instrumentos próprios do federalismo (designadamente de um poderoso orçamento redistributivo ao nível da União), ficando assim no pior de dois mundos

Uma das maiores debilidades do Projeto de Tratado consiste, precisamente, em criar um modelo único de resposta para todos os países da União sem levar em conta os diferentes graus de desenvolvimento, ou a natureza das dificuldades com que estão confrontados. A austeridade nos países deficitários deveria sempre ser compensada por políticas expansionistas nos países excedentários, de forma a permitir uma expansão das exportações daqueles.

A prioridade das regras fixas – ainda que com algumas confusas e ligeiras possibilidades de escape – traduz a consagração de uma forma de pensamento rígido, assente na desvalorização da política e na afirmação da perversidade implícita em toda a decisão de política económica. As regras, em vez de terem um enviesamento no sentido das políticas orçamentais restritivas, que limitam o crescimento económico, deveriam não só permitir, mas até impor, políticas orçamentais expansionistas aos países com excedentes substanciais e persistentes, de modo a reduzir os desequilíbrios financeiros no interior da Zona Euro e a facilitar o ajustamento nos países com maiores défices externos.

De Franklin Roosevelt e Harry Truman aos pais fundadores da União Europeia e à grande geração de políticos europeus do segundo pós-guerra, ficou evidente a importância das decisões de política económica para contrariar as situações de crise económica.

A política de austeridade deve ser definida a nível político, com respeito pelas competências parlamentares, e objeto de constante atualização. O avanço para um governo económico europeu não pode ser antecedido pelo prévio confisco dos poderes desse Governo.

Sérgio do Cabo tem avisadamente alertado para a necessidade de o Tratado Intergovernamental ser interpretado à luz do "Pacto para o Euro Mais" (países da zona euro + Bulgária, Dinamarca, Letónia, Lituânia, Polónia e Roménia) decidido em Março de 2011, com o objetivo de reforçar o pilar económico da união monetária, mas conferindo à coordenação das políticas económicas uma nova dimensão, assente, não tanto em iniciativas comunitárias ou baseadas no enquadramento institucional oferecido pela União, mas em iniciativas nacionais, coordenadas a nível intergovernamental pelo Conselho.

a) Repare-se que é assumido que o "Pacto para o Euro Mais" se centra, primordialmente, em domínios da competência nacional, e que em áreas políticas escolhidas, serão acordados objetivos comuns a nível dos Chefes de Estado ou de Governo. É também assumido que este processo estará em plena consonância com o TUE e com o TFUE e que o pacto respeitará plenamente a integridade do mercado único.

b) Os Estados-Membros participantes prosseguirão, então, esses objetivos, de acordo com a sua própria combinação de políticas, tendo em conta os desafios específicos que se lhes colocam.

- Todos os anos, cada Chefe de Estado ou de Governo assumirá compromissos nacionais concretos.
- Ao fazê-lo, os Estados-Membros terão em conta as melhores práticas e os marcos de referência em função dos melhores desempenhos na Europa e em relação a outros parceiros estratégicos.

O cumprimento dos compromissos e os progressos na realização dos objetivos políticos comuns serão objeto de um acompanhamento político anual por parte dos Chefes de Estado ou de Governo da área do euro e dos países participantes, com base num relatório da Comissão.

Antes da adoção dos compromissos, os Estados-Membros comprometem-se a consultar os seus parceiros sobre cada reforma económica importante que possa ter efeitos de contágio.

No âmbito do "Pacto Euro Mais", os Estados-Membros participantes comprometem-se a tomar todas as medidas necessárias para prosseguir os seguintes objetivos:

- Fomentar a competitividade
- Fomentar o emprego
- Dar um maior contributo para a sustentabilidade das finanças públicas
- Reforçar a estabilidade financeira. Cada Estado-Membro participante apresenta as medidas específicas que irá tomar para atingir estes objetivos.
- Se um Estado-Membro puder demonstrar que não são necessárias medidas numa ou noutra área, não as incluirá. A escolha das medidas específicas necessárias para atingir os objetivos comuns continua a ser da responsabilidade de cada país, mas será prestada especial atenção ao conjunto de medidas possíveis especificamente mencionadas no pacto.
- Os progressos na realização dos objetivos comuns são objeto de um acompanhamento político por parte dos Chefes de Estado ou de Governo com base numa série de indicadores que abrangem a competitividade, o emprego, a sustentabilidade orçamental e a estabilidade financeira.
- Serão identificados os países que enfrentam desafios importantes em qualquer uma destas áreas, os quais terão de se comprometer a dar-lhes resposta num determinado prazo.

6. Uma União Económica e Monetária à deriva
Pesem, embora, as sucessivas propostas e inovações legislativas, a zona euro tem continuado a defrontar-se com uma crise, cujo termo ainda está longe de se encontrar à vista.

Os mais do que insatisfatórios resultados das políticas de austeridade e rigor orçamental estão a reforçar a posição daqueles que entendem que uma maior integração da União é decisiva, quer no plano da adoção de *eurobonds*, quer de uma maior importância da solidariedade europeia, caminhos que se confrontam, todavia, com a resistência alemã.

As dificuldades de uma União Europeia à deriva exigirão para a sua ultrapassagem uma nova conceção sobre as finanças da União e o seu relacionamento com as finanças nacionais. Mas nem por ser óbvia esta afirmação parece ter mais possibilidade de vir a concretizar-se.

Capítulo 2
Linhas de Evolução das Finanças Públicas Europeias

José F. F. Tavares[1]

Sumário: 1. Introdução; 2. As finanças europeias; 2.1. Nota preliminar; 2.2. Evolução das finanças europeias; 3. Finanças europeias e finanças federais; 4. Nota final. Bibliografia.

1. Introdução

A Europa não se fará de uma só vez nem numa construção de conjunto: far-se-á por meio de realizações concretas que criem primeiro uma solidariedade de facto.

(Declaração SCHUMAN de 9-5-1950)

---

[1] José F.F. Tavares é Licenciado em Direito e Mestre em Ciências Jurídico-Políticas pela Faculdade de Direito da Universidade de Lisboa; Conselheiro do Tribunal de Contas, exercendo atualmente as funções de Director-Geral deste Tribunal; Docente Universitário nas áreas de Administração e Direito Administrativo, Finanças Públicas e Direito Financeiro; Fundador e Diretor da *Revista Jurídica do Urbanismo e do Ambiente*; Membro da Comissão de Fiscalização do Instituto Universitário Europeu; Presidente do Conselho de Fiscalização da Agência Espacial Europeia; Autor de diversas publicações, nomeadamente, *Tribunal de Contas. Legislação anotada*, Almedina, Coimbra, 1990 (com Lídio de Magalhães); *Administração Pública e Direito Administrativo*, Almedina, Coimbra, 1990 (1ª ed.), 1996 (2ª ed.), 2000 (3ª ed.); *Orçamento*, in DJAP, Vol. VI, 1994 (com António de Sousa Franco), atualizado em 2006; *Tribunal de Contas. Do Visto em especial*, Almedina, Coimbra, 1998; *Estudos de Administração e Finanças Públicas*, Almedina, Coimbra, 2004.

As finanças europeias, tal como hoje as conhecemos, são fruto de uma longa, complexa e profunda evolução, coincidente com a natureza e os conteúdos das Comunidades Europeias e do seu desenvolvimento até à União Europeia na sua forma atual.

Neste caminho conjunto de cerca de 60 anos, de integração progressiva, com altos e baixos, avanços e recuos, viveu-se sem dúvida uma das experiências mais ricas da história europeia, nos planos económico, social, político e cultural.

O domínio financeiro acompanhou naturalmente este percurso, podendo afirmar-se que as finanças europeias de hoje pouco ou nada têm de comum com as finanças das Comunidades Europeias dos anos 50 e 60.

Tal como sucedeu noutros domínios, na construção do ordenamento financeiro europeu, nomeadamente na consagração dos seus princípios fundamentais, tiveram influência decisiva os ordenamentos jurídico-financeiros dos Estados membros, da mesma forma que hoje o ordenamento financeiro da União Europeia também já influi nos ordenamentos dos Estados membros.

Merece também relevo a influência que a jurisprudência sempre teve na formação do direito financeiro da União Europeia.

A verdade é que não podemos hoje estudar as Finanças Públicas e o Direito Financeiro da União Europeia e dos Estados membros sem uma visão global e integrada, tais são os nós e os laços que foram sendo estabelecidos ao longo do tempo.

Seguidamente, daremos conta das linhas de evolução e do rumo que foi sendo traçado e trilhado nestes 60 anos de vida até à encruzilhada em que ora nos encontramos.

2. As finanças europeias

É essencial que as instituições que duram mais do que a vida de um homem se tornem sábias, isto é, capazes de canalizar a ação das gerações inexperientes que se sucedem. Devemos fazer com que as instituições supranacionais da Europa se tornem fortes e sábias.

(JEAN MONNET, Discurso de inauguração da CECA, 10-08-1952)

2.1. Nota preliminar

As finanças europeias desenvolveram-se, como é natural, por várias fases, correspondentes às etapas de construção e de integração concretizadas na instituição das Comunidades Europeias/União Europeia.

Nesta evolução, é relevante salientar o contexto económico interno, o contexto internacional, o equilíbrio da estrutura orgânica e institucional, bem como o quadro conceptual em que nos movemos, distinguindo-se vários elementos caracterizadores de cada fase: i) os sucessivos alargamentos das CE/UE; ii) as questões institucionais e funcionais; iii) as receitas; iv) as despesas; v) o planeamento/programação financeira; vi) a coordenação das políticas económico-fi-nanceiras; e vii) o estabelecimento de um quadro financeiro e orçamental de atuação na União e nos Estados membros.

É neste complexo conjunto de elementos que iremos delinear as fases de evolução das finanças das Comunidades Europeias/União Europeia.

Para a sua melhor compreensão, vamos, por motivos pedagógicos, indicar as principais fontes do Direito Financeiro atual da União Europeia, a estrutura orgânica/institucional atual, com breve nota ao quadro anterior, bem como elencar os principais tipos de atos em que pode consubstanciar-se a sua ação.

Assim, o ordenamento jurídico-financeiro da União Europeia está ancorado nas seguintes traves-mestras:

- Tratado da União Europeia (TUE), de 7 de fevereiro de 1992 (assinado em Maastricht), com as alterações posteriores, a última das quais introduzida pelo Tratado de Lisboa, de 13 de dezembro de 2007 – cfr., em especial, artºs. 4º, 5º, 13º, 14º e 16º;
- Tratado sobre o funcionamento da União Europeia (TFUE), designação dada pelo Tratado de Lisboa (substituindo a do Tratado que institui a Comunidade Europeia e, mais remotamente, Tratado que institui a Comunidade Económica Europeia, também conhecido por Tratado de Roma, de 1957). O Tratado sobre o funcionamento da União Europeia contém o quadro jurídico-financeiro fundamental aplicável – cfr., em especial, artºs. 119º a 133º, 136º a 138º e a Parte IV (artºs. 223º a 334º) relativa às disposições institucionais e financeiras;
- O Regulamento financeiro da União Europeia (Regulamento CE/EURATOM nº 1605/2002, do Conselho, de 25 de junho – JOCE, nr. L248/1, de 16-09-2002, com as alterações posteriores). Mutatis mutandis, poderíamos dizer que o Regulamento financeiro da União Europeia corresponde a uma lei de enquadramento orçamental;
- O Regulamento nº 2342/2002, da Comissão, de 23 de dezembro de 2002, com as alterações posteriores, que estabelece as normas de execução do Regulamento financeiro (JOCE, nr. L357/1, de 31-12-2002).

Citámos apenas, como dissemos, as trave-mestras, sendo o ordenamento jurídico-financeiro da UE constituído por muitas outras normas complementares.

No que respeita ao quadro orgânico-institucional atual – o qual, desde a origem das CE, sofreu algumas modificações, de que adiante daremos conta –, os órgãos principais da UE (também designados instituições, ao que cremos, por deficiente tradução) são os seguintes (cfr. artºs. 13º a 19º do TUE e artºs. 223º e segs. do TFUE):

- Parlamento Europeu (órgão político e legislativo por excelência);
- Conselho Europeu (órgão político por excelência);
- Conselho (órgão político e legislativo);
- Comissão Europeia (órgão executivo por excelência);
- Tribunal de Justiça da União Europeia;
- Tribunal de Contas Europeu;
- Banco Central Europeu.

Os órgãos/instituições indicados têm características e natureza distintas quanto à sua composição e estatuto – intergovernamentalidade (Conselho Europeu e Conselho), transnacionalidade (Parlamento Europeu) e supranacionalidade (Comissão Europeia, Tribunal de Justiça da União Europeia, Tribunal de Contas Europeu e Banco Central Europeu).

Finalmente, quanto aos principais tipos de atos em que a ação dos órgãos da UE pode consubstanciar-se, matéria sobre a qual houve estabilidade desde a origem, há que ter em atenção o disposto nos artºs. 288º e segs. do TFUE, prevendo o artº 288º que, para prossecução das atribuições da União, os órgãos podem aprovar:

- Regulamentos;
- Diretivas;
- Decisões;
- Recomendações; e
- Pareceres.

Vejamos então o caminho percorrido desde a origem, nas suas linhas fundamentais.

2.2. Evolução das finanças europeias

Nos cerca de 60 anos de vida de integração europeia, podemos distinguir, na essência, quatro fases de evolução, muito embora não seja possível, pela natureza das coisas, precisar com exatidão o momento que as separa.

A verdade é que esta evolução acompanhou o movimento de construção europeia e as fases de integração económica: zona de comércio livre, união aduaneira, mercado comum, união económica, monetária e política.

Estes estádios de integração correspondem a duas dimensões distintas:

- Uma, de integração negativa, com o foco na eliminação de obstáculos, de "preparação do terreno", v.g. através da consagração das liberdades de circulação de pessoas, mercadorias, serviços e capitais, da harmonização de legislações, nomeadamente no domínio fiscal;
- Outra, de integração positiva, traduzida mais objetivamente na construção da integração, através, nomeadamente, da instituição de um sistema de órgãos e de uma ordem jurídica, bem como de políticas económicas e financeiras convergentes e orientadas para objetivos comuns.

As Comunidades Europeias (CECA – Comunidade Europeia do Carvão e do Aço, CEEA/EURATOM – Comunidade Europeia de Energia Atómica, e CEE – Comunidade Económica Europeia), criadas nos anos 50 do séc. XX[2], constituem porventura as primeiras organizações internacionais geneticamente mais aptas à integração dos seus Estados membros, a que não são alheios os motivos que presidiram à sua criação.

Desde que os Estados têm a configuração que hoje conhecemos e se declararam soberanos, passaram a não reconhecer nenhuma autoridade superior, na ordem interna e na ordem externa. A alienação de parte da sua soberania em proveito de uma ordem internacional só era possível desde que tal não contrariasse os seus interesses fundamentais.

Ao longo da história, houve várias tentativas para estabelecer uma ordem internacional assente no princípio da igualdade soberana dos Estados e da cooperação coletiva. Tais tentativas, porém, fracassaram em geral, nomeadamente, porque as grandes potências, isoladamente ou em coligação, decidiam impor uma ordem à sua medida.

---

[2] CECA – instituída pelo Tratado de Paris, de 18 de abril de 1951. CEE e EURATOM – instituídas pelos Tratados de Roma de 25 de março de 1957.

Na realidade, foi necessário que a humanidade sofresse as consequências das I e II Guerras Mundiais para que se compreendesse que só um sistema de regras jurídicas, baseada numa ética própria e protegido por uma força coletiva, poderia presidir às relações internacionais e evitar os conflitos.

A tomada de consciência da necessidade de uma solidariedade de ação entre os povos, o progresso dos transportes e comunicações e o desenvolvimento dos meios de comunicação social aceleraram a marcha para a "unidade" do Mundo, o que, associado à variedade de problemas de âmbito global, levou à multiplicação de organizações internacionais de natureza política, económica, militar, cultural..., a tal ponto que já se chamou ao séc. XX «o século das organizações internacionais».

As organizações internacionais de tipo moderno surgem no séc. XIX, limitando-se a cooperar internacionalmente em matéria administrativa, sendo exemplos a Convenção Sanitária Internacional (1853), a União Telegráfica Internacional (1875) e a União Postal Universal (1878).

É sobretudo a seguir à I Guerra Mundial que vão multiplicar-se as organizações internacionais, passando do âmbito administrativo aos domínios político, económico e cultural, salientando-se a Sociedade das Nações e a Organização Internacional do Trabalho.

No entanto, é a partir de 1945, terminada a II Guerra Mundial, que proliferam as organizações internacionais, quer de tendência universal (o caso da ONU – Organização das Nações Unidas), quer de âmbito regional. Não esqueçamos, neste período, os processos de descolonização intensiva, os quais trouxeram também para a comunidade internacional um conjunto significativo de novos países que, a pouco e pouco, se vão integrando em organizações internacionais.

É neste quadro geral que também surgem organizações internacionais de natureza supranacional, em que os Estados delegam ou partilham uma parte da sua soberania.

Este modelo de «integração» foi inaugurado em 1951, com a instituição da CECA e retomado, embora de forma mais atenuada, com a criação, em 1957, da CEE e da CEEA/EURATOM. Posteriormente, ao longo do tempo, o processo de integração aprofundou-se progressivamente até à fase da União em que nos encontramos, com os sucessivos alargamentos.[3]

Voltemos então às finanças europeias, que são parte substancial nestes processos.

Como quaisquer organizações, também as Comunidades Europeias sentiram desde o início, a necessidade de se socorrer de recursos para os pôr ao serviço das suas finalidades, atribuições ou necessidades.

O fenómeno financeiro foi sempre parte integrante das Comunidades Europeias/União Europeia, sendo forçoso ter em consideração, por um lado, as suas finanças próprias e, por outro lado, a interação entre as finanças europeias propriamente ditas e as finanças dos Estados membros.

Neste sentido, na linha de outros Autores, podemos distinguir quatro fases de evolução nas finanças europeias, a saber:

1ª Fase inicial (desde o início até aprox. 1970), com um modelo semelhante ao das organizações internacionais;
2ª Fase de construção dos alicerces de finanças próprias (1970 a 1977);
3ª Consolidação do sistema de finanças próprias (1977 a 1987/88);
4ª Fase atual, a que alguns autores chamam "no caminho de uma Europa federal".[4]

Vejamos sumariamente as características de cada uma destas fases, salientando também alguns factos que lhes estão subjacentes.

---

[3] Os seis Estados fundadores das três Comunidades Europeias foram França, República Federal da Alemanha, Bélgica, Holanda, Luxemburgo e Itália.
Em 1 de janeiro de 1973, na sequência dos Tratados de Adesão de 22 de janeiro de 1972, concretizou-se a entrada da Dinamarca, da Irlanda e do Reino Unido (tendo a adesão da Noruega sido rejeitada em referendo).
Posteriormente, tiveram lugar as seguintes adesões:
1981 – Grécia (10 Membros);
1986 – Portugal e Espanha (12 Membros);
1995 – Áustria, Finlândia e Suécia (15 Membros);
2004 – Chipre, Eslováquia, Eslovénia, Estónia, Letónia, Lituânia, Hungria, Malta, Polónia, República Checa (25 Membros);
2007 – Bulgária e Roménia (27 Membros).
[4] ANTÓNIO DE SOUSA FRANCO e OUTROS, Finanças europeias, Vol. I, Introdução e Orçamento, cit., pág. 43.

1ª FASE (desde o início até aprox. 1970) – O modelo financeiro das organizações internacionais

A arte do piloto não se revela quando o mar está calmo,
mas quando as adversidades o põem à prova.

(SÉNECA)

À semelhança da generalidade das organizações internacionais, os orçamentos da Comunidades Europeias começaram por ser financiados por contribuições dos Estados membros, não dispondo de receitas próprias (exceto a CECA que, desde a origem, dispôs de uma receita própria incidindo sobre os produtos das indústrias de carvão e siderúrgicas – cfr. artº 49º do Tratado de Paris, de 18-04-1951).

Na mesma linha, no domínio das despesas, estas foram, na sua origem, despesas de funcionamento, com peso significativo, para além de despesas de investimento iniciais.

Originariamente, as três Comunidades dispunham de 5 orçamentos: dois orçamentos da CECA (orçamento de funcionamento e orçamento operacional), dois orçamentos da CEEA/EURATOM (orçamento de funcionamento e orçamento de investigação e investimento) e o orçamento da CEE.

Neste período, não existe ainda, compreensivelmente, um sistema de planeamento financeiro.

No que respeita à estrutura orgânica, a Assembleia – composta por delegados designados pelos Parlamentos dos Estados membros – não tinha as funções de Autoridade orçamental que, mais tarde, passou a ter. Estas funções eram então desempenhadas pelo Conselho, com poder de iniciativa da Comissão, órgão executivo de administração/gestão por excelência.

O controlo financeiro era meramente interno, sendo exercido por Comissões de Contas, dependentes do Conselho e da Comissão, o que estava de acordo com a ausência de receitas próprias.

Ao longo desta fase inicial, evoluiu-se, porém, em quatro domínios significativos:

– Fusão dos órgãos comunitários pelo Tratado de Bruxelas, de 8 de abril de 1965, que instituiu um Conselho e uma Comissão únicos para as Comunidades Europeias, com incontestáveis consequências na unidade da gestão orçamental e da responsabilidade financeira;

– Transformação dos 5 orçamentos em 2: num orçamento geral das Comunidades Europeias e num orçamento operacional CECA, alteração operada pelo Tratado do Luxemburgo, de 22 de abril de 1970;[5]
– A aprovação, em 1962, da Política Agrícola Comum (PAC), com forte impacto orçamental desde então até hoje;
– Eliminação, em 1967, dos últimos direitos aduaneiros intracomunitários e instituição de uma pauta aduaneira exterior comum (união aduaneira).

Finalmente, no plano externo, é digna de registo a criação, em 1960, por iniciativa do Reino Unido, da Associação Europeia do Comércio Livre (EFTA), a que aderiu Portugal.

A partir de 1970, inicia-se uma nova fase, qualitativamente diferente, durante a qual as finanças das Comunidades Europeias adquirem o estatuto de finanças próprias.

2ª FASE (1970-1977) – Construção dos alicerces de finanças próprias

Os passos não conduzem apenas a uma meta; cada passo é já em si uma meta.
(EMILE AUGUSTE CHARTIER)

No plano financeiro, o ano de 1970 inicia a construção de um novo sistema, caracterizado por recursos próprios e com uma estrutura orgânica diferente da anterior, afastando as Comunidades Europeias do modelo clássico das organizações internacionais e instituindo-se um ordenamento financeiro próximo do modelo estadual.

Com efeito, através da Decisão do Conselho, de 21 de abril de 1970 (JOCE nr. L94, de 28-04-1970), foi instituído um sistema de recursos próprios com efeitos a partir de 1971 (direitos aduaneiros resultantes da pauta exterior comum; receita proveniente do IVA, com participação inicial de 1%; impostos próprios das Comunidades; impostos sobre as remunerações dos funcionários), daqui resultando, pois, a autonomia financeira das Comunidades.

---

[5] Hoje, há apenas o Orçamento da União Europeia.

Concomitantemente, surgiu a necessidade de se estabelecer uma maior harmonização da política fiscal comunitária, *maxime*, quanto ao imposto sobre o valor acrescentado (IVA).

A componente orgânica do novo sistema é, em conformidade, profundamente alterada.

Com efeito, a Assembleia (Parlamento) passa a ter poderes orçamentais decisivos quanto às despesas não obrigatórias, partilhando tais poderes com o Conselho (quanto às despesas obrigatórias) – Tratado do Luxemburgo, de 22 de abril de 1970 (JOCE, nr. L2, de 2 de janeiro de 1971).

É a Assembleia (Parlamento) que passa também a ter o poder de aprovar a conta apresentada pela Comissão, dando-lhe quitação (cfr. Tratado do Luxemburgo, de 22 de abril de 1970 e Tratado de Bruxelas, de 22 de julho de 1975).

Esta evolução impôs a eleição da Assembleia (Parlamento) por sufrágio universal direto (cfr. Decisão do Conselho de 20 de setembro de 1976), tendo a primeira eleição ocorrido em 1979.

Por outro lado, o controlo financeiro externo e independente é também objeto de alteração, sendo criado em 1975, pelo Tratado de Bruxelas, o Tribunal de Contas das Comunidades Europeias, como órgão de controlo externo e independente com ligação especial à Assembleia, em tudo semelhante ao sistema dos Estados membros.

Todas estas alterações vão ser consolidadas no Regulamento financeiro de 25 de abril de 1973 (JOCE, nr. L 116/1, de 1 de maio de 1973), e no Regulamento financeiro que lhe sucedeu, o Regulamento financeiro de 21 de dezembro de 1977 (JOCE, nr. L356/1, de 31 de dezembro de 1977).

Para melhor compreender e integrar este novo enquadramento financeiro das Comunidades Europeias, é importante mencionar outros factos relevantes ocorridos neste período:

- O primeiro alargamento das CE (Dinamarca, Irlanda e Reino Unido), passando de seis a nove Estados membros;
- A instituição da chamada «serpente monetária», caracterizada pela limitação das margens de flutuação das respetivas moedas entre si;
- A criação do Fundo Europeu de Desenvolvimento Regional (FEDER), em 1974;
- A assinatura da Convenção de Lomé com 46 Países ACP (África, Caraíbas e Pacífico).

3ª FASE (1977-87) – Consolidação do sistema de finanças próprias

Em tudo o que fizeres, apressa-te lentamente.
(Octávio Augusto)

Esta fase é, sobretudo, uma fase de consolidação da autonomia financeira iniciada no ano de 1970, o que não é de menor importância, sendo de destacar nesse contexto os aspetos seguintes:

- O aumento da receita do IVA, de 1% para 1,4%;
- A primeira eleição direta do Parlamento Europeu (1979) e o reforço dos seus poderes orçamentais;
- O início do funcionamento do Tribunal de Contas das Comunidades Europeias (1977);
- A vigência do Regulamento financeiro de 21 de dezembro de 1977, já citado;
- O estabelecimento de um quadro de colaboração/cooperação com a Administração dos Estados membros;
- O desenvolvimento da fiscalidade sobretudo no que respeita à generalização do IVA;
- A criação das bases da programação financeira plurianual.

O final desta fase é marcado pela assinatura, em 1986, do Tratado designado por Ato Único Europeu (AUE) que, embora sem grandes repercussões imediatas no plano financeiro, mantém o princípio da harmonização tributária, reforça a coesão económica e social e prevê o mercado comum ou mercado interno, com efeitos a partir de 1 de janeiro de 1993.

Este período é ainda marcado por outros factos relevantes:

- A criação, em 1978, do Sistema Monetário Europeu (SME), substituindo a «serpente monetária»;
- A adesão da Grécia (1981), de Espanha e de Portugal (1986);
- A entrada em vigor do Sistema Monetário Europeu (SME), em 1979; e
- A assinatura das II e III Convenções de Lomé (1979 e 1984, respetivamente) com os Países ACP.

4ª FASE (1987 até à atualidade) – Um modelo de finanças federais em construção?

> *O proveito do nosso estudo e da nossa experiência
> é o de nos tornarmos melhores e mais sábios.*
> (Montaigne)

Esta última fase de aproximadamente 25 anos apresenta, no plano financeiro, alguma unidade, sendo caracterizada por grandes transformações mundiais, por uma profunda integração europeia e, mais recentemente, pela crise económico-financeira.

Assim, no plano das transformações mundiais ao longo deste período, não podemos deixar de dar especial relevo à queda do muro de Berlim (1989), com todas as consequências daí resultantes, tais como a unificação alemã, o fim do «Bloco de Leste», o alargamento da UE a alguns Países que nele estavam integrados, um novo relacionamento inter-Estados com natureza multipolar; é ainda de particular relevância a revolução operada nas tecnologias de informação e de comunicação nos últimos vinte anos.

Nas Comunidades Europeias/União Europeia, operou-se neste período uma profunda integração em todos os domínios, incluindo no domínio financeiro, cujas marcas fundamentais são as seguintes:

- O início da vigência do citado Ato Único Europeu (AUE) e, em conformidade, do mercado interno (1993), traduzido na livre circulação de pessoas, bens, serviços e capitais;
- O alargamento das Comunidades Europeias/União Europeia de 12 para 27 Estados membros (atos de adesão de 1995, 2004 e 2007), com implicações significativas no seu funcionamento;
- A assinatura, em 7 de fevereiro de 1992, do Tratado da União Europeia, também conhecido por Tratado de Maastricht, o qual entrou em vigor em 1 de novembro de 1993. Este Tratado constituiu, pode dizer-se, um novo passo na integração europeia, depois do mercado interno, abrindo as portas à União Económica, Monetária e Política. No âmbito da União Económica e Monetária (UEM), já há muito prevista (cfr. Relatório Werner de 1970), foi introduzido o euro como moeda única, a que inicialmente aderiram 12 Estados membros (1999-2002), sendo que atualmente são 17 os Estados que integram a chamada «zona euro».

O Tratado da União Europeia estabelece a necessidade de coordenação das políticas económicas e financeiras, sem o que a UEM não poderá subsistir.

Em 1997, foi aprovado o Pacto de Estabilidade e Crescimento, com o objetivo de reforçar a disciplina financeira e assegurar o crescimento económico e a observância dos critérios de Maastricht (défice orçamental não superior a 3% do PIB e dívida pública não superior a 60% do PIB), através de medidas preventivas e corretivas. Preventivamente, os Estados membros passaram a ter de apresentar à Comissão, anualmente, um Programa de Estabilidade e Crescimento (PEC) e, para os Estados não pertencentes à zona Euro, um Programa de Convergência. No plano corretivo, previu-se o procedimento por défices excessivos, com a possibilidade de aplicação de sanções (cfr. artº 126º do TFUE, correspondente ao anterior artº 104º do Tratado da Comunidade Europeia);

- O ordenamento jurídico fundamental da União Europeia é, hoje, desde o Tratado de Lisboa, regulado pelo Tratado da União Europeia e pelo Tratado sobre o funcionamento da União Europeia, sendo complementado, no domínio financeiro pelo Regulamento financeiro, aprovado pelo Regulamento (CE, EURATOM) nr. 1605/2002, já citado, alterado pelo Regulamento (CE, EURATOM) nr. 1995/2006, de 13 de Dezembro, do Conselho, encontrando-se neste momento em processo de revisão.

Como já sublinhámos, o Regulamento financeiro corresponde, no ordenamento jurídico português, à Lei de enquadramento orçamental, com as necessárias adaptações, estabelecendo os princípios orçamentais e regulando a elaboração e estrutura do orçamento, a sua execução, as responsabilidades orçamentais, a adjudicação de contratos públicos, a atribuição de subvenções, a prestação de contas, o controlo externo e a quitação, além de outras matérias;

- No plano financeiro, devem ainda salientar-se as seguintes modificações:
  • A reforma, em 1988, do financiamento das políticas comunitárias, acompanhada da reforma dos fundos estruturais, consagrando-se a programação plurianual das despesas 1988-1992. Esta programação plurianual continuou e reforçou-se até hoje, inserida em quadros estratégicos, v.g. Agenda 2000 e Europa 2020. Esta

programação plurianual teve nos Estados membros a devida correspondência, como são exemplo, no caso português, os diversos Quadros Comunitários de Apoio e o atual QREN (Quadro de Referência Estratégico Nacional).
Neste domínio, pode dizer-se que a União Europeia se encontra mais avançada do que alguns Estados membros;

- Quanto às receitas, procedeu-se, nesta fase, à estabilização do sistema de receitas próprias, criando-se em 1988 um novo recurso próprio baseado no PIB e, depois, no Rendimento Nacional Bruto (RNB) dos Estados membros.

Este recurso que, inicialmente, foi concebido para equilibrar o orçamento, tornou-se, com o tempo, a receita mais importante.
Assim, as receitas da União Europeia são hoje as seguintes, indicando-se também o respetivo peso relativo[6]:

RECEITAS DA UE
(Total em 2010: 127,8 mil milhões de euros)
- Recursos próprios tradicionais (12%) (direitos aduaneiros cobrados às importações e encargos de produção sobre o açúcar);
- Recursos próprios calculados com base no IVA (11%);
- Recursos próprios derivados do Rendimento Nacional Bruto (71%);
- Outras receitas – 6%.

- As despesas da União Europeia incidem sobre vários domínios, o principal dos quais é o da agricultura e dos recursos naturais, sob a forma de pagamento aos agricultores (47% em 2010), seguindo-se os domínios da coesão, energia e transportes (33%), das despesas administrativas (8%), da investigação e outras políticas internas (7%) e da ajuda externa, desenvolvimento e alargamento (5%).

Pelo exposto, estamos perante um ordenamento financeiro dotado dos mesmos ingredientes principais dos ordenamentos financeiros dos Estados membros.

---

[6] Cfr. Relatório anual do Tribunal de Contas Europeu sobre a execução do orçamento relativo ao exercício de 2010 (JOUE, C326, de 10-11-2011).

A coordenação económica e a disciplina financeira e orçamental têm sido os pontos de discórdia no momento atual como referiremos mais adiante.

Resta ainda sublinhar que esta fase está a ser marcada, desde 2008, pela crise económico-financeira mundial. Esta crise revelou em toda a sua dimensão a interdependência das economias dos Estados membros da UE, em particular da «zona euro» – o aumento da dívida pública dos Estados, a necessidade de «salvar» o sistema bancário, a redução de receitas, o aumento de despesas, o baixo crescimento económico, o desemprego...

Para enfrentar a crise, a UE tem-se multiplicado em cimeiras, reuniões, tratados, planos, nem sempre com os efeitos pretendidos.

Merecem, porém, destaque, pelo impacto financeiro que representam e pelas finalidades a prosseguir, as medidas seguintes:

- Aprovação, em 2008, do Plano de Recuperação Económica Europeia, com ligação à chamada Estratégia de Lisboa introduzida em 2000 (economia baseada no conhecimento e no crescimento económico sustentável e com emprego e coesão social);
- Aprovação, em 2010, da Estratégia Europa 2020, incidindo sobre o emprego, investigação e desenvolvimento, alterações climáticas, energia, pobreza e exclusão social;
- No contexto da Estratégia Europa 2020, foi constituído, em 2010, um Grupo de Trabalho sobre governação económica, por decisão do Conselho Europeu, com vista a melhorar a disciplina orçamental e a resolver a crise económico-financeira, tendo, em conformidade, sido tomadas seis medidas nesse sentido, para além do recente Acordo de 30 de janeiro de 2012, no sentido de os Estados membros providenciarem pela introdução na Constituição ou em lei reforçada de limites ao défice orçamental e à dívida pública. As seis medidas acima referidas consubstanciaram-se na aprovação de cinco Regulamentos e uma Diretiva, a saber: Regulamento (UE) nº 1173/2011, do Parlamento Europeu e do Conselho, de 16-11-2011, relativo a exercício eficaz da supervisão orçamental na área do euro (JOUE, L306/1, de 23-11-2011); Regulamento (UE) nº 1174/2011, do Parlamento Europeu e do Conselho, de 16-11-2011, relativo às medidas de execução destinadas a corrigir os desequilíbrios macroeconómicos excessivos na área do euro (JOUE, L306/8, de 23-11-2011); Regulamento

(UE) nº 1175/2011, do Parlamento Europeu e do Conselho, de 16-11-2011, relativo ao reforço da supervisão das situações orçamentais e à supervisão e coordenação das políticas económicas (JOUE, 306/12, de 23-11-2011); Regulamento (UE) nº 1176/2011, do Parlamento Europeu e do Conselho, de 16-11-2011, relativo à prevenção e correção dos desequilíbrios macroeconómicos (JOUE, L306/25, de 23-11-2011); Regulamento (UE) nº 1177/2011, do Conselho, de 8-11-2011, que altera o Regulamento (CE) nº 1467/97 relativo à aceleração e clarificação da aplicação do procedimento sobre défices excessivos (JOUE, L 306/33, de 23-11-2011); e Diretiva nº 2011/85/UE, do Conselho, de 8-11-2011, que estabelece os requisitos aplicáveis aos quadros orçamentais dos Estados Membros (JOUE), L 306/41, de 23-11-2011).
- Aprovação, em 2 de Fevereiro de 2012, do Tratado instituindo o Mecanismo Europeu de Estabilidade.

Eis, em linhas gerais, as principais características desta 4ª fase de evolução das finanças europeias.

Toda esta evolução parece assemelhar-se a uma integração de cariz federal ou «no caminho de uma Europa federal». Será assim?

Confrontemos então as finanças europeias com as finanças federais.

3. Finanças europeias e finanças federais

Os países da Europa são demasiado pequenos para assegurar aos seus povos a prosperidade que as condições económicas tornam possível e, portanto, necessárias. Precisam de mercados mais vastos... Uma tal prosperidade e os desenvolvimentos sociais indispensáveis pressupõem que os países da Europa se constituam numa federação ou numa «entidade europeia», que deles faça uma unidade económica comum.

(JEAN MONNET, 1944)

Em qualquer forma de Estado, põe-se sempre, em primeira linha, a questão da organização do poder político, ao abrigo do poder de auto-organização.

Tratando-se de um Estado federal, essa matéria assume especial complexidade, atendendo à sua estrutura composta, não podendo deixar de se incluir os aspetos financeiros. Como refere Jean Anastopoulos (1979), "il est indispensable que les aspects financiers soient rapprochés de la théorie fédérale car, le plus souvent, ils ne sont étudiés par les spécialistes des finances publiques que comme un mode particulier d'organisation financière."

Assim, em primeiro lugar, há que repartir as atribuições (e correspondentes poderes) entre a União e os Estados federados; em segundo lugar, tem de proceder-se à atribuição de poderes aos órgãos criados em cada um daqueles níveis (União e Estados federados), o que, em regra, obedece ao princípio da separação de poderes. Esta repartição de atribuições e de competência entre a União e os Estados federados tem, naturalmente, de estar prevista na Constituição federal, prevendo as matérias reservadas à União, as reservadas aos Estados-federados e as matérias concorrentes.[7]

Já a definição dos órgãos e a fixação da respetiva competência nos Estados federados é matéria regulada nas Constituições estaduais, ao abrigo de um poder de auto-organização moldado, *maxime*, pelas disposições da Constituição federal (em cuja formação participam os Estados federados).

A amplitude das atribuições da União e dos Estados federados tem, compreensivelmente, uma conexão estreita com os fundamentos e condicionantes de cada Estado. Quando o Estado federal se forma por agregação há a tendência para, pelo menos inicialmente, reconhecer aos Estados federados um poder maior, verificando-se o inverso no federalismo por desagregação.

Em teoria, podemos conceber, principalmente, três métodos de repartição[8].

– Enumeração taxativa das atribuições (e da competência) da União e dos Estados federados, o que se afigura difícil ou até impossível, ou mesmo indesejável, por não permitir uma adaptação a novas realidades que surjam;
– Enumeração taxativa das atribuições (e dos poderes) dos Estados membros, ficando as restantes na esfera da União; e

---

[7] Como refere ANA MARIA GUERRA MARTINS, «o problema da repartição de atribuições entre as entidades centrais e as entidades descentralizadas assume particular relevância no Direito Constitucional quer dos Estados Federais, quer dos Estados Unitários com Regiões Autónomas (...)» (in *O artº 235º do Tratado da Comunidade Europeia. Cláusula de alargamento das competências dos órgãos comunitários*, Lex-Edições Jurídicas, Lisboa, 1995, pág. 17).

[8] (Cfr. a este propósito ANA MARIA GUERRA MARTINS, *As Origens da Constituição Norte--Americana. Uma lição para a Europa*, Lisboa, 1994, págs. 86 e 87.

– Enumeração das atribuições da União, ficando todas as demais na esfera dos Estados membros ou em concorrência. É este o sistema acolhido na generalidade dos Estados federais. A existência de atribuições (e de competência) concorrentes revela-se naqueles casos em que se exige que as decisões dos Estados membros sejam objeto de autorização de um órgão federal; ou quando sobre a mesma matéria o órgão federal deve estabelecer as bases gerais; ou ainda quando é simplesmente facultativo o exercício pelos órgãos da União ou dos Estados federados.

Assim, na generalidade dos Estados federais, tem sido observado o princípio da especialidade das atribuições federais, segundo o qual as atribuições não reservadas ao Estado federal cabem aos Estados federados[9].

Por outro lado, deve sublinhar-se que é neste contexto, *maxime* ao nível das atribuições (e da competência) concorrentes, que se pode optar pela consagração do princípio da subsidiariedade, como princípio descentralizador. Embora este princípio possa ser consagrado nos Estados federais, aí tendo tido mais amplo tratamento e desenvolvimento, não pode considerar-se exclusivo dos Estados federais[10].

É também importante sublinhar neste contexto que, tradicionalmente, há matérias que, em geral, cabem à União: defesa (incluindo o poder de declarar a guerra e de fazer a paz), negócios estrangeiros, comércio externo, certos domínios da justiça, moeda e certos setores das finanças públicas, incluindo a tributação.

Trata-se, como se vê, de áreas «sensíveis», com pendor essencialmente político e cujo exercício traduz, em toda a sua dimensão, a soberania do Estado. Daí as discussões e as dificuldades em abdicar de tais poderes[11].

Além da questão da repartição de atribuições e de competência entre a União e os Estados federados, uma outra assume carácter estrutural que é a da separação de poderes entre os vários órgãos federais e os dos

---

[9] Inversamente ao que se passa no fenómeno da descentralização, como adiante referiremos – cfr. infra, nº 14. Este princípio da especialidade tem uma explicação mais fácil e natural no caso de Estados federais formados «por agregação». Sobre o princípio da especialidade, cfr. ANA MARIA GUERRA MARTINS, *O artº 235º do Tratado...*, cit., págs. 43 e segs..

[10] Neste sentido, cfr. FAUSTO DE QUADROS, *O princípio da subsidiariedade no Direito Comunitário após o Tratado da União Europeia*, Almedina, Coimbra, 1995, págs. 19-24.

[11] Eis aqui um aspeto em que o Tratado da União Europeia veio introduzir elementos novos.

Estados federados. Esta questão é também de grande delicadeza, pois da sua resolução depende o equilíbrio, tanto mais se atendermos a que os Estados federados participam, como vimos, na formação da vontade da União.

Na generalidade dos Estados federais, é acolhido o princípio da separação de poderes ou funções como valor fundamental da organização do poder político, consubstanciado não só na faculdade de cada órgão poder praticar os atos inerentes à sua função (ou funções) mas também de interferir nos atos de outros órgãos[12].

O que é importante relevar, no domínio financeiro, é que, na generalidade dos Estados, o Parlamento é o órgão que constitui a autoridade orçamental, cabendo-lhe funções de aprovação/autorização e de controlo.

A referência às finanças federais que acabamos de fazer não significa que o Estado federal se distinga, neste domínio, do Estado unitário, para além do que o exige a sua natureza composta ou complexa, o que já não é pouco.

Todos os Estados federais dispõem, ao nível da União, de orçamento federal, com receitas próprias (para fazer face às despesas respetivas), de uma autoridade federal orçamental própria (Parlamento), de órgãos executivos e de Administração financeira federal e de um órgão federal de controlo financeiro externo e independente próprio (Tribunal de Contas ou instituição congénere)[13], tudo inserido num ordenamento jurídico-financeiro global (compreendendo a União, os Estados e, nalguns casos, até os municípios), ou seja, com orçamento e contas globais e consolidados.

Do mesmo modo, *mutatis mutandis*, encontramos aquela estrutura nos Estados federados e, em muitos casos, até nos municípios, de uma forma globalmente integrada, embora na diversidade[14]. Tudo isto é acompanhado,

---

[12] Sobre a separação de poderes nos EUA, cfr. PEDRO CARLOS BACELAR DE VASCONCELOS, *A separação de poderes na Constituição americana*, in "Boletim da Faculdade de Direito da Universidade de Coimbra", Coimbra, 1994.

[13] De notar que na União Europeia estão hoje reunidos todos estes elementos. Teremos rumado, neste aspeto, para uma Europa federal?
Sobre a matéria, cfr., por todos, ANTÓNIO DE SOUSA FRANCO, RODOLFO LAVRADOR, J.M. ALBUQUERQUE CALHEIROS e S. GONÇALVES DO CABO, *Finanças Europeias*, Vol. I *Introdução e Orçamento*, Almedina, Coimbra, 1994, págs. 17-70; e ANTÓNIO DE SOUSA FRANCO e JOSÉ TAVARES, *Orçamento*, in DJAP, Vol. VI.

[14] Reportando-nos à União Europeia, parece faltar este importante aspeto: *ordenamento jurídico-financeiro integrado* ao nível da União Europeia e dos Estados membros, não obstante a existência de alguns elementos neste sentido, v.g. quanto aos défices orçamentais e à dívida pública...

na generalidade dos Estados federais, de uma sistema de planeamento e controlo integrados.

Nesta matéria, o Estado federal caracteriza-se pela existência de um ordenamento jurídico-financeiro composto ou complexo, mas global e integrado, formando um todo na diversidade (pelo menos, União e Estados; nalguns casos, ainda os municípios).

Ao invés, nas confederações e na generalidade das organizações internacionais, existe um orçamento cujas receitas provêm de contribuições dos Estados membros, não havendo um Parlamento como autoridade orçamental e sendo o controlo financeiro exercido por um órgão de controlo interno, v.g. comissão de fiscalização.

Em princípio, a distribuição dos recursos financeiros reflete a repartição de atribuições e de competência nos níveis federal (da União), estadual e municipal. Em muitos casos, os maiores encargos financeiros cabem à Federação, v.g. a segurança social, a defesa nacional, para além de atribuições noutros domínios, v.g. transportes e comunicações, ciência e tecnologia, energia, ...

A isto acresce, nos Estados federais mais evoluídos, a obrigação de a Federação e os Estados federados orientarem e planearem as suas políticas orçamentais segundo os objetivos principais da política económica. Trata-se de um planeamento anual, enquadrado numa programação plurianual, visando compatibilizar receitas e despesas públicas com as possibilidades da economia nacional.

Assim, tendo presente a repartição de atribuições e de competência, as receitas são normalmente distribuídas da seguinte forma:

- Receitas próprias federais – por ex⁰, taxas alfandegárias, impostos sobre o tabaco, café, açúcar e álcool e impostos sobre derivados do petróleo;
- Receitas próprias dos Estados – por ex⁰, impostos sobre o património;
- Receitas próprias municipais – por ex⁰, imposto sobre imóveis, impostos sobre atividades empresariais e taxas municipais;
- Receitas comuns – por ex⁰, imposto sobre o rendimento. Normalmente, as receitas comuns são repartidas de acordo com uma fórmula pré-estabelecida e complexa.

Para estabelecer o equilíbrio financeiro global, fazendo frente às variações da capacidade fiscal dos Estados e da sua estrutura económica, existem mecanismos de compensação financeira horizontal (através de uma distribuição heterogénea do percentual dos impostos, nos planos estadual e municipal) e vertical (através do apoio financeiro da União aos Estados e dos Estados aos municípios).

Não podemos também esquecer as receitas creditícias, havendo quanto a estas um regime jurídico-financeiro integrado.

São estas as linhas fundamentais do ordenamento jurídico-financeiro da generalidade dos Estados federais.

Cabe então perguntar:

– Serão as finanças europeias na atualidade, tal como as caracterizámos, finanças de cariz federal?

Num Estado federal, o ordenamento jurídico-financeiro apresenta, naturalmente, as características fundamentais do ordenamento jurídico em geral, consubstanciadas, em suma, numa ordem jurídica integrada Federação ou União/Estados federados (orçamentos geral e consolidado, contas gerais e consolidadas, sistema de receitas e despesas integradas seguindo a repartição de atribuições e de competência..., sistema de fiscalização global...);

Ora, na fase atual da União Europeia, ainda não é possível falar rigorosamente de um ordenamento jurídico-financeiro global e integrado União Europeia/Estados membros.

O que se verifica é que a União Europeia dispõe, hoje, de um ordenamento jurídico-financeiro próprio e autónomo com todos os ingredientes da ordem financeira de um Estado (orçamento, conta, regras de execução, responsabilidade financeira, sistema de fiscalização, o Parlamento como autoridade orçamental...). Não é possível, porém, ainda falar de uma ordem jurídica financeira global compreendendo a União e os Estados membros. Na realidade, o processo que se tem desenvolvido é de uma profunda integração, a vários níveis, em especial, a programação financeira, o regime sobre défices orçamentais excessivos e a cooperação crescente na execução financeira por parte das Administrações dos Estados membros e até entre os Estados membros.

Tudo isto configura, na verdade, um fenómeno de integração. Muito embora o federalismo exija integração, pode haver integração sem federalismo.

Estamos, porém, num processo federalizante. Atualmente, o ordenamento jurídico-financeiro da União Europeia não é, em bom rigor, federal. Ainda pode falar-se deste ordenamento e dos ordenamentos jurídico-financeiros dos Estados membros, num processo crescente de integração, ainda que num ambiente de grave crise económica e financeira, cujo fim ainda não se vislumbra[15].

4. Nota final

Aqueles que conheceram a Europa durante as décadas de penúria ou a Grã-Bretanha durante a austeridade saberão que solidariedades e criatividades humanas podem despontar da pobreza relativa. O que mata é o despotismo do mercado de massas.

(GEORGE STEINER, *A ideia de Europa*)

---

[15] A propósito dos objetivos das Comunidades Europeias/União Europeia e dos modelos e fórmulas organizativas a equacionar para os atingir, DIOGO FREITAS DO AMARAL escreveu em 1992 (*Um voto a favor de Maastricht*, pp. 17-18 e 24) que «no plano político, ainda há dúvidas e o debate continua:
– Uns querem ficar numa simples «Confederação», baseada na plenitude das soberanias nacionais e, portanto, no direito de veto de cada país-membro;
– Outros, no polo oposto, pretendem caminhar rapidamente para um federalismo centralizado, à maneira americana, assente na regra da maioria;
– Um terceiro grupo, mais pragmático e mais realista, deseja avançar gradualmente, à medida das necessidades e circunstâncias, tendo em vista a construção lenta e gradual de um federalismo descentralizado, *sui generis*, respeitador das identidades nacionais, mantendo a unanimidade nas questões vitais mas aceitando a maioria nas restantes matérias, e proclamando o princípio da subsidiariedade».
E mais adiante, este Autor questiona-se deste modo: «então, e como será o futuro? O que virá a seguir a Maastricht? Virá mais "federalismo"? A minha resposta é clara e frontal: no federalismo já nós estamos. É óbvio que, dentro de dez, vinte ou trinta anos, haverá mais algumas transferências de soberania para Bruxelas; mas não é menos óbvio que, por aplicação do princípio de subsidiariedade, também haverá movimentos de retorno, com devolução de poderes de Bruxelas para os Estados-membros. A União Europeia será sempre uma solução ímpar, *sui generis*, e de conteúdo variável».
Continua bem atual esta síntese elaborada por DIOGO FREITAS DO AMARAL, de grande utilidade para a compreensão da matéria que ora nos ocupa.

Finalizamos com esta citação de GEORGE STEINER, a nosso ver bem apropriada aos tempos de crise ou encruzilhada que vivemos.

A verdade é que a crise económica e financeira atual, apesar dos impasses, avanços, recuos e alguma descoordenação, também tem gerado aproximações, solidariedade e integração dos Estados membros da União Europeia. Uma Comunidade ou União não pode ser apenas a soma dos seus elementos. É mais do que isso: exige solidariedade e comunhão de ideias, de esforços e de objetivos.

No plano financeiro, devemos distinguir, como vimos ao longo do texto, várias funções principais – de autoridade financeira/orçamental, de gestão/administração e de controlo –, bem como os órgãos intervenientes respetivos. No quadro seguinte, propomos, para uma compreensão global, integrada e comparativa, a estrutura atual da Administração Pública financeira da União Europeia e portuguesa e as funções de natureza financeira correspondentes:

QUADRO ESTRUTURAL DA ADMINISTRAÇÃO FINANCEIRA PÚBLICA
(UNIÃO EUROPEIA E PORTUGAL)

Nível do Setor Público / Função/Atividade	SETOR PÚBLICO ADMINISTRATIVO					Setor Empresarial Público
	União Europeia	Estado	Regiões Autónomas	Municípios	Freguesias	
Autoridade Financeira/ /Orçamental	Parlamento Europeu e Conselho	Assembleia da República	Assembleias Legislativas	Assembleias Municipais	Assembleias de Freguesia	Estrutura semelhante com as necessárias adaptações
Função executiva/ /gestão/administração	Comissão Europeia e outros órgãos de gestão	Governo e outros órgãos de gestão	Governos Regionais e outros órgãos de gestão	Câmaras Municipais e outros órgãos de gestão	Juntas de Freguesia	
Controlo – Interno	Departamento de controlo da Com. Europeia	Inspeções- -Gerais e outras unidades	Inspeções Regionais e outras unidades	Unidade de Auditoria Interna	Unidade de Auditoria Interna	
Controlo – Externo	Tribunal de Contas Europeu	Tribunal de Contas	Tribunal de Contas	Tribunal de Contas	Tribunal de Contas	

Fonte: Elaboração própria

O quadro apresentado ilustra bem o estádio de evolução a que se chegou no processo de evolução financeira desde as Comunidades Europeias até à União Europeia atual.

Bibliografia

ALMEIDA, José Carlos Moitinho (1985), *Direito Comunitário*, Lisboa.
AMADOR, Olívio Mota (2009), "A reforma das Finanças Europeias e a crise económica. Desafios aos trabalhos de reforma orçamental promovidos pela Comissão Europeia em 2008/2009", in *Revista de Estudos Europeus*, nº 5, Ano III, Almedina, Coimbra.
AMARAL, Diogo Freitas do (1992), *Um voto a favor de Maastricht. Razões de uma atitude*, Editorial Inquérito, Lisboa.
AMARAL, Diogo Freitas do (2011), *História do Pensamento Político Ocidental*, Almedina, Coimbra.
AMARAL, João Ferreira do (1995), *O Tratado da União Europeia, as Instituições e a Política Económica*, "Política Internacional", nº 11, págs. 111 e segs..
ANASTOPOULOS, Jean, *Les aspects financiers du fédéralisme*, LGDG, Paris, 1979.
BOUVIER, Michel/Esclassan, Marie Christine/Lassale, Jean-Pierre (2010), *Finances Publiques*, 10e édition, LGDJ, Paris.
BUCHANAN, James M. (1991), *An American Perspective on Europe's Constitutional Opportunity*, "The Cato Journal", v. 10, nº 3, Winter 1991, págs. 619-629.
CAMPOS, João Mota/Campos, João Luiz de Mota (2010), *Manual de Direito Europeu*, 6ª ed. Coimbra Editora, Coimbra.
CARTOU, Louis (1994), *L'Union Européenne*, Dalloz, Paris.
CATARINO, João Ricardo (2012), *Finanças Públicas e Direito Financeiro*, Almedina, Coimbra.
CEREXHE, Étienne (1989), *Le Droit Européen: les Objectifs et les Institutions*, Bruylant, Bruxelles.
COMISSÃO EUROPEIA, *Relatório sobre a União Económica e Monetária na Comunidade Europeia (Plano Delors); Relatório sobre a convergência na União Europeia em 1995*, Novembro de 1995; *Agenda 2000. Para uma União reforçada e alargada*, "Boletim da União Europeia", suplemento 5/97.
COMITÉ ECONÓMICO E SOCIAL (1995), *Parecer sobre o Livro Verde sobre as modalidades de passagem à moeda única*, Outubro.
CONSTÂNCIO, Vitor (1988), *Portugal e o sistema monetário europeu*, "Revista da Banca", nº 8.
CONSTANTINESCO, Vlad/Kovar, Robert/Simon, Denyz (1995), *Traité sur l'Union Européenne*, Economica, Paris.
COSTA, Leonor Freire/Lains, Pedro/Miranda, Susana Münch (2011), *História Económica de Portugal*, Ed. A Esfera dos Livros, Lisboa.
COVAS, António (1997), *A União Europeia do Tratado de Amsterdão a um Projecto de Carta Constituinte para o Século XXI*, Celta Editora, Oeiras.
CUNHA, Paulo de Pitta e (1965), *A integração económica na Europa Ocidental*, "Cadernos de Ciência e Técnica Fiscal", nºs. 56-57, Lisboa.
CUNHA, Paulo de Pitta e (1993), *Integração Europeia: Estudos de Economia, Política e Direito Comunitário*, Imprensa Nacional – Casa da Moeda, Lisboa.
CUNHA, Paulo de Pitta e (2006), *Direito Europeu. Instituições e Políticas da União*, Almedina, Coimbra.
CUNHA, Paulo de Pitta e/Outros (1996), *A União europeia na Encruzilhada*, Almedina, Coimbra.
DUARTE, Maria Luísa (1992), *A Liberdade de Circulação das Pessoas e a Ordem Pública no Direito Comunitário*, Coimbra Editora, Coimbra.
FERREIRA, Eduardo Paz (1995-96), *Sumários de Direito da Economia*, AAFDL.

FERREIRA, Eduardo Paz (2001), *Direito Comunitário II (União Económica e Monetária). Relatório*, in "Revista da Faculdade de Direito da Universidade de Lisboa" (supl.).
FERREIRA, Eduardo Paz (org.), (2011), *25 anos na União Europeia*, Ed. Almedina, Coimbra.
FERREIRA, José Medeiros (1997), *O Futuro Constitucional da Europa: As opções disponíveis*, texto inédito, Fundação de Serralves.
FRANCO, António de Sousa/Lavrador, Rodolfo/Calheiros, J. M. Albuquerque/Cabo, Sérgio Gonçalves do (1994), *As Finanças Europeias*, Vol. I *Introdução e Orçamento*, Almedina, Coimbra.
FRANCO, António de Sousa/Sampaio, Carlos de Almeida (1987), *Fiscalidade europeia. Sumários desenvolvidos*, Universidade Católica Portuguesa.
FRANCO, António de Sousa/Tavares, José F.F. (2006), *Orçamento*, in DJAP, Vol. VI (atualizado em 2006 por José F. F. Tavares e Guilherme d'Oliveira Martins, com a colaboração de Alexandra Pessanha).
KIRSCHEN, Etienne-Sadi (1987), *Les Sept Piliers de la Construction Européenne*, "Revue du Marché Commun", nº 307, págs. 244-247.
LOBO, Carlos Baptista (1997), *Enquadramento jurídico do Euro. Breve análise*, texto inédito, Lisboa.
LOUIS, Jean-Victor/Outros (1995), *Union Economique et Monétaire. Cohésion Economique et Sociale, Politique Industrielle et Technologique Européenne*, 2ème ed., Université de Bruxelles, Bruxelles.
MACHADO, E.M. Jónatas (2010), *Direito da União Europeia*, Coimbra Editora, Coimbra.
MARTINS, Ana Maria Guerra (1994), *As origens da Constituição Norte-Americana. Uma lição para a Europa*, Lisboa.
MARTINS, Ana Maria Guerra (1995), *O Artigo 235º do Tratado da Comunidade Europeia*, Lex, Lisboa.
MARTINS, Guilherme d'Oliveira (1993), *Europa e Constituição. A revisão constitucional de 1992. Algumas notas*, "Estado & Direito", nº 11, 1º semestre de 1993, págs. 59-73.
MARTINS, Guilherme d'Oliveira (2005), *Democracia europeia: A audácia necessária*, in "Revista População e Sociedade", nº 11, Ed. CEPESE, Porto, págs. 193 e segs..
MARTINS, Guilherme d'Oliveira (2005), *A Europa à procura de memória*, in "RESPUBLICA", Edições Universitárias Lusófonas, págs. 33-37.
MARTINS, Guilherme d'Oliveira (2005), *Sobre o conceito de "convergência social" na União Europeia*, Lisboa.
MARTINS, Guilherme d'Oliveira (2008), *O novo Tratado Reformador Europeu. Tratado de Lisboa – O essencial*, Ed. Gradiva, Lisboa.
MARTINS, Maria d'Oliveira (2011), *Lições de Finanças Públicas e Direito Financeiro*, Almedina, Coimbra.
NUNES, M. Jacinto (1993), *De Roma a Maastricht*, Publicações D. Quixote, Lisboa.
ORSONI, Gilbert (org.) – 2007, *Les finances publiques en Europe*, Ed. Economica, Paris.
PINHEIRO, João de Deus (1992), *A Arquitectura na Nova Europa, que Papel para a Comunidade Europeia?*, in "A Europa após Maastricht: Ciclo de Colóquios", págs. 51-60.
PIRES, Francisco Lucas (1992), *Da Europa Económica à Europa Política*, in "A Europa após Maastricht: Ciclo de Colóquios", págs. 19-31.
PORTO, Manuel (1997), *Teoria da Integração e Políticas Comunitárias*, 2ª ed. Almedina. Coimbra.

Porto, Manuel (2006), *O Orçamento da União Europeia. As perspectivas financeiras para 2007-2013*, Almedina, Coimbra.
Quadros, Fausto de (1991), *Direito das Comunidades Europeias e Direito Internacional Público. Contributo para o estudo da natureza jurídica do Direito Comunitário Europeu*, Almedina, Coimbra.
Quadros, Fausto de (1994), *O princípio da subsidiariedade no Direito Comunitário, após o Tratado da União Europeia*, Almedina, Coimbra.
Quadros, Fausto de (2009), *Direito da União Europeia*, 3ª reimp., Almedina, Coimbra.
Ramos, Rui Manuel Moura (1994), *Das Comunidades à União Europeia: Estudos de Direito Comunitário*, Coimbra Editora, Coimbra.
"Revue Française de Finances Publiques" (1994), *les Finances Publiques de l'Union Européenne après Maastricht*, nº 45.
Sande, Paulo de Almeida (1994), *Fundamentos da União Europeia*, Edições Cosmos, Lisboa.
Santos, António Carlos (1995), *Princípios Rectores da Estruturação do Futuro Sistema de Bancos Centrais*, in "Ensaios de Homenagem a Francisco Pereira de Moura", ISEG, Lisboa, págs. 913-933.
Santos, Luís Máximo dos (1996), *A segunda fase da União Económica e Monetária. Aspectos fundamentais*, "Documentação e Direito Comparado", nºs. 63-64, Março, págs. 83-94.
Silva, Aníbal Cavaco (1992), *A Europa após Maastricht*, in "A Europa após Maastricht. Ciclo de Colóquios", págs. 9-17.
Soares, António Goucha (1996), *Repartição de competências e preempção no Direito Comunitário*, 1ª edição, Edições Cosmos, Lisboa.
Sousa, Marcelo Rebelo de (1997), *A Cidadania Europeia – Nível de concretização dos direitos, possibilidade de alargamento e suas implicações*, in "Em torno do Tratado da União Europeia", págs. 119-129.
Steiner, George (2005), *A ideia de Europa*, Gradiva, Lisboa.
Strasser, Daniel (1990), *Les Finances de l'Europe*, 6ª ed., LGDG, Paris.
Tamames, Ramón (1996), *La Unión Europea*, 3ª edição, Alianza Editorial, Madrid.
Tavares, Carlos (1995), *O SME e a União Monetária: a História repete-se?*, Estudos de Economia, v. 15, nº 4, Jul.-Set., págs. 351-358.
Tavares, José F.F. (1986), *Estudo da organização da Administração Pública portuguesa face ás Comunidades Europeias*, "Boletim Trimestral do Tribunal de Contas", nº 27, Setembro, 1986;
Tavares, José F.F. (1986), *O Tribunal de Contas português no contexto comunitário*, "Boletim Trimestral do Tribunal de Contas", nº 28, Dezembro, 1986;
Tavares, José F.F. (1996), *Federalismo e União Europeia. Caracterização do Federalismo*, in Estudos Jurídico-Políticos, Ed. UAL, Lisboa, págs, 13-94.
Tavares, José F.F. (2007), *As finanças públicas na Europa – Portugal* (co-autoria com Guilherme d'Oliveira Martins), in Gilbert Orsoni (org.), *Les finances publiques en Europe*, Económica, Paris.
Torres, Francisco (1996), *Monetary Reform in Europe: Analysis of the Issues and Proposals for the Intergovernmental Conference*, Universidade Católica Portuguesa, Lisboa.
Viessant, Céline (2007), "Les Communautés et l'Union Européennes", in Gilbert Orsoni (org.), *Les finances publiques en Europe*, Ed. Economica, Paris, pp. 473 e segs..

Capítulo 3
Os Órgãos Financeiros da União Europeia

ALEXANDRA PESSANHA[1]

Sumário: I. Introdução. 1. Delimitação do tema. 2. Principais linhas de evolução do "poder financeiro e orçamental" na Europa comunitária. 2.1. Nota prévia. 2.2. O início do processo de integração europeia. 2.3. A transição para as finanças europeias autónomas. 2.4. A consolidação das finanças europeias e a união monetária. II. Os órgãos financeiros da União Europeia. 1. Generalidades. 2. O Conselho Europeu. 3. O Conselho da União Europeia. 4. O Parlamento Europeu. 5. A Comissão Europeia. 6. O Tribunal de Contas. 7. O Tribunal de Justiça da União Europeia. 8. O Banco Central Europeu. 9. Os órgãos financeiros auxiliares. III. Nota final. Bibliografia.

I. Introdução
1. Delimitação do tema

Dadas as suas características, a União Europeia, à semelhança das três Comunidades que a antecederam e que estão na sua origem (CECA, CEE e CEEA), desenvolve uma importante atividade financeira de captação de receitas, para a realização de despesas, tendo em vista a concretização da estratégia económica, política e administrativa por si traçada para a Europa comunitária. Deste ponto de vista, a União Europeia não difere dos Estados e das demais entidades públicas que a nível nacional são instadas a satisfazer necessidades sociais ou coletivas, desenvolvendo, para o efeito, uma atividade financeira. Tal como estes, tem finanças públicas, tem um

---

[1] Mestre em Direito, docente universitária e consultora do Tribunal de Contas.

orçamento próprio (o Orçamento da União Europeia), tem preocupações relacionadas com a origem dos recursos, sua distribuição e prestação de contas (*accountability*). Diferentemente, se considerarmos as funções que tradicionalmente são apontadas a um orçamento estadual (afetação de recursos, estabilização das economias e redistribuição do rendimento)[2], somos obrigados a reconhecer as diferenças entre as finanças estaduais e as finanças europeias, havendo funções que não devem ou que dificilmente serão desempenhadas por estas últimas[3].

Ainda assim, a União Europeia não é hoje uma qualquer organização internacional, desprovida de recursos próprios ou cujo orçamento seja mero retrato do seu funcionamento institucional. É, como sabemos, bem mais do que isso. Daí que se justifique que melhor procuremos conhecer os seus órgãos de decisão financeira e o "equilíbrio de forças" que ao longo dos tempos se tem procurado manter neste particular domínio.

Assim, considerando as diferentes aceções ou sentidos em que a expressão "finanças públicas" pode ser entendida – orgânico, objetivo e subjetivo[4], também as finanças públicas europeias podem ser abordadas nestas três diferentes perspetivas.

É, pois, no primeiro dos sentidos referidos que iremos aqui analisar as finanças públicas europeias, sendo nossa pretensão dar conta dos aspetos essenciais que caracterizam o regime institucional da União Europeia na parte que se refere à disciplina orçamental e financeira. Antes, porém, importa ter uma ideia, ainda que breve, da evolução desse quadro institucional no contexto das finanças europeias.

2. Principais linhas de evolução do "poder financeiro e orçamental" na Europa comunitária
2.1. Nota prévia
Segundo alguns autores, a luta pelo poder orçamental na Europa comunitária desenrolou-se em dois planos[5]: (i) no plano do relacionamento entre

---

[2] As três funções assinaladas por MUSGRAVE, R., *in The teorie of public finance*, Mcgraw-Hill, Nova Iorque, 1959.
[3] Sobre esta problemática, vd. MANUEL PORTO, *O orçamento da União Europeia. As perspectivas financeiras para 2007-2013*, Almedina, Coimbra, 2006, págs. 9 e segs..
[4] Para mais desenvolvimentos, vd. SOUSA FRANCO, A. L., *Finanças Públicas e Direito Financeiro*, vol. 1, almedina, Coimbra, 1996, pág. 4.
[5] Veja-se, por todos, STRASSER, Daniel, *As finanças da Europa*, Bruxelas, 1979, pág. 1 e segs.

Estados-Membros e a Comunidade, resultante da problemática relativa à titularidade (ou à sua falta), por parte da Comunidade, de recursos financeiros próprios; (ii) no plano do relacionamento interinstitucional, que se caraterizou por uma disputa entre Alta Autoridade/Comissão, Conselho e Parlamento Europeu em torno do exercício efetivo do poder orçamental.

A verdade, porém, é que a partilha do poder entre as instituições europeias conheceu uma evolução que reflete bem o desenvolvimento do próprio processo de integração europeia. Este paralelismo ficou aliás bem notório aquando da criação das próprias Comunidades. Como bem assinala STRASSER, «(...) *no momento em que se impunha a fórmula supranacional da integração, o poder orçamental foi atribuído à instituição que encarnava a supranacionalidade, a Alta Autoridade da CECA. Mais tarde, com o retrocesso da fórmula supranacional, prevaleceu a ideia de confiar este poder ao Conselho, expressão dos Governos nacionais*»[6].

Não pode igualmente deixar de sublinhar-se, nesta partilha, o impacto da afirmação da autonomia financeira das Comunidades que, ao evoluir de um sistema de financiamento assente nas contribuições dos Estados para um sistema de financiamento integral através de recursos próprios, acabou por determinar, como veremos adiante, o reforço dos poderes do Parlamento Europeu em detrimento do Conselho (instituição de natureza governamental) e a criação de um órgão de controlo externo que, com independência, passasse a fiscalizar a aplicação dos recursos próprios: o Tribunal de Contas Europeu.

Tradicionalmente, são identificados quatro períodos na evolução das finanças europeias[7]. Considerando o objeto da nossa análise – a evolução do quadro institucional no contexto das finanças públicas europeias –, entendemos adequado acomodá-la em três, que identificamos como:

– O início do processo de integração europeia;
– A transição para as finanças europeias autónomas;
– A consolidação das finanças europeias e a união monetária.

---

[6] *Ibidem.*
[7] Nesse sentido, A. L. Sousa Franco e de D. Strasser, respetivamente in *Finanças Europeias. Introdução e orçamento*, Almedina, Coimbra, 1994, págs. 19 e segs. e in *Ob. cit.*, págs. 2 e segs..

2.2. O início do processo de integração europeia

O início do processo de integração europeia – que compreende a fase de criação da CECA, a instituição da CEE e da CEEA até ao início dos anos 70 – é genericamente considerado um período atípico, feito de recuos e avanços na supranacionalidade e, talvez por essa razão, pouco homogéneo no que respeita à afirmação da autonomia das finanças europeias.

De facto, fruto de uma conjuntura europeísta mais entusiástica, a CECA, como é sabido, foi de todas as organizações internacionais aquela que na época se afirmou como a mais supranacional, preconizando um modelo de intervenção ambicioso, baseado no predomínio da intervenção da Comunidade em substituição ou conjuntamente com os Estados membros.

Do ponto de vista financeiro essa dimensão supranacional também se fez sentir. O Tratado de Paris atribuiu à Alta Autoridade, órgão supranacional representativo do interesse comunitário, o poder para criar a receita, através do estabelecimento de taxas sobre a produção do carvão e do aço e a contração de empréstimos, e de autorizar as despesas *operacionais* que constituíam, no fundo, as despesas mais relevantes. As despesas administrativas eram fixadas pela "Comissão dos quatro presidentes" (onde tinham assento o Presidente do Tribunal de Justiça, o Presidente da Alta Autoridade, o Presidente do Conselho e o Presidente do Parlamento), sob proposta da Alta Autoridade que, numa *previsão geral*, reunia as estimativas *previsionais* apresentadas pelas quatro instituições da Comunidade[8].

A fiscalização da execução do orçamento era assegurada pelo Comissário de Contas, com funções meramente técnicas, cujo relatório era comunicado ao Parlamento.

Quanto ao Parlamento, salienta-se o papel que a partir de 1957 passou a desempenhar, ao obter da Alta Autoridade a sua concordância para ser associado à fixação das taxas sobre a produção e à elaboração do orçamento. Este consentimento erigiu o Parlamento a parceiro decisivo na determinação do valor das taxas e, consequentemente, na previsão das despesas *operacionais*. A partir de então, pode afirmar-se, não mais voltou a observar-se o predomínio de uma instituição com as características da Alta Autoridade da CECA.

---

[8] Mais tarde, o orçamento de despesas administrativas foi integrado no Orçamento geral das Comunidades.

Na verdade, os Tratados de Roma que instituíram a CEE e a CEEA em 1958 representaram um recuo face ao modelo supranacional da CECA[9], marcando o início de uma nova era institucional, de maior equilíbrio entre Instituições e entre as Comunidades e os Estados membros. Desta feita, o Conselho, órgão de natureza eminentemente intergovernamental, passou a ser a autoridade orçamental, competindo-lhe aprovar o orçamento[10], sob proposta da Comissão[11], autorizando esta à respetiva execução. Competia ainda à Comissão a responsabilidade pela apresentação das Contas ao Conselho[12].

Por sua vez, o Parlamento, constituído por membros designados pelos Parlamentos nacionais[13], tinha uma função meramente consultiva, o que, segundo Sousa Franco, fazia sentido porquanto «(...) *a atividade financeira era objeto de decisão parlamentar no momento em que os parlamentos nacionais aprovavam periodicamente as respetivas contribuições para o funcionamento das Comunidades*»[14].

Assim, enquanto o sistema de financiamento da CECA se manteve autónomo, as receitas fundamentais da CEE/CEEA eram constituídas pelas contribuições dos Estados, fixadas por vontade dos Estados, anualmente, para financiar as organizações.

A pluralidade orçamental que caracterizou o início deste período[15] manteve-se até à assinatura do Tratado de Fusão dos Executivos em 1965 que integrou no Orçamento da CEE o orçamento administrativo da CECA e o orçamento de funcionamento da CEEA. Pouco mais tarde, em 1970, esta pluralidade foi reduzida com a integração dos orçamentos de investigação e de investimento da CEEA no Orçamento Geral das Comunidades. Mantiveram-se assim dois orçamentos: o Orçamento Geral e o Orçamento Operacional da CECA.

---

[9] O fracassado processo de criação da Comunidade Europeia de Defesa terá sido uma das razões deste retrocesso. Para mais desenvolvimentos, SOUSA FRANCO e outros, *Finanças*, cit., pág. 23.
[10] Apesar de menos supranacionais, os orçamentos da CEE/CEEA eram aprovados por maioria qualificada, não obstante o predomínio da unanimidade em muitas das matérias comunitárias.
[11] Na altura designada por Assembleia.
[12] Apesar de nos referirmos à Comissão no singular, será bom recordar a existência na época de executivos autónomos.
[13] Recorde-se que só a partir de 1979 os membros do Parlamento passaram a ser eleitos por sufrágio universal direto.
[14] *In Ob. cit.*, pág. 19.
[15] A CECA tinha orçamento administrativo e orçamento operacional; a CEEA orçamentos de funcionamento, de investigação e de investimento.

Sublinhe-se, por fim, o carácter praticamente omisso do Tratado de Roma em matéria de política económica global, incluindo a política monetária, que quase nada continha sobre coordenação económica e financeira.

2.3. A transição para as finanças europeias autónomas

Este novo período corresponde a uma fase de crise[16] mas, simultaneamente, de aprofundamento do processo de integração europeia, graças ao empenho dos países que originariamente estiveram no processo de criação das comunidades europeias. O estabelecimento da união aduaneira, o reforço da coordenação comunitária, especialmente em matéria fiscal, assim como a crescente preocupação com políticas estruturais, contribuíram decisivamente para a transformação do orçamento comunitário e da sua importância enquanto instrumento de intervenção e não apenas de orçamento administrativo ou de funcionamento.

No plano estritamente orçamental, este período da história das finanças europeias corresponde à época em que se inicia a transformação do sistema de financiamento do orçamento no sentido da autonomia financeira das Comunidades e a reforma do quadro institucional no sentido de uma maior partilha do poder orçamental entre Conselho e Parlamento.

Para o primeiro dos desígnios assinalados foi decisiva a Decisão de 21 de Abril de 1970 do Conselho que, a prazo[17], veio substituir as contribuições dos Estados membros por recursos próprios das Comunidades Europeias. Foram assim considerados recursos próprios (i) os impostos alfandegários, com a aplicação prevista, entre 1971 e 1975, da Pauta Exterior Comum; (ii) uma parcela da receita do IVA[18] – o que exigiu a harmonização da sua base; (iii) os impostos próprios da Comunidade[19] e (iv) os direitos niveladores da PAC[20].

---

[16] Referimo-nos às crises petrolíferas de 1973 e 1979.

[17] A prazo porque o novo regime financeiro foi instituído progressivamente, tendo sido plenamente aplicado só em 1980.

[18] Inicialmente fixada em 1% sobre a matéria coletável, depois 1,4% e, a partir de 2004, em 0,5% sobre 50% ou 55% do PNB.

[19] Como são os casos dos impostos sobre remunerações dos funcionários comunitários e dos descontos para o Fundo de Pensões.

[20] Mais tarde, a tais receitas se juntou a "Participação nos PNB's dos países. Sobre a evolução e o peso das diversas receitas no Orçamento da União, vd., MANUEL PORTO, *O Orçamento*, cit., págs. 70 e segs..

Esta alteração representava uma perda de poderes orçamentais para os Parlamentos nacionais que assim deixavam de aprovar, anualmente, a contribuição do respetivo Estado para o financiamento comunitário[21]. Desta feita, impunha-se a "devolução" de tais poderes à instituição comunitária representativa por excelência e ainda que de forma indireta[22], dos cidadãos: o Parlamento.

E, de facto, a novidade essencial do Tratado do Luxemburgo foi a de reforçar a participação do Parlamento no processo de aprovação do Orçamento, abrindo caminho a uma verdadeira partilha de poderes com o Conselho. Assim, a par da faculdade de propor alterações ao projeto de orçamento que os Tratados de Roma já lhe haviam concedido, o Parlamento passa a ter papel decisório em matéria de despesas não obrigatórias e uma participação mais relevante em matéria de despesas obrigatórias, uma vez que o Conselho só poderia rejeitar propostas suas deliberando por maioria qualificada sempre que daí não resultasse um aumento global da despesa[23]. Nos casos em que tal se verificasse o Conselho só poderia aceitar tais propostas igualmente por maioria qualificada.

A esta alteração considerável junta-se uma outra não menos relevante em matéria de aprovação das contas: o Parlamento, juntamente com o Conselho, passa a dar quitação à Comissão sobre a execução do Orçamento tendo por base o relatório apresentado pela Comissão de Fiscalização, relatório esse objeto de exame e aprovação conjuntas pelo Conselho e Parlamento.

Na linha do Tratado do Luxemburgo outras iniciativas comunitárias se seguiram no sentido do reforço dos poderes financeiros parlamentares e da transparência da gestão financeira comunitária. Pela sua importância, merece destaque o Tratado de Bruxelas de 1975[24] que confiou ao Parlamento o poder de, com base em "motivos importantes"[25], rejeitar o projeto de orçamento e exigir que lhe seja submetido um novo, criando simultaneamente o Tribunal de Contas para funcionar como órgão

---

[21] De notar que só em 1980 se consolidou o sistema de recursos próprios. Até 1979, o orçamento foi financiado por contribuições estaduais, ainda que de forma decrescente.
[22] Recorde-se que só a partir de 1979 os membros do Parlamento passaram a ser eleitos por sufrágio universal direto.
[23] Que ficou conhecida como a "maioria invertida".
[24] Que só entrou em vigor 22 meses mais tarde, ou seja, 1 de Junho de 1977.
[25] Esta era exatamente a expressão utilizada no nº 8 do artigo 203º.

auxiliar do Conselho e do Parlamento em matéria de fiscalização da legalidade e da boa gestão dos dinheiros comunitários.

No que respeita à política financeira e monetária, é neste período que se tentam dar os primeiros passos com a aceitação do Relatório de *Werner* de 1970. Nele se previa o estabelecimento de uma união económica e monetária, segundo um modelo faseado que estaria completo em 1980. Mas as convulsões monetárias que caraterizaram o início dos anos 70 e a crise petrolífera que desabou sobre a Europa geraram grande instabilidade, tornando desaconselhável a execução do Relatório. Apenas viria a subsistir a designada "serpente monetária"[26], cujo objetivo subjacente era o de alcançar a estabilidade nas relações entre as moedas europeias, com base num acordo entre os bancos centrais, nos termos do qual os Estados mantinham a sua política monetária nacional, comprometendo-se a desenvolver esforços de coordenação cambial[27]. É, pois, na "serpente monetária" que o Sistema Monetário Europeu teve em 1979 a sua origem[28].

2.4. A consolidação das finanças europeias e a união monetária

Apesar das crises financeira[29] e institucional[30] que caracterizaram a Europa comunitária no final dos anos 70 e durante a década de 80, deve reconhecer-se que após a assinalada revisão dos Tratados em 1975 não mais se

---

[26] A figura da serpente explica a forma gráfica de como era representada a evolução das moedas.

[27] O Acordo de Basileia de 1972. Segundo este acordo, as margens de flutuação entre duas moedas era de 2,25.

[28] Sobre a crise da "serpente monetária" e o surgimento do Sistema Monetário Europeu, vd., PAULO DE PITTA E CUNHA, *O Euro, in A integração europeia no dobrar do século*, Almedina, Coimbra, 2003, págs. 40 e segs..

[29] O aprofundamento do processo de integração económica (mercado interno e o lançamento de políticas novas), que representou um aumento das necessidades financeiras a satisfazer, o problema britânico (forte contribuinte mas fraco beneficiário do Orçamento comunitário), a adesão de novos Estados (Grécia, Espanha e Portugal), acompanhado da redução crescente dos recursos próprios, contribuíram para o agravamento dos desequilíbrios orçamentais, pondo em causa o sistema de financiamento comunitário. Foi na sequência desta crise que surgiu a reforma financeira de 1988 que, para além das medidas de disciplina orçamental e a reforma dos fundos estruturais, veio rever o sistema de recursos próprios. Sobre a reforma financeira de 1988, vd., SOUSA FRANCO, A. L./LAVRADOR, R. V./ALBUQUERQUE CALHEIROS, /J., M., CABO, S. G., *Ob. cit.*, págs. 44 e segs.

[30] O confronto orçamental entre o Conselho e o Parlamento esteve na origem de vários atrasos na aprovação do orçamento, na rejeição de projetos de orçamento e de orçamentos retificativos

voltou atrás no processo de cooperação financeira iniciado, abrindo-se, assim, definitivamente caminho à afirmação da autonomia financeira das Comunidades e a uma verdadeira partilha de poderes político-financeiros entre as várias instituições comunitárias, especialmente entre o Conselho e o Parlamento.

Desde então, as sucessivas revisões dos tratados no domínio orçamental foram apenas no sentido do aperfeiçoamento do sistema. O mesmo já não se pode dizer em relação à política financeira, destacando-se, neste âmbito, as novidades trazidas pelo Tratado de Maastricht[31] à versão anterior do Tratado de Roma.

Como é sabido, o Tratado de Maastricht introduziu profundas alterações, de que importa recordar, para além da vertente económica, o alargamento do desiderato integracionista e o aprofundamento do processo de integração económica no sentido da União Económica e Monetária. Foi assim instituída uma União Europeia – fundada nas Comunidades Europeias e nas políticas e formas de cooperação no domínio da segurança, defesa, justiça e assuntos internos[32] (artigo A do TUE), com incumbências de natureza económica[33], política[34] e social[35] – e uma Comunidade Europeia, em resultado da nova missão confiada à já ultrapassada CEE[36].

Do ponto de vista institucional, o estabelecimento da União Económica e Monetária teve também os seus reflexos. Marcada pela observância de estritos princípios de rigor e disciplina financeira por parte dos Estados e pela coordenação das políticas económicas, a instituição desta União criou uma nova esfera de ação para os órgãos comunitários, especialmente para

---

e de uma jurisprudência comunitária que seria inédita. Sobre esta última, vd., DANIEL STRASSER, *Ob. cit.*, pág. 163 e segs..

[31] Também conhecido pelo Tratado da União Europeia, foi assinado em 7 de Fevereiro de 1992 e entrou em vigor no dia 1 de Novembro de 1993.

[32] Os denominados três pilares da União Europeia.

[33] "A promoção de um progresso económico e social equilibrado e sustentável, nomeadamente mediante a criação de um espaço sem fronteiras internas, o reforço da coesão económica e social e o estabelecimento de uma União Económica e Monetária, que incluirá, a prazo, a adoção de uma moeda única" (Artigo B do T.U.E.).

[34] A execução de uma política externa e de segurança comum e cooperação no domínio na justiça e dos assuntos internos (Artigo B do T.U.E.).

[35] A instituição de uma cidadania da União (Artigo B do T.U.E.).

[36] Cfr. artigo 2º do T.C.E..

o Conselho e para a Comissão, e fez surgir um novo órgão de pendor vincadamente supranacional: o Banco Central Europeu.

Quanto às alterações introduzidas ao Tratado de Roma em matéria de finanças públicas comunitárias, ressaltam as que se traduziram no reforço do estatuto institucional do Tribunal de Contas Europeu – que passou de "órgão" a "instituição comunitária"[37], na definição de importantes princípios em matéria de disciplina orçamental[38] e de financiamento do orçamento da Comunidade[39]. Sublinhe-se, ainda, o reforço dos poderes de controlo do Parlamento Europeu sobre a Comissão[40].

Seguindo a mesma linha de orientação, o Tratado de Amesterdão[41] veio introduzir algumas precisões ao regime de funcionamento do Tribunal de Contas[42], em decorrência do estatuto de "instituição" que lhe foi conferido, a par da limitação dos poderes de execução orçamental da Comissão através do reconhecimento aos Estados-Membros do poder de intervirem, "cooperando" com aquela Instituição para garantir a aplicação dos princípios de boa gestão financeira[43].

As alterações posteriormente introduzidas ao direito originário, quer pelos Tratados de Nice e de Lisboa, quer pelos vários atos de adesão de novos Estados, nenhumas novidades significativas trouxeram ao regime orçamental e financeiro instituído.

---

[37] Sendo-lhe confiada a missão de realizar, juntamente com as demais instituições comunitárias, as tarefas confiadas à Comunidade (artigo 4º TCE).

[38] Com destaque para os artigos 201º-A, que veio travar o poder de iniciativa da Comissão de apresentar propostas, projetos de alteração ou adotar medidas que ponham em causa a boa execução do orçamento; e 209º-A, que atribuiu aos Estados membros a tarefa de tomar, "para combater as fraudes lesivas dos interesses financeiros da Comunidade, medidas análogas às que tomarem para combater as fraudes lesivas dos seus próprios interesses financeiros".

[39] O artigo 201º estabelece no seu nº 1 que "o orçamento é integralmente financiado por recursos próprios, sem prejuízo de outras receitas".

[40] É o que resulta dos novos nºs 2 e 3 do artigo 205º do TCE.

[41] Assinado em 2 de Outubro de 1997, entrou em vigor no dia 1 de Maio de 1999.

[42] Cfr. Artigo 248º (ex-artigo 188-C) do TCE, na redação e numeração que lhe foi dada pelo Tratado de Amesterdão.

[43] Fr. Artigo 274º do TCE (ex-artigo 205º).

II. Os órgãos financeiros da União Europeia
1. Generalidades

O Artigo 13º do TUE traça o quadro institucional da União Europeia, referindo-se a sete órgãos que, pela sua relevância, são qualificados como "instituições": Parlamento Europeu; Conselho Europeu; Conselho; Comissão; Tribunal de Justiça; Banco Central Europeu e Tribunal de Contas. A eles estão entregues os "destinos" da União Europeia, competindo-lhes, em geral, promover «*os seus valores, prosseguir os seus objetivos, servir os seus interesses, os dos seus cidadãos e os dos Estados-Membros, bem como assegurar a coerência, a eficácia e a continuidade das suas políticas e das suas ações*»[44].

Todas as instituições contribuem assim, sem exceção, para o "desígnio europeu", atuando cada uma delas «*dentro dos limites das atribuições que lhe são conferidas pelos Tratados, de acordo com os procedimentos condições e finalidades que estabelecem*» (artigo 13º, nº 2 do TUE). E, de facto, como observaremos, a estrutura institucional e funcional da União Europeia difere muito do modelo clássico de separação tripartida de poderes, não existindo, deste modo, órgãos com poderes legislativos, executivos ou judiciais exclusivos. Especificamente, o que carateriza o sistema institucional da União é a partilha de competências, o que apela a uma constante articulação entre os diversos órgãos. Um dos domínios onde essa articulação se faz sentir é precisamente o financeiro e orçamental. Tal não significa, porém, que o papel de uns não se apresente como mais decisivo por comparação ao de outros, ou que não seja possível, a partir da análise das suas competências e da disciplina jurídica das relações interinstitucionais, agrupá-los e qualificá-los de acordo com estrutura tripartida clássica.

Para além dos órgãos principais, a União Europeia dispõe ainda de um quadro organizacional secundário, coadjuvante daqueles, de que se destaca o comité económico e financeiro (artigo 134º TFUE), o comité económico e social (artigo 301º do TFUE) e o comité das regiões (artigo 302º do TFUE).

2. O Conselho Europeu

O Conselho Europeu, composto pelos Chefes de Estado ou de Governo dos Estados-Membros, merece destaque, surgindo aqui referenciado em primeiro lugar porque, embora não dispondo de poderes legislativos, como

---

[44] O mesmo artigo 13º.

expressamente refere o nº 1 do artigo 15º do TUE e, nessa medida, não ter poderes para alterar a ordem jurídico-comunitária vigente, possui o estatuto de órgão supremo da União Europeia, estando-lhe atribuída a importante missão de dar «(...) à União os impulsos necessários ao seu desenvolvimento e define as orientações e prioridades políticas gerais da União». Trata-se, assim, de um órgão de natureza política, de direção, que dispõe de um papel crucial na definição das linhas fundamentais das políticas europeias e das orientações estratégicas da União Europeia em todos os domínios, incluindo, naturalmente, o financeiro.

De entre as funções que os Tratados colocam a seu cargo[45], destaca-se, na parte que ora nos interessa, o seu forte contributo para o processo de integração europeia, através da definição de orientações como as constantes da sua Resolução relativa ao Pacto de Estabilidade e Crescimento (PEC), de 17 de Junho de 1997. De facto, esta Resolução constituiu o "fundamento político" dos Regulamentos nºs 1466/97[46] e 1467/97[47] do Conselho, ambos de 7 de Julho de 1997, que constituem o PEC, prevendo simultaneamente orientações políticas firmes sobre a sua execução por parte dos Estados-Membros, da Comissão e do Conselho.

Neste particular âmbito merece ainda destaque a reunião realizada em Bruxelas a 22 e 23 Março de 2005, no âmbito da qual o Conselho Europeu procedeu à analise do PEC e, subscrevendo o Relatório do Conselho (ECOFIN) de 20 de Março de 2005 *"Melhorar a aplicação do Pacto de Estabilidade e Crescimento"*, convidou a Comissão a apresentar propostas para a alteração dos Regulamentos do Conselho adotados em 1997. Foi na sequência desse convite que o Conselho procedeu à sua alteração através,

---

[45] O Conselho Europeu desempenha importantes funções no quadro da União Europeia. Para recordar algumas, refira-se a sua intervenção no plano institucional, decidindo, nomeadamente, sobre a lista de formações do Conselho e respetiva presidência (artigos 16º, nºs 6 e 9 do TUE e 236,º do TFUE), e sobre a presidência, vice-presidência e vogais da comissão executiva do Banco Central Europeu (artigo 238º do TFUE); na revisão dos Tratados (cfr. artigo 48º do TUE); no domínio da política externa e da segurança comum (cfr. artigos 21º e segs. do TUE); no processo de adesão de novos membros (cfr. artigo 49º do TUE); no âmbito das políticas de liberdade, segurança e justiça (cfr. artigo 68º do TFUE).

[46] Relativo ao reforço da supervisão das situações orçamentais e à supervisão e coordenação das políticas económicas (JO L 209 de 02.08.1997).

[47] Relativo à aceleração e clarificação da aplicação do procedimento relativo aos défices excessivos (JO L 209 de 02.08.1997.)

respetivamente, dos Regulamentos nºs 1055/2005 e 1056/2005, ambos de 27 de Junho de 2005[48].

3. O Conselho da União Europeia

Composto por um representante de cada Estado-Membro a nível ministerial, com poderes para vincular o Governo desse Estado membro[49], o Conselho assume-se como um órgão de natureza intergovernamental de caráter representativo ao qual estão confiadas importantes funções, a saber: a de coordenação das políticas dos Estados membros; a de definição das políticas da União; a função legislativa e a função orçamental[50]. Por isso, o Conselho é considerado o órgão de decisão por excelência. Contudo, apesar de dispor de poderes autónomos de decisão como os demais órgãos, na formação da vontade da União Europeia participam em regra outros órgãos, o que torna o processo de tomada de decisões ou de adoção de atos comunitários um processo altamente complexo e participativo.

Significa, assim, que o poder de decisão não é exercido autonomamente pelo Conselho, e não o é por duas ordens de razões fundamentais. Por um lado, porque não dispõe do poder de iniciativa, uma vez que é à Comissão que compete, em regra, apresentar propostas para a adoção de atos comunitários, permitindo os Tratados que apenas em situações excecionais o poder de decisão possa ser exercido independentemente de proposta formal da Comissão[51]. Cabe à Comissão desencadear o processo de decisão, mediante a apresentação de uma proposta ao Conselho. Refira-se, porém, que o Conselho pode reagir contra a eventual inércia da Comissão, solicitando-lhe a apresentação de propostas adequadas sobre matérias em que

---

[48] Publicados no JO L 174 de 07.07.2005. Recentemente, estes dois Regulamentos foram novamente alterados através, respetivamente, dos Regulamentos (UE) nºs 1175/2011, de 16 de Novembro, e 1177/2011, de 8 de Novembro (JO L 306 de 23.11.2011).

[49] Nos termos do artigo 16º, nº 2, do TUE.

[50] Cfr. arts. 16º, nº 1, do TUE e 5º, nº 1, do TFUE.

[51] Assim determina o artigo 17º, nº 2 do TUE. A título de exemplo, refira-se a adoção de normas destinadas a proibir discriminações em razão da nacionalidade (artigos 18º e 19º do TFUE); a autorização para a concessão de auxílios pelos Estados (artigo 108º, nº 2 do TFUE). Em casos específicos previstos nos Tratados, os atos legislativos podem ser adotados por iniciativa de um grupo de Estados-Membros ou do Parlamento Europeu, por recomendação do Banco Central Europeu ou a pedido do Tribunal de Justiça ou do Banco Europeu de Investimento (artigo 289º, nº 4).

pretenda exercer o seu poder de decisão[52], assim como alterando, por unanimidade, as propostas por ela apresentadas[53]. Por seu lado, à Comissão assiste o poder de alterar as suas propostas, tantas vezes quantas entenda conveniente, até ao momento da deliberação do Conselho[54].

Por outro lado, sublinhe-se, que o poder de decisão do Conselho é compartilhado pelo Parlamento Europeu. Assim preceitua o nº 1 do artigo 16º do TUE ao determinar que «*O Conselho exerce, juntamente com o Parlamento Europeu, a função legislativa e a função orçamental*»[55]. Significa que os atos legislativos, ou seja, os regulamentos, as diretivas e as decisões, são adotados de acordo com um processo legislativo ordinário ou especial – em que é decisiva a intervenção dos dois órgãos em referência.

O processo legislativo ordinário consiste na adoção de um ato conjuntamente pelo Conselho e pelo Parlamento Europeu (nº 1 do artigo 289º do TFUE). Trata-se de um processo que obedece a uma complexa tramitação, descrita no artigo 294º do TFUE, que compreende um diálogo entre os dois órgãos a quem cabe decidir, e cuja duração depende do entendimento entre ambos. Do longo procedimento descrito no artigo 294º valerá a pena explicitar o seu verdadeiro alcance enquanto procedimento de co-decisão, uma vez que o ato comunitário só se considerará adotado se os dois órgãos alcançarem um efetivo acordo. Este processo legislativo é aplicável em todas as situações em que os Tratados expressamente o prevejam. Da análise das várias disposições que, em cada momento, concretizam o poder legislativo da União, resulta que o processo legislativo ordinário constitui o processo dominante[56].

---

[52] De acordo com o disposto no artigo 241º do TFUE.
[53] Nos termos do artigo 293º, nº 1 do TFUE.
[54] Cfr. Artigo 293º, nº 2 do TFUE.
[55] No mesmo sentido mas referindo-se às competências do Parlamento Europeu, igualmente dispõe o artigo 14º, nº 1 do TUE.
[56] Sem a preocupação de referir todos os casos, indicamos a título de exemplo os seguintes: a adoção de medidas relativas à aproximação das legislações nacionais que tenham por objeto o estabelecimento e o funcionamento do mercado interno (artigo 114º); a adoção de medidas destinadas a reforçar a cooperação aduaneira (artigo 33º); o estabelecimento da organização do mercado comum agrícola; a realização da livre circulação de trabalhadores (artigo 46º) da liberdade de estabelecimento (artigo 50º), liberalização dos serviços (artigo 56º) e de capitais (artigo 64º, nº 2); políticas de visto e controlo nas fronteiras, asilo e emigração (artigos 77º, nº 2, 78º, nº 2, 79º, nº 2); cooperação judiciária em matéria civil e penal (artigos 81º, nº 2, 82º, nº 2, 83º, nº 1, 84º, 85º, nº 1); cooperação policial (artigos 87º, nº 2, 88º, nº 2); política dos

Em casos específicos excecionais previstos nos Tratados, a aprovação de um ato jurídico da União (regulamento, diretiva ou decisão) pode ser subordinada a um processo legislativo especial em que não há codecisão mas existe, ainda assim, uma efetiva participação do Parlamento Europeu no processo de decisão através da emissão de parecer sobre uma proposta de ato legislativo antes da sua adoção pelo Conselho[57]. Em certas situações, previstas nos Tratados, tal parecer assume carácter vinculativo, não podendo o Conselho ignorá-lo.

De entre as diversas matérias em que o processo legislativo especial se encontra previsto destacam-se, pela parte que ora nos interessa, a financeira e orçamental. Sem a preocupação de mencionar todas as situações previstas, impõe-se referir a alteração do Protocolo relativo ao procedimento aplicável em caso de défice excessivo, anexo aos Tratados (nº 14 do artigo 126º do TFUE); a atribuição, ao Sistema Europeu de Bancos Centrais, de funções específicas em matéria de supervisão prudencial das instituições de crédito e das instituições financeiras (nº 6 do artigo 127º do TFUE); a alteração dos Estatutos do Banco Europeu de Investimento (artigo 308º do TFUE); a aprovação das disposições aplicáveis ao sistema de recursos próprios da União; a criação ou extinção de categorias de recursos e respetivas medidas de execução (artigo 311º); a aprovação do quadro financeiro plurianual (artigo 312º) e a aprovação do orçamento da União Europeia (artigo 313º).

Conforme se pode observar, o Conselho é uma das autoridades financeiras e orçamentais da União Europeia, exercendo um importante poder de decisão. Em matéria orçamental, como referimos *supra* e aprofundaremos adiante, esta é uma qualidade partilhada com o Parlamento Europeu, o qual, limitado no início a um papel de simples consulta, sem caráter vinculativo, veio depois a adquirir crescente influência no processo de decisão orçamental.

Ainda no domínio financeiro, a união monetária, com a marca do respeito por estritos princípios de rigor e de disciplina financeira e orçamental,

---

transportes (91º, nº 1); cooperação no emprego (artigo 149º); igualdade de oportunidades e não discriminação no trabalho (artigo 157º, nº 3); regulamentos de aplicação relativos ao Fundo Social Europeu (artigo 164º); ações de incentivo no âmbito da educação, formação profissional, juventude e desporto (artigo 165º, nº 4); promoção da cultura (artigo 167º, nº 5); saúde pública (artigo 168º, nº 5) e defesa dos consumidores (artigo 169º, nº 3).

[57] Cfr. Artigo 289º, nº 2 do TFUE.

veio conferir um importante papel ao Conselho na concretização dessa disciplina e no seu cumprimento por parte dos Estados-Membros. De facto, é o Conselho que, sustentado nos relatórios elaborados e informações prestadas pela Comissão, decide sobre a existência de uma situação de défice excessivo, que ordena a tomada de medidas urgentes para redução do défice e, em caso de persistência do incumprimento, que aplica as medidas sancionatórias adequadas, dentro do quadro traçado pelos Tratados, como sejam (i) a prestação, pelo Estado membro incumpridor, de informações complementares prévias à emissão de obrigações e títulos; (ii) a solicitação ao Banco Europeu de Investimento para que reconsidere a sua política de empréstimos em relação ao Estado membro incumpridor; (iii) a constituição, pelo Estado membro incumpridor, de um depósito não remunerado de montante adequado à correção do défice excessivo junto da União, e (iv) a aplicação de multas[58].

Do núcleo de funções atribuídas ao Conselho figura assim a função de coordenar as políticas dos Estados-Membros, especialmente as políticas económicas. Em consonância com o disposto nos artigos 16º do TUE e 5º do TFUE, o artigo 121º prevê, no seu número 1:

«Os Estados-Membros consideram as suas políticas económicas uma questão de interesse comum e coordená-las-ão no Conselho, de acordo com o disposto no artigo 120º", isto é, tendo em vista a *"realização dos objetivos da União, tal como se encontram previstos no artigo 3º do Tratado da União Europeia (...)».*

A coordenação das políticas económicas dos Estados-Membros no âmbito da União implica a observância de importantes princípios orientadores como preços estáveis, finanças públicas e condições monetárias sólidas e balança de pagamentos sustentável.

Neste âmbito, compete igualmente ao Conselho a elaboração de um projeto de orientações gerais de políticas económicas; o acompanhamento da evolução económica de cada Estado-Membro e da União e a verificação e avaliação da compatibilidade das políticas económicas com as orientações gerais por ele fixadas (artigo 121º do TFUE).

---

[58] Nos termos do artigo 126º do TFUE. Em aprofundamento deste quadro sancionatório, veja-se o Regulamento (UE) nº 1173 do Parlamento Europeu e do Conselho, de 16 de Novembro de 2011, relativo ao exercício eficaz da supervisão orçamental na área do euro (JO L 306 de 23.11.2011).

Dada a diversidade de matérias sobre as quais tem de decidir, o Conselho não tem uma composição permanente. Cada Governo faz-se representar pelo membro que consoante as matérias a tratar e as circunstâncias do momento seja o mais indicado. O Conselho reúne, assim, em diferentes formações: Conselho Agrícola; Conselho dos Assuntos Gerais; Conselho dos Negócios Estrangeiros, entre outros (nº 6 do artigo 16º do TUE)[59], designando-se por *Ecofin* o Conselho para as matérias económicas e financeiras.

4. O Parlamento Europeu

O Parlamento Europeu, "composto pelos representantes dos cidadãos da União" eleitos por sufrágio universal direto[60] pelos eleitores dos 27 Estados membros para um período de 5 anos, assume-se como o único órgão da União Europeia diretamente eleito e como uma das maiores assembleias democráticas (754 deputados). Nesta qualidade, estão-lhe atribuídas importantes funções, identificadas genericamente no nº 1 do artigo 14º do TUE, nos seguintes termos:

«*O Parlamento Europeu exerce, juntamente com o Conselho, a função legislativa e a função orçamental. O Parlamento Europeu exerce funções de controlo político e funções consultivas em conformidade com as condições estabelecidas nos Tratados. Compete-lhe eleger o Presidente da Comissão*».

Centrando-nos apenas nas funções que assumem dimensão orçamental e financeira ou que implicações têm neste domínio, ainda que de forma indireta, cumpre desde logo destacar a função legislativa. De facto, o Parlamento Europeu, como vimos já, participa ativamente no processo legislativo, atuando como co-legislador em relação a praticamente toda a legislação da União Europeia (processo legislativo ordinário), o que o coloca em pé de igualdade com o Conselho, ou através da consulta, emitindo parecer sobre propostas de atos legislativos antes da sua adoção pelo Conselho (processo legislativo especial). Em alguns domínios, como vimos, os Tratados conferem ao Parlamento Europeu um verdadeiro direito de

---

[59] A lista das diversas formações em que o Conselho pode reunir é estabelecida pelo Conselho Europeu. É igualmente o Conselho Europeu que decide quanto à presidência dessas formações, à exceção da dos negócios estrangeiros, que é sempre presidida pelo Alto Representante da União para os Negócios Estrangeiros (artigo 16º, nº 9 do TUE).
[60] Nos termos do artigo 14º, nº s 2 e 3 do TUE.

veto, sujeitando à sua aprovação a adoção de certos atos pelo Conselho. Um desses domínios é precisamente o orçamental. Para além do Orçamento da União Europeia, encontra-se igualmente sujeito a aprovação do Parlamento Europeu a adoção do regulamento que estabelece o quadro financeiro plurianual[61] e dos regulamentos que fixam as medidas de execução do sistema de recursos próprios da União[62]. A par disso, o Parlamento Europeu dispõe ainda do poder de solicitar à Comissão Europeia a apresentação de todas as propostas que considerar adequadas[63], à semelhança, como vimos, do poder reconhecido pelo Tratado ao Conselho.

No que particularmente diz respeito ao orçamento da União Europeia, o Parlamento Europeu desempenha uma importante função orçamental, ainda que, em alguns domínios, tal função seja prosseguida em articulação com outros órgãos da União: o Conselho e a Comissão. Desde logo, há que observar o papel decisivo que tem em matéria de aprovação do Orçamento da União, assumindo-se hoje como uma verdadeira autoridade orçamental, detendo neste âmbito um verdadeiro poder de co-decisão com o Conselho. Isto mesmo nos é dito pelo artigo 314º do TFUE, nos termos do qual «*O Parlamento e o Conselho, deliberando de acordo com um processo legislativo especial, elaboram o orçamento anual da União (...)*». Do longo processo descrito naquele artigo ressalta a circunstância de caber ao Parlamento Europeu a última palavra no processo de adoção do orçamento que, no limite e deliberando por maioria dos membros que o compõem e três quintos dos votos expressos[64], poderá obstar à vontade do Conselho, confirmando todas ou algumas das alterações propostas e adotando nessa base o orçamento da União.

O orçamento assim aprovado deve respeitar o quadro financeiro plurianual. Este instrumento financeiro, que fixa "os limites máximos anuais das dotações para autorizações por categoria de despesa e do limite máximo anual das dotações para pagamentos", é adotado pelo Conselho após aprovação do Parlamento Europeu[65].

---

[61] Cfr. Artigo 321º do TFUE.
[62] Cfr. Artigo 311º do TFUE.
[63] Nos termos do artigo 225º do TFUE.
[64] A maioria duplamente qualificada a que se refere J. MOTA DE CAMPOS, J. L. MOTA DE CAMPOS, *in Manual de Direito Europeu*, 6ª edição, Coimbra Editora, Coimbra, 2010, pág. 178.
[65] Artigo 312º, nº 3 do TFUE.

Em complemento, refira-se ainda que é igualmente o Parlamento Europeu, juntamente com o Conselho, que aprova as regras financeiras que regulam todas as etapas que compõem o ciclo orçamental: elaboração, aprovação, execução, controlo e responsabilidade[66].

Outra das importantes funções orçamentais do Parlamento Europeu refere-se ao controlo orçamental. O controlo orçamental do Parlamento Europeu é exercido de forma concomitante e *a posteriori* através da decisão de quitação. Compete-lhe assim, através da Comissão de Controlo Orçamental, (i) verificar a legalidade e a regularidade das despesas; (ii) inquirir sobre eventuais fraudes financeiras ou orçamentais; (iii) coordenar a atividade das outras comissões parlamentares no domínio do controlo orçamental; (iv) apresentar propostas para melhorar a eficácia das despesas; (v) cooperar com o Tribunal de Contas e (vi) assegurar a eficácia das regras da contabilidade pública na União Europeia[67].

A decisão de quitação do Parlamento Europeu, por seu lado, constitui um juízo de apreciação sobre a execução de um determinado orçamento levada a cabo pela Comissão. Para tanto, examina a conta, o balanço financeiro, descrevendo o ativo e o passivo da União, o relatório de avaliação das finanças da União elaborados pela Comissão, tendo em consideração o relatório do Tribunal de Contas e a sua declaração de fiabilidade sobre a conta e a regularidade das operações subjacentes ao orçamento[68].

Fora do contexto orçamental, o Parlamento é ainda titular de poderes de controlo no domínio económico e monetário. Neste âmbito, sublinhe-se a obrigatoriedade de envio ao Parlamento Europeu do relatório anual do Banco Central Europeu (BCE), dando conta da política monetária do ano anterior e do ano em curso. A pedido do Parlamento Europeu, podem o presidente do BCE e os restantes membros da comissão executiva ser ouvidos pelas competentes comissões parlamentares[69].

---

[66] Artigo 322º do TFUE.
[67] Cfr. Regimento do Parlamento Europeu, anexo VII.
[68] Nos termos dos artigos 318º, 319º e 287º do TFUE.
[69] Assim determina o artigo 284º, nº 3 do TFUE.

5. A Comissão Europeia

De acordo com o disposto no artigo 17º do TUE:

«*1. A Comissão promove o interesse geral da União e toma as iniciativas adequadas para esse efeito.*

A Comissão vela pela aplicação dos Tratados, bem como das medidas adotadas pelas Instituições por força destes. Controla a aplicação do direito da União Europeia, sob a fiscalização do Tribunal de Justiça da União Europeia. A Comissão executa o orçamento e gere os programas. Exerce funções de coordenação, de execução e de gestão em conformidade com as condições estabelecidas nos Tratados.

Com exceção da política externa e de segurança comum e dos restantes casos previstos nos Tratados, a Comissão assegura a representação externa da União. Toma a iniciativa da programação anual e plurianual da União com vista à obtenção de acordos interinstitucionais.

2. Os atos legislativos da União só podem ser adotados sob proposta da Comissão, salvo disposição em contrário dos Tratados. Os demais atos são adotados sob proposta da Comissão nos casos em que os Tratados o determinem».

Considerando o leque de funções que lhe estão atribuídas, avultam, na parte que ora nos interessa, aquelas que implicam o exercício de dois poderes vitais: o poder de iniciativa e o poder de execução.

De facto, como observámos já, os Tratados confiam predominantemente[70] à Comissão o poder de participar na formação dos atos do Conselho e do Parlamento Europeu através do seu poder de iniciativa, o que lhe confere um papel e uma influência determinantes no processo de decisão. Razão pela qual ela é considerada, a justo título, «*o órgão motriz da engrenagem institucional*»[71].

Sendo esta a regra vigente no processo de decisão da União, exigindo a participação conjunta dos três órgãos em referência – cada um na sua esfera de competências – o poder de iniciativa da Comissão também se faz sentir no procedimento financeiro e orçamental.

Referimo-nos, em concreto, à sua participação no estabelecimento do orçamento da União. É a Comissão que elabora a proposta de orçamento,

---

[70] Dizemos predominantemente porque excecionalmente os Tratados admitem que a adoção de atos comunitários ocorra por iniciativa do Conselho ou do Conselho com o Parlamento Europeu (cfr. Artigo 17º, nº 2 do TUE).

[71] J. Mota de Campos, J. L. Mota de Campos, Manual de Direito Europeu, *cit.*, pág. 85.

proposta que até à convocação do Comité de Conciliação poderá alterar, quer para a adaptar a circunstâncias supervenientes quer para ir ao encontro das preocupações espelhadas pelo Parlamento Europeu e pelo Conselho, tentando, por esta via, a aproximação de posições[72]. No caso de o Comité de Conciliação não chegar a acordo sobre um projeto comum de orçamento ou de o Parlamento Europeu rejeitar esse projeto comum, cabe à Comissão apresentar nova proposta[73]. Seguindo esta filosofia geral, a Comissão tem ainda a iniciativa na definição das perspetivas financeiras que hão-de enformar o quadro financeiro plurianual[74].

No âmbito do poder de execução, a Comissão assegura, em larga medida, a aplicação dos Tratados e a execução dos atos normativos adotados no quadro da União. Enquadra-se neste âmbito a incumbência de executar o orçamento da União, assegurando a cobrança de receitas e a realização das despesas, em conformidade com a disciplina constante dos Tratados e do Regulamento Financeiro[75].

No puro campo das políticas económica e monetária, há que sublinhar que a Comissão exerce importantes poderes de supervisão, de que se destacam o acompanhamento das políticas económicas dos Estados-Membros e a verificação da sua conformidade às orientações gerais de política económica fixadas pelo Conselho[76], assim como a observância da disciplina orçamental, tal como definida no Pacto de Estabilidade e Crescimento[77].

6. O Tribunal de Contas Europeu

Previsto atualmente nos artigos 285º a 287º do TFUE[78], o Tribunal de Contas Europeu tem por missão assegurar o cumprimento da legalidade e regularidade financeiras e garantir a boa gestão dos dinheiros da União.

---

[72] Cfr. Artigo 314º, nº 2 do TFUE.
[73] Cfr. Artigo 314º, nºs 7 e 8.
[74] Conforme resulta do artigo 312º do TFUE.
[75] Artigo 317º do TFUE.
[76] Artigo 121º do TFUE.
[77] Cfr. Artigo 126º do TFUE.
[78] O Tribunal de Contas foi instituído pelo Tratado de Bruxelas (22 de Abril de 1975) com a função de controlar a atividade orçamental desenvolvida no seio das Comunidades e dos Estados membros. O reconhecimento da importância crescente do controlo financeiro desenvolvido por este órgão levou a que no Tratado da União Europeia se tivesse reforçado a sua posição no quadro institucional fundamental da União, elevando-o à categoria de Instituição, a par das restantes já existentes (atual artigo 13º, nº 1 do TUE).

Para o efeito, são-lhe atribuídas competências de fiscalização sobre a execução do orçamento da União, controlando a legalidade das receitas e das despesas da União Europeia e dos seus órgãos. Este controlo, conforme resulta do Tratado, pode ser efetuado antes do encerramento das contas do ano financeiro em causa, ou seja, durante a execução orçamental, ou depois de findo o ano económico, incidindo sobre as respetivas contas.

Para o efeito, o Tribunal realiza auditorias junto dos órgãos da União ou nos Estados membros, podendo fiscalizar qualquer pessoa ou organização que seja responsável pela gestão de fundos europeus. Pode ainda solicitar aos órgãos da União, aos organismos que gerem as receitas e as despesas em nome da União, às entidades beneficiárias de transferências do orçamento europeu ou às instituições nacionais de controlo todas as informações que considerar adequadas ao cumprimento da sua missão.

Em complemento, o Tribunal de Contas elabora e envia ao Conselho e ao Parlamento Europeu um relatório anual sobre o exercício financeiro precedente e emite a declaração de fiabilidade das contas e a regularidade e legalidade das operações subjacentes. Trata-se de um documento fundamental no processo de apreciação das contas e da atuação da Comissão realizada *a posteriori* por aqueles dois outros órgãos[79].

Por fim, importa sublinhar que o Tribunal de Contas Europeu tem apenas poderes de controlo financeiro, não dispondo assim do poder de sancionar os eventuais responsáveis por fraudes ou irregularidades financeiras.

7. O Tribunal de Justiça da União Europeia

O Tribunal de Justiça da União Europeia constitui a estrutura jurisdicional da União Europeia a que está confiada a missão de garantir «*o respeito do direito na interpretação e aplicação dos Tratados*»[80]. Para assegurar o cumprimento desta missão, o Tribunal dispõe de dois importantes poderes: (i) o poder para controlar e sancionar toda e qualquer atuação – tanto dos órgãos da União como dos Estados-Membros e dos próprios particulares – atentatória do respeito devido à ordem jurídica comunitária, e (ii) o poder de definir interpretações e aplicações uniformes do direito da União a soli-

---

[79] Cfr. artigo 319º do TFUE.
[80] Artigo 19º, nº 1 do TUE. Em resultado dos sucessivos alargamentos da União Europeia e da ampliação das competências do Tribunal de Justiça, o Tribunal de Justiça da União Europeia inclui hoje "o Tribunal de Justiça, o Tribunal Geral e tribunais especializados" (artigo 19º do TFUE).

citação dos tribunais nacionais, no quadro da colaboração instituída entre jurisdições pelo artigo 267º do TFUE.

Como se pode observar, o Tribunal assume-se como um "guardião" da legalidade comunitária, mormente da legalidade financeira, registando-se, neste âmbito, a possibilidade de sujeitar os próprios Estados membros a sanções pecuniárias. Nos termos do artigo 260º do TFUE, se o Tribunal declarar verificado o incumprimento, por parte de um Estado membro, das obrigações decorrentes do direito comunitário, e se o Estado em causa não tomar as medidas necessárias à execução do acórdão do Tribunal, pode o Tribunal condená-lo ao pagamento de uma quantia fixa ou progressiva correspondente a uma sanção pecuniária[81].

Recentemente este poder do Tribunal foi reforçado, estendendo-se à união económica e monetária e ao cumprimento das obrigações daí decorrentes para os Estados membros. O Tratado sobre Estabilidade, Coordenação e Governação na União Económica, assinado no passado dia 2 de Março, veio reconhecer ao Tribunal de Justiça da União competência para, ao abrigo do disposto no artigo 273º do TFUE, decidir do cumprimento da obrigação de os Estados membros transporem a "regra de equilíbrio orçamental" para os respetivos ordenamentos jurídicos nacionais – através de disposições vinculativas, permanentes e, de preferência, a nível constitucional – e para condenar um Estado membro que não tenha dado execução a um dos seus acórdãos ao pagamento de uma quantia fixa ou de uma sanção pecuniária compulsória, nos termos do artigo 260º do TFUE.

8. O Banco Central Europeu

Ao instituir como objetivo a realização da união económica e monetária, o Tratado de União Europeia (1993) fez surgir uma nova instituição: o Banco Central Europeu (BCE). Esta nova instituição, completamente distinta das demais já existentes, surge enquadrada no Sistema Europeu de Bancos Centrais (SEBC), juntamente com os bancos centrais nacionais, com a função específica de definir e executar a política monetária da União. Para tanto, o BCE dispõe de poderes normativos e de regulamentação, ao abrigo dos quais pode adotar atos jurídicos vinculativos (regulamentos e decisões)[82];

---

[81] Este poder foi atribuído ao Tribunal de Justiça pelo Tratado da União Europeia (1993).

[82] Nos termos do artigo 132º do TFUE e do artigo 34º dos Estatutos do SEBC e do BCE anexo aos Tratados.

de poderes para orientar e instruir a atuação dos bancos centrais nacionais; para autorizar a emissão de notas de banco; para intervir nos mercados financeiros; para realizar operações de crédito; para recorrer a instrumentos de controlo monetário ou para efetuar operações bancárias e de crédito externas.

A par disso, o SEBC e o BCE prosseguem também funções no domínio da supervisão prudencial financeira, podendo dar parecer e ser consultado pelo Conselho, pela Comissão e pelas autoridades competentes dos Estados membros sobre o âmbito e a aplicação de legislação comunitária relativa à supervisão prudencial das instituições de crédito e à estabilidade do sistema financeiro, podendo também ser chamado a exercer funções específicas no que diz respeito a tais políticas[83].

De acordo com o nº 4 do artigo 127º do TFUE, o BCE tem ainda funções consultivas, devendo ser ouvido sobre toda e qualquer proposta, da iniciativa da União ou dos Estados membros, que se enquadre no domínio das suas atribuições.

9. Os órgãos financeiros auxiliares

Para além dos órgãos principais, a União Europeia dispõe ainda de um quadro organizacional secundário com a incumbência de coadjuvar os órgãos decisores da União no exercício das suas funções. Referimo-nos, nomeadamente, ao comité económico e social (artigo 301º do TFUE) e ao comité das regiões (artigo 302º do TFUE).

Mais recentemente, com o objetivo de reforçar a coordenação das políticas económicas e financeiras dos Estados membros, foi instituído o comité económico e financeiro (artigo 134º do TFUE). Este novo organismo tem não apenas funções consultivas mas igualmente a tarefa de acompanhar a situação económica e financeira dos Estados membros e da União, auxiliando a Comissão Europeia no controlo da evolução do défice orçamental e da dívida pública nacionais, e apoiando o Conselho na execução da política económica[84].

---

[83] Cfr. artigo 25º dos Estatutos.
[84] Cfr. artigos 126º e 134º, nº 2 do TFUE.

III. Nota final

A evolução e o atual regime jurídico a que se encontra subordinado o quadro institucional fundamental da União Europeia denotam uma clara preocupação em alcançar o equilíbrio interinstitucional dentro de um modelo de governação que aposta na partilha de poderes e de responsabilidades. Neste contexto, o poder financeiro e orçamental não constitui exceção. Conselho e Parlamento partilham a competência orçamental de fixar o conteúdo do Orçamento da União Europeia, enquanto a Comissão mantém a faculdade de o propor e de o executar. Nenhum dos órgãos em referência é detentor, em exclusivo, de poderes financeiros e orçamentais, não sendo, desta feita, possível estabelecer um paralelismo com as finanças e o modelo de governação nacionais. Não existe entre nós um órgão com as características da Comissão Europeia, apesar de em matéria orçamental as suas competências se assemelharem às de um governo nacional. Falta-lhe a capacidade decisória, que apenas dispõe em situações excecionais e/ou mediante delegação do Conselho.

Por seu lado, o Parlamento Europeu, ultrapassado há muito o período de grande indefinição estatutária, prossegue hoje as funções que por regra são apanágio das instituições parlamentares nacionais. O mesmo se diga a propósito do Tribunal de Contas Europeu, cuja importância no cumprimento da legalidade financeira está claramente confirmada.

Bibliografia

ALMEIDA, José Carlos Moitinho (1985), *Direito Comunitário*, Lisboa.
CALHEIROS, J. M. de Albuquerque (1989), "Os poderes orçamentais do Parlamento Europeu – principais problemas", *in Boletim do Ministério da Justiça*, nºs 39/40, págs. 11 e segs..
CAMPOS, João Mota/Campos, João Luiz de Mota (2010), *Manual de Direito Europeu*, 6ª ed. Coimbra Editora, Coimbra.
CARTOU, Louis (1994), *L'Union Européenne*, Dalloz, Paris.
COMISSÃO EUROPEIA (1981), *Trinta anos de direito comunitário*, Perspetivas Europeias, Luxemburgo
CUNHA, Paulo de Pitta e (2003), *A integração europeia no dobrar do século*, Almedina, Coimbra.
CUNHA, Paulo de Pitta e (2006), *Direito Europeu. Instituições e Políticas da União*, Almedina, Coimbra.
FERREIRA, Eduardo Paz (2001), *Direito Comunitário II (União Económica e Monetária). Relatório*. In Revista da Faculdade de Direito da Universidade de Lisboa (supl.).
FERREIRA, Eduardo Paz (org.), (2011), *25 anos na União Europeia*, Almedina, Coimbra.
FRANCO, António de Sousa/Lavrador, Rodolfo/Calheiros, J. M. Albuquerque/Cabo, Sérgio Gonçalves do (1994), *As Finanças Europeias, Vol. I Introdução e Orçamento*, Almedina, Coimbra.

Franco, António de Sousa/Sampaio, Carlos de Almeida (1987), *Fiscalidade europeia. Sumários desenvolvidos*, Universidade Católica Portuguesa.

Machado, E.M. Jónatas (2010), *Direito da União Europeia*, Coimbra Editora, Coimbra.

Martins, Guilherme d'Oliveira (1993), *Europa e Constituição. A revisão constitucional de 1992. Algumas notas*, "Estado & Direito", nº 11, págs. 59-73.

Martins, Guilherme d'Oliveira (2008), *O novo Tratado Reformador Europeu. Tratado de Lisboa – O essencial*, Ed. Gradiva, Lisboa.

Mathijsen, P. S. F. R. (1991), *Introdução ao direito comunitário*, Coimbra editora, Coimbra.

Mesquita, M. J. R. (2010), *A União Europeia após o Tratado de Lisboa*, Almedina, Coimbra.

Morais, Luis D. S., (2000) "O Banco Central Europeu e o seu enquadramento no sistema institucional da União Europeia – algumas reflexões", *in Estudos Jurídicos e Económicos em Homenagem ao Professor João Lumbrales*, FDUL, Lisboa, págs. 447 e segs..

Nunes, M. Jacinto (1993), *De Roma a Maastricht*, Publicações D. Quixote, Lisboa.

Orsoni, Gilbert (org.) – 2007, *Les finances publiques en Europe*, Ed. Economica, Paris.

Pais, Sofia Oliveira (2011), *Direito da União Europeia: legislação e jurisprudência fundamentais*, Quid Iuris, Lisboa.

Pardal, P. Alves, (2010) "O Parlamento Europeu e os parlamentos nacionais: adversários ou aliados?", *in Estudos em homenagem ao Professor Doutor Paulo de Pitta e Cunha*, Almedina, Coimbra : Almedina, págs. 1033-1080.

Pereira, António Pinto (1999), *O Tribunal de Contas das comunidades europeias*, Rei dos Livros, Porto.

Piçarra, Nuno (org.) – 2011, *A União Europeia segundo o Tratado de Lisboa: aspetos centrais*, Almedina, Coimbra.

Pires, Francisco Lucas (1992), *Da Europa Económica à Europa Política*, in "A Europa após Maastricht: Ciclo de Colóquios", págs. 19-31.

Porto, Manuel (1997), *Teoria da Integração e Políticas Comunitárias*, 2ª ed. Almedina. Coimbra.

Quadros, Fausto de (2009), *Direito da União Europeia*, Almedina, Coimbra.

Sande, Paulo de Almeida (1994), *Fundamentos da União Europeia*, Cosmos, Lisboa.

Teixeira, António Braz (1989), *Direito Comunitário*, AAFDL, Lisboa.

Vallée, Charles (1983), *O direito das comunidades europeias*, Editorial Notícias, Lisboa.

Capítulo 4
O Sistema Financeiro Atual e Futuro da União Europeia

Manuel Porto[1]

Sumário: 1. Caracterização do sistema financeiro; 2. A componente das despesas; 2.1. A experiência a ter em conta; 2.2. A situação atual; 2.3. As propostas feitas; 3. A componente das receitas; 3.1. Os primeiros tempos; 3.2. A situação atual; 3.3. As propostas feitas; 4. Conclusões. Bibliografia.

Tem grande atualidade a análise do sistema financeiro da UE, quando estão em apreciação iniciativas tanto do lado das despesas como do lado das receitas: no primeiro caso com a discussão das Perspetivas Financeiras para 2014-2020 e no segundo com propostas feitas no sentido de se alterar o sistema de financiamento do orçamento, designadamente o sistema de recursos próprios da União.

Importará recordar em primeiro lugar o que pode ser esperado de um orçamento como o orçamento da União Europeia, bem como a experiência de que se dispõe, a ter em conta no que vai ser aprovado.

1. Caracterização do sistema financeiro

Compreende-se que o orçamento da União tenha características que o distinguem do orçamento de um país, por um lado, e por outro lado do orçamento de uma mera organização internacional.

---

[1] Professor Catedrático da Faculdade de Direito da Universidade de Coimbra e da Universidade Lusíada.

A sua distinção em relação ao orçamento de um país resulta, além de outras circunstâncias, da sua dimensão, que o impede de cumprir funções que geralmente cabem a um orçamento nacional.

Compreende-se também que se fosse afastando das características de um orçamento de uma mera organização internacional: onde será seguro que não se justificará que haja recursos próprios e poderá não haver as mesmas preocupações de equidade na repartição do ónus das receitas cobradas.

Em relação às suas funções, justifica-se que, tendo presente a distinção consagrada que remonta a Richard Musgrave (1959; cfr. 1989, com Peggy Musgrave), se limite a uma função de afetação (*allocation*), ainda assim em termos limitados; não havendo a possibilidade de com ele se verificarem as funções de estabilização da economia, numa linha de intervenção conjuntural, e de redistribuição do rendimento e da riqueza.

A tão pequena dimensão do orçamento da UE está aliás ligada ao reforço que tem vindo a ser feito do princípio da subsidiariedade, devendo passar para o nível da União apenas o que não possa ser feito pelo menos com igual eficiência nos planos nacionais. A experiência é aliás bem clara no interior dos vários países, com os resultados muito mais favoráveis conseguidos nos países mais descentralizados[2]; não sendo de esperar que algo de similar não acontecesse num nível mais elevado, com a passagem de responsabilidades e competências dos níveis nacionais para um nível supranacional, ainda mais afastado dos cidadãos. E a estas razões institucionais e económicas pode adicionar-se uma razão política, hoje com um relevo acrescido, havendo uma maior aceitação do projeto europeu se não for orçamentalmente muito oneroso e não reduzir muito o papel dos países: sendo assim melhor aceite, ou só assim sendo aceite, pela generalidade da população.

Poderá defender-se, é o nosso caso (cfr. Porto, 2006, pp. 66-9 e 2009, p. 529), que se vá para além do nível atual e do nível que está proposto para as próximas Perspetivas Financeiras, com o orçamento a corresponder a pouco mais de 1% do PIB.

É de recordar aliás a diminuição de relevo que tem vindo a ter ao longo das décadas: com a Comissão em 2004 a aceitar que se ficasse pelos 1,24 % do PNB (agora, do RNB), mas sublinhando que "um quadro alternativo de 1,30 % permitiria à União corresponder melhor" às necessidades regis-

---

[2] Numa lógica sobre que podem ver-se já Stigler (1957), Oates (1972) e entre nós Gaspar e Antunes (1986), ou mais recentemente Pereira *et al.* (2009, pp. 301-34).

tadas " (Comissão Europeia, 2004); sendo de recordar ainda que já anos antes Jacques Delors, quando do Pacote Delors I, muito antes das novas exigências dos alargamentos do começo deste século, havia proposto um valor entre 1,34 e 1,37 % do PIB, mais do que os 1,27 % que vieram a ser estabelecidos então[3].

De qualquer modo, mesmo havendo um desejável aumento do relevo do orçamento[4], não é de esperar e de desejar que se vá muito para além, para um patamar em que o orçamento passasse a poder ter um significado importante em termos de intervenção conjuntural e redistributiva[5].

2. A componente das despesas
2.1. A experiência a ter em conta
A realidade de décadas é a realidade de um orçamento em que uma grande parcela tem sido dedicada à política agrícola comum (PAC) e à política regional, com todas as demais políticas e a cobertura dos custos de administração a ficarem quando muito em pouco mais de um quinto do orçamento.

Neste quadro, é por seu turno fortemente criticável que uma afetação muito maior tenha sido feita à PAC, tendo chegado em décadas anteriores a ter só ela (antes de a política regional ter começado a ter algum significado) por exemplo em 1970 91,8 % do orçamento, em 1980 71,2 %, em 1990 61,5 % e ainda em 2000 44,5 % (39,8 % excluindo-se o "desenvolvimento rural e medidas de acompanhamento", ou seja, as medidas de apoio estrutural).

---

[3] Estando fora de causa ir-se para os valores de 5 a 7 % dos PIB's, tal como foi proposto no Relatório Mc Dougal nos anos 70 (1977, e cfr. por ex. A.C. Lopes, 2007).

[4] Podem ser feitas comparações curiosas, constatando-se por exemplo que o orçamento do Estado português é apenas 25 % menor que o orçamento da União Europeia (o maior espaço económico do mundo, com enormes responsabilidades...), que o orçamento da Comissão é menor do que o do Mayor de Londres ou ainda que o orçamento de todas as instituições da UE é menor do que o orçamento do Maire de Paris (Begg, 2004); correspondendo a 240 euros *per capita* dos seus cidadãos, que "dificilmente permitirían ahora pagar un café al dia a cada uno de los ciudadanos europeus en la mayoria de los estados membros, a diferencia de lo que escribí a mediados de los anos noventa"(Colom I Naval, 2005ª e 2005b. Comparando com vários Estados federais pode ver-se J.S. Lopes (2008) com mencionando ainda outras comparações Porto (2009, pp. 529-30).

[5] Ganhando antes relevo a função regulatória (cfr. Majone, 1996, Laffan e Lindner, 2005, pp. 194-5, e entre nós Camisão e Lobo-Fernandes, 2005, pp. 44-8 e P.Cunha, 2008).

A política agrícola manteve pois sempre a primeira posição, mais recentemente na casa dos 45 % do total, com a política regional a rondar os 30 %[6].

Tratava-se de situação criticável, dados os custos sociais, económicos e financeiros da política agrícola comum (prejudicando ainda a União Europeia nas relações internacionais), em contraste com o que se passa com a política regional, que atua numa linha de "primeiro ótimo", de melhorias estruturais, levando mesmo a descidas dos preços.

Numa via protecionista, de aumento dos preços dos produtos agrícolas, em medida assinalável produtos alimentares, com a PAC eram mais penalizadas as famílias mais pobres, que gastam em alimentação percentagens muito maiores dos seus rendimentos; e eram mais caras as matérias-primas agrícolas que eram industrializadas, prejudicando-se por isso os nossos empresários na concorrência internacional. Com um sistema que garantia as compras de tudo o que era produzido (tratando-se de produtos considerados nas "organizações comuns de mercado"), bem como os custos de armazenamento dos excedentes e de subsidiação à sua exportação, chegava-se ao peso orçamental referido acima. E, como não podia deixar de ser, verificava-se a retaliação da parte dos países que com a PAC tinham dificuldade no acesso ao mercado europeu, levantando naturalmente dificuldades à exportação para lá de produtos industriais em que tínhamos vantagem comparativa, com preços mais baixos.

A acrescer a estes graves inconvenientes, há que sublinhar as iniquidades verificadas entre os países e entre os agricultores dentro dos países. Havendo um número limitado de organizações comuns do mercado, casos das organizações comuns para os cereais, a carne de vaca e os produtos lácteos (estas três organizações absorvendo 67 %, mais de dois terços do total das verbas do FEOGA- -Garantia), eram favorecidos os países e as regiões onde estes produtos tinham maior relevo, como seria de esperar em boa medida alguns dos países do início, já membros quando as organizações foram criadas.

Assim se explica que por exemplo em 1996 a França e a Alemanha, dois países ricos, tenham recebido 42, 6 % do total das verbas (com Portugal a receber 1,6 %, quando tinha 2,7 da população da UE-15). E num ano mais recente, em 2005, tendo a União 25 membros, foi para a França 20,5 % e

---

[6] Com figuras ilustrando a evolução verificada e a situação em 2006 ver Porto (2009, pp. 520 e 521).

para a Alemanha 13,7 % do FEOGA-Garantia, com estes dois beneficiários principais a receber 34,2 % do total.

Por seu turno, em cada país o dinheiro foi-se dirigindo mais para as regiões onde se produzem em maior medida tais produtos e onde há explorações de maior dimensão, com empresários agrícolas capazes de em maior medida justificar as transferências do FEOGA-Garantia. A título de exemplo, assim se justifica que o Alentejo, com 13 % do produto agrícola bruto (PAB) português, recebesse 36 % das verbas totais dirigidas ao nosso país. E, em termos pessoais, não pode deixar de reagir-se a que os agricultores dinamarqueses recebessem em média 15 vezes mais e os agricultores suecos em média 6,5 vezes mais do que os portugueses.

2.2. A situação atual
É de saudar alguma evolução já verificada com as Perspetivas Financeiras ainda em execução, as Perspetivas para 2007-2013.

De facto, depois da prevalência assinalada, constitui um facto novo que em 2013 a PAC tenha 40,645 milhares de milhões de euros, menos do que em 2006 (quando teve 43,735), e menos do que as verbas da "coesão para o crescimento e o emprego", com a política regional (dotada com um montante de 43,342 milhares de milhões de euros).

2.3. As propostas feitas
Agora, está já em apreciação uma proposta da Comissão para as Perspetivas Financeiras para 2014-2020, através do COM (2011) 398 final e do COM (2011) 500 final, ambos de 29.6.2011.

Trata-se de proposta de Perspetivas Financeiras que está na linha da Estratégia Europa 2020, que em grande medida vai determinar as ações da União Europeia nos próximos anos: numa via de crescimento inteligente (*smart growth*), sustentado e inclusivo[7] (ver o quadro 1).

---

[7] Sobre este documento pode ver-se por exemplo Porto (2012a).

Quadro 1
Quadro Financeiro Plurianual 2014-2020 (em dotações)

Preços de 2011	2013	2014	2015	2016	2017	2018	2019	2020	2014-2020
RUBRICA 1 Crescimento Inteligente e Inclusivo									
Galileo	2	1.100	1.100	900	900	700	900	1.400	7.000
Segurança nuclear e desactivação	279	134	134	134	134	55	55	55	700
QCA Investigação e Inovação	9.768	10.079	10.529	10.979	11.429	11.879	12.329	12.776	80.000
Nova competitividade/PME	177	235	270	305	340	375	410	445	2.380
Programa único de educação, formação, juventude e desporto	1.305	1.423	1.673	1.923	2.173	2.423	2.673	2.923	15.210
Agenda de política social (incluindo diálogo social, etc.)	119	121	121	121	121	121	121	124	850
Alfândegas - Fiscalis-Anti Fraude	107	120	120	120	120	120	120	120	840
Agências	258	237	291	290	291	265	326	331	2.030
Outros	308	267	267	267	267	267	267	267	1.868
Margem	49	513	533	553	573	593	613	633	4.009
Energia	22	973	1.233	1.033	1.173	1.303	1.503	1.903	9.121
Transportes	1.552	2.299	2.499	2.899	3.099	3.499	3.699	3.700	21.694
TCI	3	642	782	1.182	1.442	1.512	1.712	1.913	9.185
Facilidade «interligar a Europa»	1.577	3.914	4.514	5.114	5.714	6.314	6.914	7.516	40.000
Convergência regional	30.692	22.032	22.459	22.836	23.227	23.631	24.012	24.393	162.590
Regiões de transição	1.963	5.549	5.555	5.560	5.565	5.570	5.574	5.579	38.952
Competitividade	6.314	7.592	7.592	7.592	7.592	7.592	7.592	7.592	53.143
Cooperação territorial	1.304	1.671	1.671	1.671	1.671	1.671	1.671	1.671	11.700
Fundo de coesão	11.885	9.577	9.620	9.636	9.708	9.888	10.059	10.222	68.710
Regiões periféricas e de reduzida densidade demográfica	249	132	132	132	132	132	132	132	926
Política de coesão	52.406	46.554	47.029	47.428	47.895	48.484	49.041	49.589	336.020
H1 TOTAL	66.354	64.896	66.580	68.133	69.956	71.596	73.768	76.179	490.908
RUBRICA 2 Crescimento sustentável: recursos naturais									
Sublimite máximo PAC (pagamentos directos + despesas de mercado)	43.515	42.244	41.623	41.029	40.420	39.618	38.831	38.060	281.825
Desenvolvimento rural	13.890	13.618	13.351	13.089	12.832	12.581	12.334	12.092	89.895
EMFF (incl. medidas de mercado) + CQP + ORGP	984	945	950	955	955	960	960	960	6.685
Ambiente e acção contra as alterações climáticas (Life+)	362	390	415	440	465	490	515	485	3.200
Agências	49	49	49	49	49	49	49	49	344
Margem	230	140	140	140	140	140	140	139	979
H2 TOTAL	59.031	57.386	56.527	55.702	54.861	53.837	52.829	51.784	382.927

RUBRICA 3 Segurança e cidadania								
Fundo de Gestão da Imigração	487	490	490	490	490	490	493	3.433
Segurança Interna	604	528	548	568	588	608	648	4.113
Sistemas Informáticos	132	104	104	104	104	104	104	729
Justiça	44	44	50	55	60	65	70	416
Direitos fundamentais e cidadania	35	41	45	50	55	60	71	387
Protecção civil	20	35	35	35	35	35	35	245
Europa para os cidadãos	29	29	29	29	29	29	29	203
Segurança alimentar	330	323	317	311	305	299	293	2.177
Saúde pública	54	57	57	57	57	57	54	396
Defesa dos consumidores	24	25	25	25	25	25	25	175
Programa Europa Criativa	181	182	197	212	227	242	273	1.590
Agências	387	431	431	431	431	431	431	3.020
Outros	155	106	106	106	106	106	106	743
Margem	57	130	130	130	130	130	129	909
H3 TOTAL	2.209	2.532	2.571	2.609	2.648	2.687	2.763	18.535

RUBRICA 4 Europa Global								
Instrumento de Pré-Adesão (IPA)	1.888	1.789	1.789	1.789	1.789	1.789	1.789	12.520
Instrumento Europeu de Vizinhança e Parceria (IEVP)	2.268	2.100	2.213	2.226	2.265	2.340	2.514	16.097
IEDDH	169	200	200	200	200	200	200	1.400
Estabilidade (IE)	357	359	359	359	359	359	359	2.510
Segurança (PESC)	352	359	359	359	359	359	359	2.510
Instrumento de parceria (PI)	70	126	130	135	141	148	164	1.000
Instrumento de cooperação para o desenvolvimento (ICD)	2.553	2.560	2.682	2.808	2.938	3.069	3.338	20.597
Ajuda humanitária	841	930	925	920	915	910	905	6.405
Protecção civil (IFPC) + CER	5	30	30	30	30	30	30	210
CEVAH	0	20	22	25	29	33	43	210
Instrumento para a cooperação no domínio da segurança nuclear (I	76	80	80	80	80	80	80	560
Assistência macro-financeira	132	85	85	85	85	84	85	593
Fundo de garantia para acções externas	250	236	231	226	195	157	84	1.257
Agências	20	20	20	20	20	20	20	137
Outros	141	134	134	134	134	134	134	995
Margem	101	374	388	396	422	439	523	3.000
H4 TOTAL	9.222	9.400	9.645	9.845	9.960	10.150	10.620	70.000

RUBRICA 5 Administração								
Despesas de pensões e a favor das escolas europeias	1.522	1.575	1.640	1.667	1.752	1.785	1.839	1.866	12.165
Despesas administrativas das instituições	6.802	6.812	6.869	6.924	6.991	7.074	7.156	7.239	49.064
Margem	510	155	170	185	200	215	230	247	1.400
H5 TOTAL	8.833	8.542	8.679	8.796	8.943	9.073	9.225	9.371	62.629
TOTAL	145.650	142.556	144.002	145.085	146.368	147.344	148.928	150.718	1.025.000
Em percentagem do RNB	1,12%	1,08%	1,07%	1,06%	1,06%	1,05%	1,04%	1,03%	1,05%

Como se sublinhou já, o relevo do orçamento continuará a ser muito pequeno: representando, no conjunto dos sete anos considerados, de 2014 a 2020, 1,05 % do RNB, com pequenas oscilações de ano para ano; sem melhoria em relação às Perspetivas Financeiras anteriores, para 2007-2013.

Na arrumação das verbas têm-se em conta as três referidas prioridades da Estratégia Europa 2020, sendo-lhes destinadas mais de 85,2 % das verbas totais.

A primeira e a terceira prioridades vêm em conjunto, numa secção sobre Crescimento Inteligente e Inclusivo: com a afetação de 490,906 milhares de milhões de euros ao longo dos sete anos, 47,8 % do total.

Aqui, a parcela de longe maior (de 336,020 milhares de milhões de euros, quase 68,5 % do subtotal desta primeira secção) vai para a Política de Coesão, dentro dela por seu turno a maior fatia para a Convergência Regional, com 162,590 milhares de milhões de euros (48,4 % do subtotal da Política de Coesão) a serem afetados às regiões NUT's 2, regiões com PIB's per capita abaixo de 75 % da média da União (regiões que poderão além disso, para além das verbas a que têm direito por este via, participar de outros recursos, como é o caso do Fundo de Coesão).

A segunda secção, com o título de Crescimento Sustentado: Recursos Naturais, tem uma afetação de 382,927 milhares de milhões de euros, 37,36 % do total do orçamento da União. Na linha do tradicional relevo da PAC, referido atrás, ainda lhe são destinados, em pagamentos diretos e despesas de mercado, 281,825 milhares de milhões de euros; sendo todavia de saudar que ao desenvolvimento rural sejam destinados 89,895 milhares de milhões, perto de 24,2 % deste subconjunto.

Está-se ainda muito aquém do que será desejável, em intervenções de "primeiro ótimo", numa linha de melhorias estruturais (com a promoção do desenvolvimento rural), não se agravando preços, tal como foi acontecendo com a PAC ao longo de décadas, com os já referidos prejuízos sociais (v.g. com os preços dos alimentos) e económicos (perdendo-se competitividade nas indústrias transformadoras). Mas é bem mais do que o que era destinado ao antigo FEOGA-Orientação (ao longo de vários anos menos de 5 % do que era destinado à agricultura).

São depois muito menores os valores das outras três secções: a secção da Segurança e Cidadania, com 18,535 milhares de milhões de euros, 1,8 % do total do orçamento da UE, uma secção designada de Europa Global, com 70,000 milhares de milhões, 6,83 % desse total, e por fim a secção de

Administração com 62,629 milhares de milhões de euros, que representam pouco mais de 6,1 %.

Com este último valor são contrariadas as críticas de que a União Europeia terá uma estrutura administrativa muito pesada. Haverá seguramente casos de peso excessivo, mas o conjunto é um bom exemplo para vários Estados nacionais, como é o caso da nossa administração central[8].

3. A componente das receitas
3.1. Os primeiros tempos

Curiosamente, a primeira das instituições, a Comunidade Europeia do Carvão e do Aço (CECA), criada pelo Tratado de Paris de 1951, era financiada numa lógica comunitária, com um recurso próprio: com um imposto sobre a produção dos produtos em causa, o carvão e o aço.

Já as Comunidades criadas pelos Tratados de Roma de 1957, a Comunidade Económica Europeia (CEE) e a Comunidade Europeia de Energia Atómica (EURATOM) foram financiadas até 1970 com recursos nacionais[9].

Só a partir de 1971, por força de Decisão do Conselho de 21 de Abril de 1970, na sequência dos Acordos do Luxemburgo, se caminhou no sentido de os custos destas duas Comunidades serem cobertos com "recursos próprios"[10]: os "recursos próprios tradicionais" (RPT), constituídos pelos impostos alfandegários da Pauta Exterior Comum e pelos direitos niveladores da PAC, e o recurso IVA, recaindo sobre a matéria coletável deste imposto, até a um montante determinado. Só mais tarde, face à iniquidade que vamos sublinhar a seguir, resultante de um sistema dependente exclusivamente de impostos indiretos, foi estabelecido um novo meio de financiamento, o "4º recurso": uma participação nos PNBs dos países.

Com o peso inicial da tributação indireta, penalizando relativamente mais os mais pobres, que gastam em consumo percentagens maiores dos seus rendimentos, constata-se por exemplo que ainda em 1993, quando os recursos próprios em relação ao PIB *per capita* representavam 1,18 % na Alemanha, 1,09 % na Dinamarca, 1,11% na França ou 1,13% no Luxemburgo

---

[8] Em Portugal é pelo contrário especialmente baixa, v.g. no quadro europeu, a percentagem da despesa pública feita a nível local.

[9] Nos termos do número 1 do artigo 200º do primeiro destes Tratados, evidenciando-se alguma preocupação de justiça na repartição dos encargos (cfr. Porto, 2009, p. 512).

[10] É interessante recordar a oposição de Charles de Gaulle, enquanto Presidente da França, a esta e a outras vias de maior integração (ver por ex. V.Maior, 1999, pp. 342-3).

(países que se contavam e continuam a contar entre os mais ricos da Europa), representavam 1,37 % na Grécia, 1,49% na Irlanda e 1,40% em Portugal[11].

A situação foi melhorando com uma participação maior do recurso PNB, assim acontecendo já em 1999 (continuando todavia um português a pagar 1,17 % do seu rendimento pessoal, quando um dinamarquês pagava 1,97 % e um francês 1,12 %).

Trata-se de evolução ilustrada pelo quadro seguinte (quadro 2).

Quadro 2
Recursos Próprios/PIB *per capita*

	1993	1997
Alemanha	1,18	1,20
Bélgica	1,45	1,41
Dinamarca	1,09	1,07
Espanha	1,14	1,13
França	1,11	1,12
Grécia	1,37	1,09
Holanda	1,59	1,5
Irlanda	1,49	1,08
Itália	0,99	0,96
Luxemburgo	1,13	1,22
Portugal	1,40	1,17
Reino Unido	0,87	0,77

Fonte: Coget (1994) e Haug (1999); ou ainda Porto (2009, p.534)

---

[11] Tinham também valores elevados dois países "ricos", a Bélgica e a Holanda, 1,45 e 1,59 %, respetivamente; mas tal resultava do papel desempenhado pelos portos de Roterdão e Antuérpia, onde havia uma grande cobrança (agora bem menor) de impostos alfandegários, de diferenciais agrícolas e do recurso IVA, em todos os casos sobre produtos afinal consumidos (onerando-os) por cidadãos de outros países (casos do Luxemburgo, da Alemanha ou da França).

3.2. A situação atual

A situação de iniquidade acabada de ilustrar estará ultrapassada, ou perto de o estar, com a evolução verificada nos últimos anos, com a participação da tributação indireta (recursos próprios tradicionais e IVA) a descer de 79,4 % do total em 1996 para 25,5 % em 2009, período durante o qual a participação do recurso PNB/RNB subiu de 29,6 % para 66,16 % desse mesmo total.

Trata-se de evolução ilustrada com o quadro que se segue (quadro 3)[12]

Quadro 3
Composição dos recursos próprios da EU
(em percentagem do total dos recursos próprios)

	1996	1997	1998	1999	2000	2001	2002[1]	2003	2004[2]	2005[3]	2006[4]	2007[5]	2008[6]	2009[7]
RPT	19,1%	18,8%	17,2%	16,8%	17,4%	18,1%	11,9%	13,0%	11,50%	11,75%	12,85%	15,14%	15,77%	16,74%
IVA	51,3%	45,5%	40,3%	37,8%	39,9%	38,7%	28,8%	25,4%	14,48%	14,55%	14,35%	15,60%	16,06%	17,10%
PNB/RNB	29,6%	35,7%	42,5%	45,4%	42,7%	43,2%	59,3%	61,6%	74,02%	73,71%	72,79%	69,26%	68,18%	66,16%
Total de recursos próprios (mil milhões de euros)	71,1	75,3	82,2	82,5	88,0	80,7	77,7	83,6	98,91	105,25	110,67	114,28	118,92	114,73

Fonte: Comissão Europeia
[1] A partir de 2002, a percentagem dos RPT retida pelos Estados-Membros enquanto compensação pelos recursos de cobrança foi aumentada de 10% para 25%. Esta diferença representou cerca de 2,2 mil milhões de euros em 2002 e 2003.
[2] Anteprojecto do orçamento rectificativo n.º 8/2004 (UE-25).
[3] Anteprojecto do orçamento 2005.

Poderia pôr-se pois a hipótese de se manter esta situação, aceitável no plano da equidade e a vários outros propósitos (v.g. no plano dos custos administrativos); mas, como vamos passar a ver, designadamente nos tempos mais recentes têm vindo a suceder-se propostas que dela se afastam, em maior ou menor medida (como é o caso da última proposta da Comissão).

No plano da equidade, permitindo mesmo a progressividade na distribuição entre as pessoas, ainda com o cumprimento de requisitos de transparência e "accountability", poderia apontar-se aliás como escolha mais desejável o financiamento do orçamento da União através de uma

---

[12] Podendo em Porto (2009, p.533) ver-se uma figura ilustrando a evolução verificada até 2001.

tributação ligada aos impostos pessoais sobre os rendimentos das pessoas, os IRSs[13].

Compreende-se todavia a dificuldade desta situação, obrigando a uma harmonização das bases tributárias, numa linha muito "federal", que os países não aceitarão.

Poderá aliás perguntar-se se na fase atual, de algum (ou muito...) desencanto com o processo de integração europeia, essa "accountability" não teria o efeito contraproducente de afastar ainda mais os cidadãos...

3.3. As propostas feitas

Curiosamente, remontam aos anos 90 mas não tiveram continuidade ou concretização em medidas tomadas preocupações expressadas em relação à regressividade verificada com os meios de financiamento do orçamento da União (então, das Comunidades).

a) Assim, depois de o Tratado de Roma instituidor da CEE, na sua redação inicial, ter vindo determinar apenas, no artigo 201º, que "a Comissão estudará em que condições as contribuições financeiras dos Estados previstas no artigo 200º" (as participações nacionais já referidas no começo de 3.1) "poderão ser substituídas por recursos próprios, designadamente pelas receitas da pauta alfandegária comum, quando estiver definitivamente estabelecida", foi expressada preocupação pelo modo como se distribui o ónus, mais concretamente, pela regressividade que se verificava, no Protocolo nº 15 do Tratado de Maastricht (ver por ex. C. Silva, 2004, p201).

Na linha desta preocupação, a Agenda 2000 veio alertar para que "a introdução de um novo recurso próprio, qualquer que seja a sua natureza, tornará provavelmente o sistema de financiamento menos equitativo, dado a repartição do rendimento do novo recurso entre os Estados-Membros não corresponder provavelmente à repartição do PNB" (cfr. Quelhas, 1998).

Perguntava-se consequentemente " se não seria mais eficaz passar a um sistema inteiramente baseado nas contribuições do PNB" (agora do RNB), solução que além disso é de aplicação muito fácil e barata e garante sempre a suficiências dos recursos.

---

[13] Referimo-lo num relatório que elaborámos no Parlamento Europeu, quando éramos Vice--Presidente da Comissão dos Orçamentos.

No que respeita ainda a eventuais indicações nos Tratados, há que recordar igualmente que "a preocupação com a regressividade do sistema e alguma sugestão no sentido de "o sistema de financiamento ser baseado na capacidade contributiva que deriva da riqueza relativa dos Estados-Membros expressa principalmente em termos de PNB" foi manifestada nos trabalhos da Convenção; mas não ficou consagrada no texto proposto para a Constituição Europeia, que se limitou a remeter, no artigo I-53, número 4, para "uma lei europeia do Conselho de Ministros", após aprovação do Parlamento Europeu"(cfr. G.O.Martins, 2004, pp. 84-6).

E agora o Tratado de Lisboa, no Tratado sobre o Funcionamento da União Europeia (TFUE), artigo 311º, limita-se a dizer, sem a indicação de critérios substanciais a ter em conta, de justiça ou outros, que a União se dota "dos meios necessários para atingir os seus objetivos e realizar com êxito as suas políticas", que "o orçamento é integralmente financiado por recursos próprios, sem prejuízo de outras receitas", que "é possível criar novas categorias de recursos próprios ou revogar uma categoria existente" e qual é o procedimento legislativo a seguir (cfr. Porto,2012b).

b) Voltando aos anos 90, é de recordar uma proposta da Espanha, apoiada por Portugal, que visou introduzir um elemento de progressividade no sistema de recursos próprios. Em duas hipóteses consideradas, não suprimindo ou suprimindo o recurso IVA, seriam substancialmente reduzidas as contribuições destes dois países e da Irlanda, aumentando pelo contrário as contribuições dos países com populações mais ricas, casos do Luxemburgo, da Dinamarca ou ainda por exemplo da Alemanha[14].

O "peso" dos países ricos levou todavia a que a proposta não tivesse tido acolhimento, não podendo deixar de se reagir muito negativamente aos argumentos, ainda que não novos, apresentados pela Comissão (1998)[15]; em especial à afirmação de que a proposta da Espanha "ignora a importância e a virtude de práticas solidárias na Comunidade através do lado das despesas do Orçamento da UE...".

---

[14] Com os resultados a que se chegaria pode ver-se Porto (2001, pp. 409-12)
[15] Nas palavras duras de Colom I Naval (2000a), no seu original em catalão, "poças veces la Comisión se habia alineado de modo tan descarado con la posición de los países más ricos".

Com a sua ambição e as suas responsabilidades, perante o mundo e desde logo perante os seus cidadãos, não é aceitável que seja "esquecido" na União Europeia o que é um dado adquirido a nível dos países, mesmo a nível geral, como conquista das democracias: haver preocupações de justiça tanto nas despesas como nas receitas (v.g. nos recursos tributários).

E, falando-se de "ignorância", o que era ignorância grave era a Comissão, ao defender tal distinção, "desconhecer" que de facto o orçamento das despesas, ao longo de décadas, não foi equilibrador; foi pelo contrário muito desequilibrador, como vimos, com as iniquidades entre os países e entre as pessoas provocadas pela PAC.

Um peso maior atribuído ao recurso RNB é que tem levado à atenuação da regressividade. Mas o entendimento de entidades várias, designadamente da Comissão Europeia, não tem sido no sentido de manter esta situação: com a sucessão de sugestões várias no sentido de a alterar[16].

c) Assim aconteceu com as críticas e sugestões feitas pela Comissão em 2004, através do COM (2004) 501 final, de 14.7.2004, sugerindo que o "sistema de recursos próprios" passasse "de um sistema de financiamento predominantemente baseado em contribuições nacionais para um sistema de financiamento que refletiria melhor uma União de Estados-Membros e as populações da Europa".

---

[16] Também tem de suscitar a maior preocupação que ao longo dos tempos os países tenham uma preocupação prioritária com o "retorno" do que pagam, na sua perspetiva um "justo retorno"(ver já Begg, 2004, p.3, Colom I Naval, 2000a,2000b, 2005a e 2005b, Le Cacheux, 2005 ou Porto, 1999, pp. 103-4).
Foi nesta linha de exigência a aceitação do "cheque" britânico (embora para esta causa pudesse haver no início alguma compreensão, com o Reino Unido a pagar muito pelo recurso IVA e a receber pouco do FEOGA-Garantia). Depois, esse tipo de cálculo passou a constar das preocupações dos demais países ricos e dos cálculos de documentos da Comissão.
Trata-se de uma lógica nacional, de forma alguma uma lógica comunitária. Poderá sem dúvida haver quem concorde com ela. Mas como compreender que o que é exigível a nível nacional, uma repartição justa dos encargos entre os cidadãos, deixe de se verificar no seio da União Europeia, onde, seja qual for o modelo político para que se caminhe e que a caracterize, importa que os cidadãos sejam tratados com justiça?
Acontece aliás que os países ricos têm especiais vantagens na promoção dos países e das regiões menos favorecidos, com o aumento das oportunidades de mercado. Assim aconteceu quando da entrada de Portugal (e da Espanha) e mais recentemente com os alargamentos a leste (ilustrando os ganhos assim conseguidos pode ver-se Porto, 2009, pp. 545-9, e mais concretamente sobre o que se terá passado com os alargamentos Baldwin *et al.*, 1997).

Tal deveria acontecer em resposta a alegadas críticas de "falta de transparência para os cidadãos da União Europeia", de "autonomia financeira limitada" e de "complexidade e opacidade"[17].

Sugeria-se por isso a substituição parcial das contribuições RNB por "recursos fiscais relativamente importantes e visíveis, a pagar pelos cidadãos da UE e/ou pelos operadores económicos, sendo apontados como "candidatos principais" "1) um imposto sobre o rendimento das sociedades, 2) um verdadeiro recurso IVA e 3) um imposto sobre a energia".

Trata-se todavia de sugestões passíveis de críticas, aplicáveis a sugestões feitas depois, ao mesmo tipo ou a outros tipos de receitas.

De facto, se se quer privilegiar a "accountability" e a transparência para os cidadãos, exigindo "contrapartida" do que sentem que estão a pagar, trata-se de propósito que não se atinge todavia obviamente com o IVA, que recai sobre os consumidores sem que dele se apercebam (assim acontece também em grande medida com a tributação das sociedades e mesmo da energia).

Por outro lado, há mais valores a ter em conta, o primeiro dos quais tem de ser o valor da justiça na tributação, sendo também de grande importância assegurar a competitividade da União Europeia, valores que podem ficar ou ficam mesmo gravemente prejudicados com as propostas feitas (não sendo já preocupante que se trate de uma Europa de "países"...).

É aliás especialmente de estranhar que entre os sete critérios de avaliação considerados pelo COM (2004) 9505 para apreciar o sistema de recursos próprios não estivesse um critério de equidade. Estabeleceu-se que fossem tidos em conta critérios de "visibilidade e simplicidade", "autonomia financeira", "contribuição para uma afetação eficiente dos recursos económicos", "suficiência", "despesas administrativas eficazes", "receitas-estabilidade" e "igualdade na contribuição bruta". Mas não se cuidou de saber se se trata de receitas com uma distribuição justa entre os cidadãos" (não será esta a preocupação quando se fala em "igualdade na distribuição bruta).

---

[17] Acrescentando-se todavia logo no parágrafo seguinte que "o sistema atual de financiamento funciona relativamente bem de um ponto de vista financeiro, na medida em que assegurou um bom financiamento e manteve os custos administrativos do sistema a um nível bastante baixo". Sendo ainda justo e não penalizador da competitividade, quando comparado com o que tem vindo a ser proposto (como vamos passar a ver), seria de ponderar se não deveria manter-se.

Poderá causar especial estranheza e preocupação que se volte a dar mais relevo a um recurso IVA. Vem-se com a "sedução" de se tratar de um "IVA modulado", com uma modulação que, com taxas 0 ou reduzidas, evitaria iniquidades e distorções (sentindo-se talvez cada potencial lesado com a tributação aliviado com exceção que o contemplaria...).

Será todavia sempre muito difícil ou mesmo impossível, em sociedades tão complexas, modulações que contemplem todos e apenas os casos verdadeiramente merecedores de contemplação[18].

d) Depois, em 2005, é de mencionar a proposta de um Grupo de Estudo para as Políticas Europeias (ver Parlamento Europeu, 2007), identificando quatro "candidatos" principais ao financiamento da União: um recurso IVA, um imposto especial sobre os combustíveis, um imposto especial sobre o consumo de tabaco e um imposto sobre os lucros.

Tendo sido solicitada uma avaliação destas quatro fontes possíveis (à firma Delloite), designadamente dos pontos de vista da sua suficiência e da sua estabilidade, apurou-se que um imposto especial sobre o consumo de tabaco e álcool seria insuficiente, um imposto sobre os lucros das sociedades não seria estável, um imposto sobre os combustíveis só parcialmente satisfaria dos dois pontos de vista, só fazendo o "pleno" o recurso IVA.

Além de não poder deixar de se ter presente o ónus especialmente gravoso da tributação da energia para países periféricos, em especial com encargos maiores com a distância, dadas as distâncias a percorrer, é de estranhar que mais uma vez não se considere um critério de equidade, numa instituição com as responsabilidades da União Europeia. E é especialmente chocante que tal não tenha acontecido quando o próprio estudo feito tem uma figura bem significativa, com o cálculo do que os recursos próprios representariam em relação aos PIBs.

Trata-se de figura (reproduzida em Porto, 2009, p. 541) mostrando, tal como se realça no texto do documento, que as contribuições variariam

---

[18] É por isso que, quando estávamos no Parlamento Europeu, nos congratulámos com que não tenha sido acolhida a sugestão a favor do IVA aí feita em 1994 no Relatório Langes ; e já nos congratulámos com que se tenha afastado desta linha, no seu relatório, a deputada Jute Haug (1999) que nos sucedeu como relatora do "dossier" dos recursos próprios (afastando também, corretamente, a ideia do "justo retorno").

entre 0,96 % do PIB no caso de Portugal e 0,54% no caso do Reino Unido, seguindo-se como menos onerados em segundo lugar o Luxemburgo e em quarto a Alemanha (estando de permeio a Estónia)...

Face a estas evidências, como compreender que não haja preocupações de equidade nas avaliações que são feitas?

   e) A preocupação com um maior relevo de recursos próprios foi afirmada também na presidência austríaca da União no primeiro semestre de 2006, com o Chanceler Wolfgang Schüssel, logo no discurso de apresentação do programa da presidência, no dia 18 de Janeiro, a afirmar que "Europe needs more self-financing" e que "we cannot continue to carve everything that we need for Europe out of the national budgets".

Como sugestões, avançou para a tributação de movimentos de capitais especulativos e a tributação de transportes aéreos e aquáticos: solicitando a Comissão "to incude these topics in its review", bem como o apoio do Parlamento Europeu.

Além de não ser rigoroso afirmar-se que se tratava de atividades "entirely exempt from taxation", também a sua tributação é passível de críticas ou pelo menos apreensões: desde o especial ónus para os países da periferia com a tributação dos transportes (aliás de facto já muito onerados, designadamente com a tributação dos combustíveis), ao risco de, com a oneração dos capitais, se estar a prejudicar a capacidade competitiva da Europa[19].

Não se vê além disso que com estas tributações houvesse a "almejada" maior responsabilização dos cidadãos, com o conhecimento do que estão a pagar.

Curiosamente, por outro lado o Chanceler Schüssel mostra-se preocupado com que houvesse uma "uncomfortable tension between net payers and net recipients". Mas, como se disse atrás, não pode deixar de haver contradição nos propósitos. Tal tensão (em especial agora, com um notório menor entusiasmo com a integração europeia) seria menor com um recurso

---

[19] Estamos reconduzidos assim em grande medida à discussão que tem havido a propósito da "taxa Tobin (ver por exemplo Pires, 2001, Jégourel, 2002 e outras referência em Porto, 2009, p. 543).

PNB ou RNB, não sentindo os contribuintes, os cidadãos em geral, que estão a ser onerados com pagamentos para a União Europeia[20].

f) Vem no sentido de haver um novo recurso IVA, bem como no sentido da tributação das transações financeiras (permitindo a redução das contribuições nacionais) a proposta mais recente da Comissão, com o COM (2011) 510 final, de 29.6.2011: Proposal for a Council Decision on the System of Own Resources of the European Union.

Trata-se de proposta que está considerada no quadro que se segue (quadro 4, que consta da p.6 do documento da Comissão), comparando as verbas e as percentagens constantes do projeto de orçamento para 2012 com a antevisão para 2020, de acordo com o que se propõe:

Quadro 4
Evolução estimada da estrutura do financiamento da UE (20012-2020)

	Projecto de orçamento de 2012		2020	
	Mil milhões de EUR	% de recursos próprios	Mil milhoes de EUR	% de recursos próprios
Recursos próprios tradicionais	19,3	14,7	30,7	18,9
Actuais contribuições nacionais das quais	111,8	85,3	65,6	40,3
Recurso próprio baseado no IVA	14,5	11,1	–	–
Recurso prórpio baseado no RNB	97,3	74,2	65,6	40,3
Novos recursos próprios dos quais	–	–	66,3	40,8
Novo recurso IVA	–	–	29,4	18,1
Impostos da UE sobre as operações financeiras	–	–	37,0	22,7
Total dos recursos próprios	131,1	100,0	162,7	100,0

---

[20] Quem "sente" este contributo são os Ministros das Finanças, por isso atraídos, compreensivelmente, por recursos próprios, não tendo de transferir tanto dos seus orçamentos nacionais, já onerados com tantas solicitações...

Aqui se aponta para que em 2020 os recursos próprios tradicionais proporcionem 18,9 % do total das receitas do orçamento da União, o novo recurso IVA 18,1 %, a tributação das transações financeiras 22,7 % e o contributo RNB 40,3 %.

Este último recurso terá pois ainda um relevo assinalável, mas que não será bastante para que se evite uma distribuição geralmente regressiva com o conjunto das receitas (havendo aliás até 2020, nos termos do artigo 4º da proposta, um "abatimento" no contributo RNB para quatro dos países mais ricos: o Reino Unido, a Alemanha a Holanda e a Suécia).

Trata-se pois de proposta a merecer ainda uma profunda reflexão, tendo-se ainda em conta as cautelas, já referidas atrás, que tem de haver com as transações financeiras, num mundo aberto em que não pode deixar de se ter a concorrência de espaços especialmente favorecidos.

A atratividade por recursos próprios, em relação a transferências orçamentais, não podia estar expressada de um modo mais claro quando se afirma (p. 2) que "consequentemente as contribuições dos Estados-membros para o orçamento da UE irão diminuir, pelo que estes passarão a dispor de uma maior margem de manobra na gestão e recursos nacionais escassos".

Trata-se de algo atraente, em especial no período de crise que atravessamos. Mas não pode deixar de continuar a suscitar-se a questão de saber se tal vantagem ultrapassará os inconvenientes de menor equidade e perda de competitividade que foram apontados.

4. Conclusões

São de facto da maior importância as medidas que forem tomadas em relação às próximas décadas, para já em relação ao período de 2014 a 2020

Com os novos desafios, entre eles o desafio da globalização (a que podem juntar-se, a par de outros, os desafios da sustentabilidade e do envelhecimento da população), a Europa tem de seguir uma estratégia realista mas ambiciosa, que terá de ter em conta agora ainda a ultrapassagem da crise que nos tem atormentado. Não podendo esperar-se que a União venha a ter um orçamento muito elevado, terá de ser, numa expressão feliz de Jacques Delors, quando era Presidente da Comissão, um orçamento "à medida das nossas ambições".

Pra além da sua dimensão, importa que seja adequado à estratégia que vai ser seguida: assim se compreendendo que as Perspetivas Financeiras para 2014-2020 estejam propostas em articulação com a Estratégia Europa 2020.

Por outro lado, não é aceitável que na Europa que queremos construir não haja preocupações de equidade no modo como se repartem os encargos: na sua repartição entre os cidadãos e entre os países, não podendo aceitar-se que sejam mais onerados os mais desfavorecidos. Trata-se de preocupação a ter especialmente em conta com um novo sistema de recursos próprios que venha a ser aprovado (não podendo naturalmente deixar de haver também outras preocupações, como é o caso da preocupação de competitividade das nossas empresas, numa concorrência global cada vez mais exigente).

Bibliografia

BALDWIN, Richard, François, Jean e Portes, Richard
   1997– *The Costs and Benefits of Eastern Enlargement: The Impact on the EU and Central Europe*, em *Economic Policy*, n.24, pp.125-76
BEGG, Ian
   2004 – *The EU Budget: Common Future or Stuck in the Past?*, Briefing Note do Center for European Reform, Bruxelas
CAMISÃO, Isabel e LOBO-FERNANDES, Luis
   2005 – *Construir a Europa. O processo de integração entre a teoria e a história*, Principia, Cascais
COGET, Gérard
   1994 – *Les Resources Propres Communautaires*, em *Revue Française de Finances Publiques*, n. 45, pp. 51-96
COLOM I NAVAL JUAN
   2000a – *El Presupuesto Europeu*, em Morata, F. (ed), *Políticas Públicas en la Unión Europea*, Ariel, Barcelona, cap. 1º., pp. 31-86
   2000b – *El Pressupost de la EU em l'Horitzó de la Propera Década*, em *Revista de Economia de Catalunya*
   2005a – *Perspectivas del Presupuesto Europeo*, em *Critérios*, Outubro, pp.57-59
   2005b – *La Betalla del Pressupost Europeu e El Presssupost de la EU*, em dcidob, Fundació Centre d'Informació i Documentació Internacional a Barcelona, n.96, *Construcció Europea*, pp. 18-24
COMISSÃO EUROPEIA
   1998 – *Agenda 2000. Financiamento da União Europeia*. Relatório da Comissão sobre o funcionamento de recursos próprios (com base no COM (98) 560), Serviço de Publicações, Luxemburgo.
   2004 – *Uma Nova Parceria para a Coesão: Convergência, Competitividade, Coesão*, terceiro relatório sobre a coesão económica e social
CUNHA, Paulo de Pitta e
   2008 – *A Função Reguladora da União Europeia*, em Accioly, Elidabeth(coord.), *Direito no Século XXI. Livro de Homenagem ao Professor Werter Faria*, Juruá, Curitiba, pp. 633-44

GASPAR, Vitor e Antunes, António José Pais
   1986 – *A Descentralização das Funções Económicas do Estado*, em *Desenvolvimento Regional*, Boletim da Comissão de Coordenação da Região Centro, nº 23, pp. 9-37
HAUG, Jutta
   1999 – Relatório apresentado no Parlamento Europeu (A4-0105/99)
JÉGOUREL, Yves
   2002 – *La Taxe Tobin*, La Découverte, Paris
LAFFAN, Brigid e LINDNER, Johannes
   2005 – *The Budget. Who gets What, When and How*, em Wallace,Hellen, Wallace, William e Pollack, Mark A. (ed.), *Policy-Making in the European Union*, 5ª ed., Oxford University Press, Oxford, pp. 191-212
LE CACHEUX, Jacques
   2005 – *Budget Européen: Le Poison du Juste Retour*, em Notre Europe, Études et Recherches, nº 41 (Junho), Paris
LOPES, António Calado
   2007 – *A Estratégia de Lisboa e a Modernização da Economia Europeia*, Instituto Nacional de Administração (INA), Oeiras
LOPES, José da Silva
   2008 – *A União Europeia: A Caminho de um Orçamento Federal*, em P. Cunha e L. Morais, (org.), *A Europa e os Desafios do Século XXI*, Almedina, Coimbra, pp. 263-87
MAIOR, Paulo Vila
   1999 – *O Modelo Político Económico da Integração Monetária Europeia*, Universidade Fernando Pessoa, Porto
MAJONE, Giandomenico
   1996 – *Regulatory Europe*, Routledge, Londres
MARTINS, Guilherme Oliveira
   2004 – *Que Constituição para a União Europeia? Análise do Projecto da Convenção*, Gradiva, Lisboa
MUSGRAVE, Richard
   1959 – *The Theory of Public Finance*, McGraw-Hill, Nova Iorque
MUSGRAVE, Richard e MUSGRAVE, Peggy
   1989 – *Public Finance in Theory and Practice*, 4ª ed., McGraw-Hill, Nova Iorque
OATES, Wallace
   1972 – *Fiscal Federalism* Harcourt Brace Javanovich, Nova Iorque
PARLAMENTO EUROPEU
   2007 – *Future Own Resources. External Study on the Composition of Future Own Resources for the European Parliament*, Directorate General Internal Policy (PE 390-718vcl-00)
PEREIRA, Paulo Trigo, Afonso, António, Arcanjo, Manuela e Santos, José Carlos Gomes dos
   2009 – *Economia e Finanças Públicas*, 3ª ed., Escolar Editora, Lisboa
PIRES, Catarina
   2001 – *O "Fim da Riqueza das Nações"? Algumas reflexões a Propósito da Globalização Financeira*, em *Boletim de Ciências Económicas da Faculdade de Direito de Coimbra*, vol.44, pp. 243-48
PORTO, Manuel
   1999 – *A Europa no Dealbar do Novo Século*. Intervenções Parlamentares, Grupo PPE (PSD), Coimbra

2001 – *Teoria de Integração e Políticas Comunitárias*, 3ª. ed., Almedina, Coimbra
2006 – *O Orçamento da União Europeia. As Perspectivas Financeiras para 2007-2013*, Almedina, Coimbra
2009 – *Teoria de Integração e Políticas Comunitárias: Face aos Desafios da Globalização*, 4ª ed., Almedina, Coimbra
2012a – *A Estratégia Europa 20-20: Visando um Crescimento Inteligente, Sustentável e Inclusivo*, em *Livro de Homenagem ao Prof. José Joaquim Gomes Canotilho*, Coimbra Editora, Coimbra (no prelo)
2012b – Comentário ao artigo 311º do TFUE, em Manuel Lopes Porto e Gonçalo Anastácio (coord.), O *Tratado De Lisboa, Anotado e Comentado*, Almedina, Coimbra

QUELHAS, José Manuel Santos
1998 – *Agenda 2000 e o Sistema de Financiamento da União Europeia* em *Temas de Integração* nº5, pp.53-109

RELATÓRIO MCDOUGAL
1977 – *Report of the Study Group on the Role of Public Finance in the European Community*, SEC

SILVA, Aníbal Cavaco
1999 – *União Monetária Europeia. Funcionamento e Implicações*, Verbo, Lisboa e S. Paulo

STIGLER, George
1957 – *Tenable Range of Functions of Local Governmente*, em Joint Economic Committee, Sub-Committeeon Fiscal Policy, *Federal Expenditure Policy for Economic Growth and Stability*, Washington

Capítulo 5
O Orçamento da União Europeia

JOÃO RICARDO CATARINO[1]

Sumário: 1. O sistema financeiro da União Europeia; 1.1 Aspetos de ordem geral; 1.2 As competências financeiras na União Europeia. 2. O orçamento da União Europeia; 2.1. O processo de elaboração, discussão e aprovação do orçamento da União Europeia; 2.2 Não aprovação do orçamento da União Europeia. 3. A estrutura do orçamento da União Europeia; 3.1 A estrutura horizontal do orçamento; 3.2 A estrutura vertical do orçamento. 4. Os princípios enformadores do orçamento da União Europeia. 5. As receitas e as despesas da União Europeia; 5.1 As receitas da União Europeia; 5.2 As despesas da União Europeia. 6. O quadro financeiro plurianual. 7. A execução do orçamento da União Europeia; 7.1 As operações associadas às receitas da União Europeia; 7.2 As operações associadas às despesas da União Europeia; 7.3 Modalidades de execução orçamental; 7.4 A avaliação da execução orçamental e a boa gestão financeira; 7.4.1 A boa execução financeira e o controlo orçamental. 8. A responsabilidade dos intervenientes financeiros (breves notas). Bibliografia. Legislação comunitária relevante. Jurisprudência comunitária

---

[1] Licenciado em Direito e pós Graduado em Estudos Europeus pelo Instituto Europeu pela Faculdade de Direito da Universidade de Lisboa, Mestre em Ciência Política, Doutorado e Agregado em *finanças públicas* pela Universidade Técnica de Lisboa – ISCSP. Coordenador das disciplinas de *Finanças Públicas*, de *Fiscalidade*, de *Políticas Financeiras e Gestão Orçamental* e de *Administração financeira e política fiscal*. Foi membro das Comissões de Reforma da tributação do consumo (1986) e do património (2002-2004) e trabalhou ativamente na reforma do imposto sobre o rendimento (1989). É vogal do Conselho Científico da Associação Fiscal Portuguesa e membro do Colégio de Especialidade do Património da OTOC – Ordem dos Técnicos Oficiais de Contas. Juiz-árbitro na Arbitragem Tributária.

1. O sistema financeiro da União Europeia
1.1. Aspetos de ordem geral
A União Europeia possui um sistema financeiro complexo interagindo diretamente com a realidade financeira de todos e cada um dos Estados-membros. Com os progressivos alargamentos para países periféricos, eles próprios com graves assimetrias internas, os desequilíbrios da União aumentaram trazendo novos problemas ao processo de integração europeia.

O desenvolvimento das finanças comunitárias tem sido um processo gradual que evidencia as dificuldades em articular as finanças nacionais com as finanças comunitárias. Os Estados-membros relutam em abrir mão das competências financeiras nacionais ainda que a decisão financeira lhes haja já sido subtraída em vários domínios da realidade financeira, desde logo pela via do Banco Central Europeu.

Estamos perante um movimento lento de progressivo esbatimento do papel central dos Estados e de reforço das competências centrais dos órgãos da União Europeia no âmbito do processo de construção da ideia de Europa. A União Aduaneira, o mercado único europeu, o Ato único Europeu, o Tratado de Maastricht, os critérios de transição para a terceira fase da UEM – União Económica e Monetária e, mais recentemente, o Tratado de Lisboa, mostram que estamos perante um movimento cauteloso que requereu um PEC – Pacto de Estabilidade e Crescimento (insuficiente) e diversos outros instrumentos financeiros para evitar os défices excessivos nos orçamentos nacionais e dívida públicas incomportáveis.[2]

A União Europeia não poderia funcionar se não possuísse um orçamento próprio. Este constitui, assim, um instrumento da maior relevância para o funcionamento e o aprofundamento do projeto europeu. Isso explica que a União possua um sistema financeiro muito desenvolvido.

Todavia, o Orçamento da União europeia repousa sobre um sistema financeiro específico. Trata-se de um conjunto de regras próprias que representam o culminar de um processo evolutivo complexo e claramente

---

[2] Veja-se EDUARDO PAZ FERREIRA, *União Económica e Monetária – Um Guia de Estudo*, e também SOUSA FRANCO, *Finanças Europeias*, Volume I, edição/reimpressão, Almedina, 1990; JOSÉ TAVARES, *Estudos de Administração e Finanças Públicas*, Almedina, 2004 e SOUSA FRANCO, RODOLFO V. LAVRADOR, J. M ALBUQUERQUE CALHEIROS E SÉRGIO GONÇALVES DO CABO, *Finanças Europeias: Introdução e Orçamento*, Almedina, Coimbra, 1994 e MANUEL PORTO, *O Orçamento da União Europeia*, Almedina, Coimbra, 2006.

não terminado. Elas podem ser agrupadas em dois tipos principais de regras e um terceiro, acessório, a saber:

- O *direito europeu originário*, constituído pelos Tratados institutivos da União Europeia com as suas alterações posteriores, hoje veiculadas no (TUE) Tratado da União Europeia e no (TFUE) Tratado sobre o Funcionamento da União Europeia;
- O *direito europeu derivado*, criado pelas instituições próprias da União, promanado através de Regulamentos e de Diretivas comunitárias, criadoras de um verdadeiro direito financeiro e orçamental europeu;
- As *regras emergentes de Acordos* celebrados entre as instituições comunitárias com relevância em matéria financeira. Estas são compostas por um variado conjunto de regras como é o caso do Acordo Interinstitucional entre o Parlamento Europeu, o Conselho e a Comissão, sobre disciplina orçamental e boa gestão financeira.

Trata-se, na verdade, de um acervo normativo ímpar, pelo menos no sentido de que ele não encontra paralelo nos ordenamentos dos Estados--membros da União. Apenas os dois primeiros níveis assinalados existem ao nível estadual, vinculando diretamente os Estados-membros, sem prejuízo da existência de regras administrativas, emanadas através de Circulares e de outras formas internas de criar regras vinculativas para os funcionários, obrigados ao dever de obediência hierárquica e às ordens vindas dos órgãos superiores.

Assim, para além das regras próprias constantes nos Tratados (v. g. o TUE – Tratado sobre a União Europeia e o TFUE – Tratado sobre o Funcionamento da União Europeia), o Orçamento da União Europeia é ainda genericamente disciplinado pelo Regulamento Financeiro (Euratom) nº 1605/2002 do Conselho, de 25 de Junho, alterado pelos Regulamentos (CE, Euratom) nº 1525/2007, do Conselho, de 17 de Dezembro, pelo Regulamento (CE, Euratom) nº 1995/2006 do Conselho de 13 de Dezembro de 2006 e pelo Acordo Interinstitucional entre o Parlamento Europeu, o Conselho e a Comissão sobre disciplina orçamental e boa gestão financeira (2006/C 139/01).

Efetivamente, a estrutura orgânica da União não assenta no modelo clássico de separação de tripartida de poderes uma vez que os Tratados não instituíram órgãos com competências legislativas, executivas ou jurisdicionais específicas. Pois que a União Europeia não é um Estado, o que se reflete na sua estrutura orgânico-decisória onde, nos termos do artigo 13º nº 2 do Tratado UE, se determina que *"Cada instituição atua dentro dos limites das atribuições que lhe são conferidas pelos Tratados, de acordo com os procedimentos, condições e finalidades que estabelecem."* As instituições comunitárias envolvidas reconhecem a recíproca limitação dos seus poderes sem prejuízo das demais competências que a cada uma é conferida pelo Tratado.

As competências financeiras e orçamentais da União Europeia refletem estas particularidades institucionais onde o exercício das funções legislativas e executivas cabe articuladamente ao Parlamento Europeu, à Comissão Europeia e ao Conselho. Trata-se pois de estabelecer, como princípio geral, que cada órgão deve exercer as suas competências no respeito pelas competências dos outros.[3]

1.2 As competências financeiras na União Europeia

O Parlamento Europeu assume-se como a instituição onde ocorre essencialmente o processo de decisão orçamental.[4] Sobretudo depois da adoção do Tratado de Lisboa, o Parlamento Europeu detém um poder de codecisão partilhado com o Conselho no procedimento orçamental, regulado essencialmente nos artigos 314º a 316º do Tratado sobre o Funcionamento da União Europeia (TFUE) que determina que *"O Parlamento Europeu e o Conselho, deliberando de acordo com um processo legislativo especial, elaboram o orçamento anual da União"* (artigo 314º 1º parág. do TFUE). O Parlamento possui um poder de codecisão partilhado com o Conselho.

Na verdade, pode dizer-se, sobretudo depois da entrada em vigor do Tratado de Lisboa, que o Parlamento Europeu e o Conselho da União Europeia constituem a autoridade orçamental da União Europeia.

Todavia, o Tratado de Lisboa também impôs novas responsabilidades à Comissão, ao Parlamento e ao Conselho para que adotem as regras

---

[3] Vejam-se, a propósito, alguns Acórdãos do TJCE, como o Acórdão de 22 de Maio de 1990, procº C-70/88, PE c. Conselho, Col. 1990, p.I-2041, nºs 21 e 22. Veja-se também MARIA LUÍSA DUARTE, *União Europeia, estática e dinâmica da ordem jurídica comunitária*, págs. 137 e segs. Almedina, Coimbra, 2011 e RAQUEL CARIA PATRÍCIO, *Uma visão do projeto europeu, história, processos e dinâmicas*, Almedina, Coimbra, 2009. Para uma visão aprofundada dos princípios da União Europeia veja-se ALESSANDRA SILVEIRA, *Princípios de direito da união europeia*, Quid Juris, Lisboa, 2009.

[4] Isso deu-se, sobretudo com os denominados Tratados Orçamentais de 22.4.1970 e de 10.7.1975 (cfr. a Decisão CECA/CEE/Euratom nº 70/243).

necessárias para facilitar o acordo sobre o quadro financeiro da União, medida que reflete bem as reconhecidas dificuldades que a matéria suscita em vista dos interesses cruzados dos Estados-membros, por um lado, e das instituições comunitárias, por outro.

As regras reguladoras do *processo orçamental da União Europeia*, que constam das regras adotadas em Junho de 2004, não sofreram modificação de fundo com o Tratado de Lisboa. Ainda assim, há alguns aspetos a assinalar, que são:

- A simplificação do procedimento orçamental;
- A supressão da distinção entre despesas obrigatórias e despesas não obrigatórias;
- A modificação do processo orçamental no sentido da codecisão;
- As crescentes preocupações com a consolidação e a sustentabilidade das finanças europeias.

O novo quadro jurídico suprime a distinção entre despesas obrigatórias e despesas não obrigatórias da qual resultava uma divisão da responsabilidade sobre a sua assunção entre o Conselho e o Parlamento Europeu. A supressão desta distinção não é meramente formal mas de ordem material, na medida em que, por um lado, deixam de fazer sentido as regras relativas à taxa mínima de aumento e, por outro, produz um duplo efeito sobre a aprovação do orçamento anual, a saber:

- Alarga a responsabilidade orçamental das instituições comunitárias a todas as despesas e não apenas à categoria que a cada uma delas competia, gerando uma responsabilidade geral pelo orçamento comunitário unitariamente considerado;
- Altera significativamente o quadro "tradicional" das negociações sobre o orçamento comunitário entre o Conselho e o Parlamento Europeu.

As novas regras sobre o processo orçamental são mais flexíveis, conferindo à Comissão o papel mais relevante de tomar a iniciativa de procurar a conciliação das posições do Parlamento e do Conselho Europeu sempre que verifique um impasse. Está inclusive previsto o recurso ao *Comité de Conciliação* tendo em vista alcançar a uniformidade de posições sobre o orçamento comunitário anual.

De tais regras resulta a necessidade de estabelecer mecanismos equilibrados de elaboração e aprovação do orçamento comunitário em ordem a evitar que qualquer das instituições comunitárias seja subalternizada. De facto, nem a Comissão Europeia, o designado motor do ideal comunitário e guardiã dos Tratados, nem o Parlamento Europeu desejam ver as suas vontades e missões diminuídas pela via da exiguidade dos recursos orçamentais afetos à União.

Por outro lado, o Conselho Europeu, que continua a representar a vontade dos Estados-membros, não deseja a aprovação de um orçamento do qual decorram encargos considerados excessivos pelos respetivos Governos. Bem se vê que o equilíbrio em matéria financeira e orçamental assenta em vontades e desígnios nada fáceis de alcançar. O Tratado de Lisboa pretendeu, assim, estabelecer regras que reflitam uma partilha equilibrada de competências, entre o Conselho e o Parlamento Europeu em matéria financeira e orçamental.

O montante das receitas do orçamento e a repartição das despesas são decididos segundo um processo democrático que envolve tanto o Parlamento como o Conselho e a Comissão Europeia. O Parlamento Europeu pode, desde logo:

1. Alterar, relativamente a quaisquer receitas ou despesas, desde que decidido por maioria simples, o projeto de orçamento adotado pelo Conselho (artigo 314º nº 4 al. c) do TFUE);
2. Declarar que está verificada a aprovação do orçamento (artigo 314º nº 4 al. a) do TFUE);
3. Rejeitar a aprovação do projeto de orçamento deliberando por maioria dos membros que o compõem, (artigo 314º nº 7 al. b) do TFUE).

2. O orçamento da União Europeia

O Orçamento da União Europeia, tal como o dos Estados-membros, é um documento de previsão onde se estimam as receitas e as despesas a incorrer no ano económico seguinte. O Orçamento da União contém ainda uma autorização para cobrar as receitas e realizar despesas, e constitui, do mesmo modo, uma limitação para a ação dos órgãos próprios da União em matéria financeira.

O RF – Regulamento Financeiro define-o como sendo *o ato em que é previsto e autorizado, para cada exercício, o conjunto das receitas e despesas consideradas necessárias da Comunidade Europeia e da Comunidade Europeia da Energia Atómica.*

Em geral o orçamento comunitário visa promover o desenvolvimento económico e social da própria União Europeia mas possui um horizonte mais alargado à intervenção económica e financeira da União noutras regiões do mundo e ainda à promoção da paz e à contribuição para atenuar o sofrimento das vítimas de catástrofes naturais, da fome ou de conflitos dentro ou fora do território da união.

Na essência ele não difere, no conceito, no conteúdo e nos fins, dos orçamentos nacionais. Tal como estes, o orçamento da União Europeia está sujeito a várias regras ou princípios. Alguns desses princípios estão ainda previstos nos Tratados ou no Regulamento (CE, Euratom) nº 1605/2002, do Conselho, de 25 de Junho, já referido, que institui o *Regulamento Financeiro* (RF) aplicável ao orçamento geral das Comunidades.[5]

Este regulamento veio substituir o Regulamento Financeiro de 1977 e assenta em dois eixos principais que são:

- Uma maior simplificação legislativa e administrativa do processo orçamental;
- Um maior rigor na gestão das finanças comunitárias, em linha com as preocupações expressas pelos Estados-membros e refletidas nos Tratados.

Para além das normas financeiras que existem nos Tratados, o novo Regulamento Financeiro define os grandes princípios e as regras de base que regem o orçamento comunitário. Existe ainda um outro conjunto vasto de disposições ou normas de carácter técnico, bem como de outros dados

---

[5] Veja-se também o Regulamento (CE, Euratom) nº 2342/2002, da Comissão, de 23 de Dezembro de 2002, que estabelece as normas de execução do regulamento (CE, Euratom) nº 1605/2002, do Conselho, que institui o Regulamento Financeiro aplicável ao orçamento geral das Comunidades Europeias [Jornal Oficial L 357 de 31.12.2002]. O presente regulamento tem por objetivo completar o novo Regulamento Financeiro, bem como traduzir os princípios e definições em regras concretas. Define, por conseguinte, as verdadeiras regras de gestão financeira, uma vez que o novo Regulamento Financeiro foi simplificado em relação ao Regulamento Financeiro de 1977, de forma a remeter para o âmbito das normas de execução todas as disposições específicas.

Este regulamento foi alterado pelo Regulamento (CE, Euratom) nº 1261/2005, da Comissão, de 20 de Julho de 2005 [Jornal Oficial L 201 de 2.8.2005]; pelo Regulamento (CE, Euratom) nº 1248/2006, da Comissão, de 7 de Agosto de 2006 [Jornal Oficial L 227 de 19.8.2006]; e pelo Regulamento (CE, Euratom) nº 478/2007, da Comissão, de 23 de Abril de 2007 [Jornal Oficial L 111 de 28.4.2007].

específicos num Regulamento autónomo que estabelece as normas de execução do Regulamento Financeiro adotado pela Comissão.

2.1. O processo de elaboração, discussão e aprovação do orçamento da União Europeia

O processo de elaboração, discussão e aprovação do orçamento da União Europeia é muito complexo evidenciando bem as complexidades de articulação dos poderes e sensibilidades dos diferentes órgãos comunitários, com especial destaque para o Conselho que, ao contrário dos demais órgãos comunitários, continua a revelar-se um representante fiel dos interesses individuais dos Estados-membros.

O processo de apreciação e de aprovação do orçamento europeu realiza-se entre Maio e Dezembro. Compete em primeiro lugar à Comissão Europeia apresentar, até 1 de Julho de cada ano, um anteprojeto de orçamento que cubra todos os domínios políticos e programas a partir das propostas que lhe devem ser remetidas pelos órgãos e instâncias comunitárias. A elaboração do orçamento europeu tem, assim, como ponto de partida os mapas previsionais das despesas e receitas que o Parlamento Europeu, o Conselho, o Tribunal de Justiça das Comunidades Europeias, o Tribunal de Contas, o Comité Económico e Social, o Comité das Regiões, o Provedor de Justiça e a Autoridade Europeia para a Proteção de Dados têm de elaborar e transmitir à Comissão Europeia até àquela data. É com base nestas projeções individuais que a Comissão Europeia elabora o anteprojeto de orçamento da despesa. A Comissão elabora este anteprojeto de acordo com a sua estratégia política anual e as suas próprias projeções de despesa para o ano seguinte.

O anteprojeto de orçamento das receitas e despesas da União Europeia elaborado pela Comissão Europeia é por ela apresentado até 1 de Setembro do ano anterior ao Parlamento Europeu e ao Conselho. Ela deve juntar um mapa geral sintético das despesas e das receitas das Comunidades e agrupará os mapas previsionais.

Compete ao Parlamento Europeu e ao Conselho Europeu, tomando por base o anteprojeto elaborado pela Comissão, preparar o projeto de orçamento de acordo com o procedimento previsto nos nºs. 1 e 2 do artigo 314º do TFUE e nº 3 do artigo 177º do Tratado Euratom. Neste participam o Comité orçamental e o Comité de representantes permanentes.

O Conselho deve pronunciar-se sobre o projeto remetendo a sua apreciação para o Parlamento Europeu até 1 de Outubro do ano anterior (artigos 314º nº 3 do TFUE e 35º do Regulamento Financeiro). Nos termos do anexo II do Acordo Institucional de 2006 a decisão do Conselho é objeto de concertação prévia *ad hoc* com o Parlamento Europeu. O Conselho deve transmitir a sua posição ao Parlamento Europeu. Este pode, no prazo de quarenta e dois dias, aprovar o orçamento ou nada deliberar. Em ambos os casos o projeto de orçamento considera-se aprovado.

Se o Conselho não aprovar o orçamento e adotar uma outra posição sobre o orçamento deve transmitir esse facto ao Parlamento Europeu. Se o Parlamento Europeu nada disser sobre as propostas de modificação adotadas pelo Conselho o orçamento considera-se definitivamente aprovado.

Todavia, nos termos do artigo 314º do TFUE (artigo 272º nº 4 do Tratado CE) Parlamento Europeu pode introduzir alterações no projeto de orçamento por maioria dos membros que o compõem e propor ao Conselho modificações relativas às despesas que decorrem obrigatoriamente do Tratado ou dos atos adotados por força deste (artigo 314º nº 4 do TFUE; ex artigo 272º nº 4 do Tratado CE). Neste caso, o Presidente do Parlamento Europeu deve convocar o Comité de Conciliação (al. c) do nº 4 do artigo 314º do TFUE).

O Comité de Conciliação tem por missão chegar a acordo sobre um projeto de orçamento comum por maioria qualificada dos membros do Conselho ou dos seus representantes e por maioria dos membros que representam o Parlamento Europeu, no prazo de vinte e um dias a contar da sua convocação, com base nas posições do Parlamento Europeu e do Conselho (artigo 314º nºs 5 e 8 do TFUE). Se nesse prazo não houver acordo a Comissão deverá apresentar novo projeto de orçamento.

O nº 7 do artigo 314º do TFUE contém ainda um conjunto de disposições específicas sobre a aprovação do orçamento, a saber:

- Se o Parlamento Europeu e o Conselho aprovarem o projeto de orçamento ou não deliberarem, ou se uma destas instituições aprovar o projeto e a outra não deliberar, o orçamento considera-se definitivamente adotado;
- Se o Parlamento Europeu, deliberando por maioria dos seus membros, e o Conselho rejeitarem o projeto, ou se algum deles rejeitar o projeto e a outra não deliberar, a Comissão deverá apresentar novo projeto de orçamento;

- Se o Parlamento Europeu, deliberando por maioria dos seus membros, rejeitar o projeto e o Conselho o aprovar, a Comissão deverá ser convidada a apresentar novo projeto de orçamento;
- Se o Parlamento Europeu aprovar o projeto e o Conselho o rejeitar, o Parlamento Europeu, deliberando por maioria dos seus membros e três quintos dos votos expressos, pode, no prazo de catorze dias, decidir confirmar todas ou algumas das alterações. Caso não seja confirmada uma alteração do Parlamento Europeu, será consignada a posição aprovada no Comité de Conciliação sobre a rubrica orçamental que é objeto da alteração. Considera-se que o orçamento foi definitivamente adotado nesta base.

A Comissão Europeia participa nos trabalhos do Comité de Conciliação e toma todas as iniciativas necessárias para promover uma aproximação das posições do Parlamento Europeu e do Conselho. Ela pode também, propor alterações ao projeto de orçamento até à convocação do Comité de Conciliação (artigos 314º nº 2 do TFUE e 34º do RF).

A discussão orçamental engloba as grandes linhas de orientação financeira da União, a repartição dos meios financeiros nas diferentes rubricas, a avaliação das prioridades políticas, tendo até perdido interesse a distinção habitual entre despesas obrigatórias e não obrigatórias em torno da qual se organizava a repartição de competências entre o Parlamento europeu e a Comissão.

Uma vez alcançado um projeto de orçamento comum o Parlamento Europeu e o Conselho Europeu devem deliberar sobre a aprovação do orçamento, o primeiro por maioria de votos expressos e, o segundo, por maioria qualificada. De facto, a real possibilidade de existir uma crise orçamental resultante da rejeição da proposta de orçamento, quer pelo Conselho quer pelo Parlamento Europeu, exigiu que no Tratado de Lisboa se estabelecessem regras que cubram todas as eventualidades, a saber:

- Se, do decurso de um período de 21 dias, o Comité de Conciliação não alcançar um acordo entre o Conselho e o Parlamento Europeu em matéria orçamental, a Comissão Europeia deverá apresentar nova proposta orçamental;
- Se o Parlamento e o Conselho Europeu rejeitarem, ambos, o projeto de orçamento ou se um deles o fizer, cabe à Comissão, do mesmo modo, apresentar nova proposta;

- Se o Parlamento Europeu rejeitar o projeto comum de orçamento, ainda que o Conselho o aprove, a Comissão Europeia deverá apresentar nova proposta orçamental;
- Em todas as demais situações possíveis do procedimento de conciliação o orçamento deverá considerar-se definitivamente aprovado.

2.2. Não aprovação do orçamento da União Europeia

A não aprovação do orçamento Comunitário determina a execução por duodécimos do orçamento ao ano anterior, nos termos previstos no artigo 315º do TFUE (artigo 273º do Tratado CE) e até ao limite de um duodécimo das dotações inscritas no capítulo em questão do orçamento do exercício anterior, não podendo ultrapassar o duodécimo das dotações previstas no mesmo capítulo no projeto de orçamento. Não obstante, o Conselho Europeu pode, sob proposta da Comissão, autorizar despesas que excedam a regra dos duodécimos.

O Conselho, deliberando por maioria qualificada a pedido da Comissão e após consulta ao Parlamento Europeu, pode aprovar simultaneamente dois ou mais duodécimos provisórios, tanto para as operações de autorização como para as operações de pagamento mas, se essa autorização disser respeito a despesas não obrigatórias deve informar do facto o Parlamento Europeu. No prazo de 30 dias o Parlamento Europeu pode por maioria dos deputados ou três quintos dos votos expressos, tomar uma decisão diferente sobre a parte da despesa autorizada que exceda o limite duodecimal, caso em que a Decisão do Conselho se deve considerar suspensa nesta parte.

Se o Parlamento Europeu, porém, nada decidir no prazo de 30 dias sobre a decisão do Conselho Europeu, esta decisão deve considerar-se definitiva.

O artigo 13º do RF permite, porém, que:

- As operações de autorização podem ser efetuadas por capítulo, dentro do limite de um quarto do conjunto das dotações aprovadas no capítulo em questão para o exercício precedente, acrescido de um duodécimo por cada mês decorrido;
- E as operações de pagamento podem ser efetuadas mensalmente por capítulo dentro do limite de um duodécimo das dotações aprovadas no capítulo em questão para o exercício precedente.

3. A estrutura do orçamento da União Europeia

O anteprojeto de orçamento das receitas e despesas da União Europeia elaborado pela Comissão deve conter um mapa geral sintético das despesas e das receitas das Comunidades e agrupar os mapas previsionais mencionados nos artigos 40º do RF, 31º do Regulamento (CE, Euratom) nº 1605/2002, do Conselho, de 25 de Junho de 2002, que institui o Regulamento Financeiro (RF) aplicável ao orçamento geral das Comunidades Europeias.[6] Este anteprojeto deve obrigatoriamente conter os seguintes dados:

a) Uma análise da gestão financeira do último exercício, bem como o mapa dos saldos por liquidar;
b) Um parecer sobre os mapas previsionais das outras instituições, que poderá conter previsões divergentes, devidamente fundamentadas;
c) Qualquer documento de trabalho considerado útil relativo ao quadro do pessoal das instituições e às subvenções que a Comissão concede aos organismos e às escolas europeias;
d) As fichas de atividade que incluam informações sobre a realização de cada um dos objetivos específicos;
e) Os novos objetivos medidos por indicadores;
f) Uma justificação completa e uma abordagem custo-benefício para as alterações nas dotações;
g) Uma motivação clara da intervenção a nível da UE na observância do princípio da subsidiariedade;
h) Informações sobre as taxas de execução da atividade do exercício anterior e taxas de execução para o exercício em curso;
i) Um mapa recapitulativo dos calendários dos pagamentos a efetuar no decurso de exercícios posteriores, por força de autorizações orçamentais concedidas em exercícios anteriores.

O Orçamento europeu deve conter:

a) Um mapa geral de receitas e de despesas;
b) Secções subdivididas em mapas de receitas e de despesas de cada instituição.

---

[6] Publicado no JO L 248 de 16.9.2002.

Nos termos ao artigo 41º do RF as receitas e as despesas inscritas no orçamento são objeto de classificação em títulos, capítulos, artigos e números, segundo a sua natureza ou o seu destino. Cada título deve corresponder a uma política prosseguida com recursos do orçamento, podendo incluir dotações operacionais e dotações administrativas. No âmbito de um mesmo título, as dotações administrativas serão agrupadas num único capítulo. Cada capítulo corresponde em geral a uma atividade.

O princípio da especialidade orçamental exige que o orçamento seja estruturado segundo uma estrutura horizontal e vertical. Vejamos o que isso significa.

3.1. A estrutura horizontal do orçamento

A estrutura horizontal do orçamento comunitário compreende:

- Informação sobre o estado geral das receitas;
- Secções consagrando as receitas e despesas para os seguintes órgãos:
  - Parlamento Europeu (secção I);
  - Conselho Europeu (secção II);
  - Comissão Europeia (secção III);
  - Tribunal de Justiça Europeu (secção IV);
  - Tribunal de Contas Europeu (secção V);
  - Comité Económico e Social (secção VI);
  - Comité das Regiões (secção VII);
  - Mediador Europeu e Controlador Europeu (secção VIII).

Importa reter que a secção relativa ao orçamento da Comissão europeia representa cerca de 95% do total das despesas do orçamento. Esta secção está organizada por títulos que correspondem aos domínios políticos da Comissão. O orçamento da União deverá, assim, apresentar:

- Um mapa sintético de receitas e de despesas que compreende:
- As previsões das receitas para o exercício em causa.
- As receitas previstas para o exercício precedente e as receitas do exercício n – 2.
- As dotações de autorização e de pagamento para o exercício em causa e para o exercício precedente.
- As despesas autorizadas e as despesas pagas no decurso do exercício n – 2.

- Um mapa recapitulativo dos calendários dos pagamentos (a efetuar no decurso de exercícios posteriores).
- As observações adequadas para cada subdivisão.
- Secções subdivididas em mapas de receitas e de despesas de cada instituição.

Existem outras obrigações de discriminação, constantes do nº 3 do artigo 46º do RF e, para além destas, a obrigatoriedade de incluir no mapa geral de receitas, para as operações de contração e concessão de empréstimos, as rubricas orçamentais correspondentes a estas operações, destinadas a receber eventuais reembolsos de beneficiários inicialmente em falta, que implicaram o recurso à "garantia de boa execução". Estas rubricas devem ser dotadas da menção «*pro memoria*» e acompanhadas das observações adequadas.

3.2. A estrutura vertical do orçamento

As receitas da Comissão, bem como as receitas e as despesas das outras instituições comunitárias são classificadas por títulos, capítulos, artigos e números, segundo a sua natureza ou o seu destino, como se disse. O mapa geral de receitas e de despesas deve pois ser elaborado segundo uma classificação específica (títulos, capítulos, artigos e números, segundo a sua natureza ou o seu destino). O mapa de despesas da secção da Comissão é apresentado segundo uma classificação por destino das dotações.

A divisão por títulos corresponde a uma política comunitária. Cada capítulo corresponde a uma atividade. O regulamento financeiro cria um método de elaboração do orçamento por atividades, ou *"activity-based budgeting"* visando aumentar a transparência da gestão do orçamento face aos objetivos da boa gestão financeira, nomeadamente, da eficiência e da eficácia.

Nos termos do artigo 42º do RF o orçamento da União Europeia não pode incluir receitas negativas. Todavia, o artigo 44º do RF prevê a possibilidade de o orçamento da Comissão incluir uma reserva negativa que atualmente está fixada em 200 milhões de euros, a qual tanto pode dizer respeito a dotações de autorização como a dotações de pagamento de despesa. A reserva negativa não pode transitar para os exercícios seguintes.

Classificação geral das receitas
Título 1 – Recursos próprios
Título 3 – Excedentes e ajustamentos
Título 4 – Receitas provenientes das pessoas ligadas a instituições e outros organismos comunitários
Título 5 – Receitas provenientes do funcionamento administrativo das instituições
Título 6 – Contribuições e restituições no quadro dos acordos e programas comunitários
Título 7 – Juros e multas
Título 8 – Empréstimos
Título 9 – Receitas diversas

A *classificação das despesas administrativas* de cada instituição é a seguinte:
Título 1 – Despesas relativas às pessoas ligadas à instituição
Título 2 – Imóveis, móveis, equipamento e despesas diversas de funcionamento
Título 3 – Despesas resultantes do exercício pela instituição de missões específicas
Título 4 – Cooperação institucional, serviços e atividades interinstitucionais
Título 5 – Despesas relativas à informática
Título 6 – Despesas de pessoal e de funcionamento das delegações da Comunidade
Título 7 – Despesas de pessoal e de funcionamento descentralizadas
Título 8 – Outras despesas

O orçamento deverá indicar, igualmente, um quadro do pessoal destinado a cada secção do orçamento, bem como as operações de contração e concessão de empréstimos.

4. Os princípios enformadores do orçamento da União Europeia

Quer os Tratados Europeus quer as normas que deles decorrem, com especial destaque para o direito financeiro europeu, estabelecem um conjunto significativo de princípios orçamentais que regem o ano orçamental e o orçamento comunitário em todas as suas fases. Trata-se de um conjunto de princípios vigorosos e efetivos que se pretende sejam refletidos nos textos e na prática orçamental, ligada à execução do orçamento europeu em todas as suas vertentes. O Regulamento financeiro estabelece no seu artigo 3º os seguintes princípios orçamentais: da unicidade, da verdade orçamental, da anualidade, do equilíbrio, da unidade de conta, da universalidade, da especificação, da boa gestão financeira, o que requer um controlo interno eficaz e eficiente.

Vejamos cada um deles separadamente:

1. Princípio da boa gestão financeira, previsto nos artigos 310º TFUE e 27º do RF, estabelece que as dotações orçamentais devem ser geridas em conformidade com os princípios da economia, da eficiência e da eficácia. Não se trata apenas de um princípio teórico ou formal, mas de um eixo da política orçamental da União Europeia levado muito a sério uma vez que são definidos objetivos de desempenho, objeto de controlo através de indicadores de desempenho. O orçamento europeu está orientado para uma gestão centrada na definição de objetivos e na avaliação nos resultados, obrigando as instituições europeias a efetuar avaliações *ex-ante* e *ex-post*, de acordo com as indicações definidas pela Comissão europeia.

Para o efeito, devem ser fixados objetivos específicos, mensuráveis, realizáveis, pertinentes e datados para todos os sectores de atividade abrangidos pelo orçamento. A realização desses objetivos é objeto de controlo através da criação de indicadores de desempenho estabelecidos por cada atividade.

Na verdade, a boa gestão financeira é um imperativo que vale por si mesmo pois as receitas e despesas orçamentais da UE estão limitadas pelos próprios Tratados europeus, por um limite máximo de despesas acordado pelos Estados-Membros. Trata-se de um "limite máximo dos recursos próprios" fixado em torno de 1,24% do rendimento nacional bruto (RNB) da União para os pagamentos efetuados a partir do orçamento comunitário[7] e bem assim por um quadro financeiro objeto de acordo entre o Parlamento Europeu, o Conselho de Ministros e a Comissão Europeia.

O princípio da economia impõe que os meios utilizados por qualquer instituição comunitária visando o exercício das suas atividades devem

---

[7] Valor que em media correspondente a aproximadamente 293 euros por cada cidadão da União Europeia.

ser disponibilizados em tempo útil, nas quantidades e qualidades adequadas e ao melhor preço.

Por outro lado, os princípios da eficiência e da eficácia visam, respetivamente, alcançar a melhor relação possível entre os meios utilizados e os resultados obtidos e bem assim alcançar a melhor consecução dos objetivos específicos fixados, e os resultados esperados.

2. *Princípio da unicidade* – segundo o qual o orçamento da UE constitui um documento único sobre o qual têm poder de decisão o Parlamento Europeu (quanto às despesas não obrigatórias) e o Conselho Europeu quanto às receitas e às despesas obrigatórias. Ele resulta atualmente do artigo 310º do TFUE que estabelece que todas as receitas e despesas da União devem ser objeto de previsão para cada exercício orçamental e ser inscritas no orçamento (cfr. ainda o artigo 4º do Regulamento Financeiro).

Nele se devem incluir as despesas e as receitas da Comunidade Europeia e da Comunidade Europeia da Energia Atómica, assim como as despesas operacionais relativas à execução das disposições do Tratado da União Europeia no âmbito da Política Externa e de Segurança Comum e da cooperação policial e judiciária em matéria penal.

Para além das especificidades relativas ao próprio projeto europeu, pode dizer-se que a regra da unicidade nunca foi entendida como sendo absoluta, à semelhança, de resto, com o que se passa com esta regra ao nível da dogmática orçamental da generalidade dos Estados membros.

Assim, existem atividades e meios financeiros que, por opção, estão à margem do orçamento da União, a saber:

- O fundo europeu de desenvolvimento;
- As operações relativas a empréstimos;
- As atividades financeiras do Banco Europeu de Investimento;
- Os encargos relativos à política externa, de segurança comum e de cooperação policial e judicial em matéria penal, que correspondem ao segundo e terceiro pilar da União europeia. Estes encargos são suportados, em geral, pelos Estados membros.[8]

---

[8] Estas novas políticas comuns foram instituídas pelo Tratado de Maastricht modificado pelos tratados de Amesterdão e os tratados de Nice. Todavia, não se verifica uma completa integração das mesmas no orçamento da União Europeia, na medida em que apenas os encargos de natureza administrativa são suportados pelo orçamento da União Europeia. Esta integração

3. Princípio da universalidade – Ele determina que a totalidade das receitas do orçamento deverá cobrir a totalidade das despesas. Dele decorrem dois efeitos relevantes: a não afetação (consignação) de receitas e a não compensação de receitas ou orçamento bruto.

Trata-se de um corolário lógico do princípio da unidade orçamental. Os tratados europeus não o consagram expressamente embora ele se possa retirar do artigo 310º nº 1 do TFUE, estando previsto nos artigos 3º e 17º do Regulamento Financeiro. Ali se dispõe que a receita total deve cobrir a totalidade das dotações para pagamento e que as receitas e despesas devem ser registadas pelo seu montante bruto, isto é, sem qualquer espécie de dedução ou abatimento.

Dele decorrem dois subprincípios:

– *Não consignação* – segundo a qual as receitas não devem ser consignadas à satisfação de certas despesas, isto é, as receitas não podem estar especialmente destinadas à realização de certas despesas pois isso leva à segmentação das políticas europeias. A *não consignação* reforça o carácter unitário do orçamento da União Europeia.

A regra da não consignação comporta exceções, previstas no artigo 18º do Regulamento financeiro, nomeadamente nos casos das contribuições financeiras dos Estados-Membros relativas a certos programas de investigação, ou ainda das participações de países terceiros em atividades da Comunidade, no âmbito do Espaço Económico Europeu. É o que se passa também (sem esgotar) com:

- As receitas afetas a um fim específico, como os rendimentos de fundações, as subvenções, os donativos e os legados, incluindo as receitas próprias de cada instituição;
- As receitas provenientes da restituição de montantes pagos indevidamente;
- Os juros sobre os depósitos e as sanções pecuniárias previstas pelo regulamento com vista à aceleração e clarificação da aplicação do procedimento relativo aos défices excessivos.

– *Não compensação ou Orçamento bruto* – todas as receitas e despesas do orçamento da UE estão inscritas pelo seu valor bruto, isto é, não poderá haver compensação entre receitas e despesas. Por conseguinte, as receitas

---

parcial é uma consequência das especiais sensibilidades que a sua instituição centralizada representa para os Estados membros.

e as despesas serão inscritas pelo seu montante integral, o que constitui a garantia de uma exaustiva e completa indicação do valor bruto das receitas e despesas orçamentadas.

Complementarmente a estes dois corolários, os artigos 310º do TFUE e 4º do Regulamento Financeiro estabelecem que o orçamento é o instrumento que permite, a cada exercício fiscal, aglutinar todas as receitas e despesas consideradas necessárias para a Comunidade Europeia, incluindo dotações para a política externa e de segurança comum e de cooperação policial e judiciária, bem como as despesas operacionais decorrentes da execução e para a Comunidade Europeia da Energia Atómica.

Esta regra sofre, todavia, alguma erosão, como de resto sucede com outras regras orçamentais. Assim, pode dizer-se que ela tem uma aplicação parcial na medida em que, por um lado, nos primeiros anos, as instituições comunitárias eram plúrimas, o que levava a que coexistissem não um, mas cinco orçamentos distintos. Essa unificação só ocorreu com a entrada em vigor do Tratado do Luxemburgo em 1971, tendo sido reunidos num documento único o orçamento geral das instituições comunitárias.

4. *O princípio da verdade orçamental* – trata-se de um princípio que não possui equivalente direto da dogmática financeira de alguns dos Estados-membros, como é o caso de Portugal. De facto, a lei de enquadramento orçamental portuguesa (LEO) não possui um princípio da verdade orçamental expressamente consagrado. Há, todavia, um pressuposto prévio de verdade na elaboração e execução do Orçamento do Estado que levou a que, de certo modo, se torne desnecessário que ele esteja diretamente consagrado.

Efetivamente, a verdade orçamental é um verdadeiro pressuposto da atividade financeira dos Estados que decorre do princípio democrático, da ideia de representação popular, da soberania nas mãos do povo e é inerente ao funcionamento das instituições públicas, cuja ação se deve pautar pela verdade, transparência, eficiência e eficácia a todos os níveis. Assim, o princípio da verdade orçamental constitui mais um postulado valorativo ontológico ligado aos princípios da verdade material, da justiça, da boa-fé, da proteção da confiança e da própria dignidade da pessoa humana por que se devem pautar as instituições públicas, do que um verdadeiro limite *ex lege*.

Todavia, no caso europeu, não se trata de um princípio tautológico ou desnecessário. Bem pelo contrário, ele impõe que o orçamento seja verdadeiro e não existam rubricas ou políticas suborçamentadas nem se recorra a técnicas de desorçamentação com o mero propósito de esconder despesa pública ou défices orçamentais, como tende a suceder, na prática.
Assim, este princípio foi autonomamente consagrado no artigo 5º do Regulamento Financeiro, nos termos do qual resultam várias incidências, a saber:

- Nenhuma receita ou despesa pode ser obtida ou realizada sem a correta e prévia inscrição orçamental;
- Nenhuma despesa pode ser autorizada para além das dotações autorizadas;
- Nenhum crédito pode ser inscrito no orçamento se ele não corresponder uma despesa estimada e necessária.

O princípio da verdade orçamental está intimamente ligado ao princípio da unicidade do orçamento europeu, contribuindo para reforçar a ideia expressa de que, como se afirmou acima, todas as receitas e despesas das Comunidades, bem como as da União Europeia (quando forem imputadas ao orçamento), sejam inscritas no orçamento. Assim como a outros princípios próprios da atividade administrativa, a saber, os da verdade material, da congruência ou idoneidade, da prossecução do interesse público, da racionalidade da ação administrativa, entre outros.

5. *Princípio da transparência orçamental*, previsto nos artigos 29º e 30º do RF, estabelece que é obrigatória a publicação do orçamento, (ou dos orçamentos retificativos, se ou houver) no Jornal Oficial das Comunidades Europeias no prazo de dois meses a contar da data da declaração de aprovação definitiva do orçamento pelo Parlamento Europeu.
Ele não se esgota com o requisito da publicação que é, também, um requisito de eficácia das leis, mas estende-se a todos os momentos do ano e a todo o processo orçamental uma vez que abrange tanto a fase da elaboração como da execução como do controlo e prestação de contas, seja ele concomitante ou subsequente.

6. *Princípio da anualidade* – o orçamento da União Europeia é coincidente com o ano civil. Mistura-se o orçamento de gerência com o orçamento de exercício em ordem a atender às perspetivas financeiras plurianuais.

Para as receitas, o artigo 8º do Regulamento Financeiro estabelece que elas serão imputadas a um exercício com base nos montantes recebidos no decurso desse exercício. No entanto, os recursos próprios do mês de Janeiro do exercício seguinte podem ser objeto de pagamento antecipado, nos termos do regulamento do Conselho que aplica a decisão relativa ao sistema de recursos próprios das Comunidades.

Por outro lado, os pagamentos serão imputados a um exercício com base nos pagamentos executados até 31 de Dezembro de cada exercício (nº 5 do artigo 8º do RF). As despesas inscritas no orçamento devem ser aprovadas para um único exercício orçamental de doze meses, que começa em 1 de Janeiro e termina em 31 de Dezembro, embora existam exceções, ditadas pela necessidade de implementar programas ou ações plurianuais.

De facto, o princípio da anualidade não é absoluto. Antes, ele deve ser conciliado com a necessidade de gerir ações plurianuais. Estas exigem a assunção de compromissos e encargos que se estendem por mais do que o ano civil.

Neste caso, as dotações orçamentais criadas ajustam-se a essa plurianualidade. Assim, consagrou-se a distinção entre as *dotações diferenciadas* e as *dotações não diferenciadas*. As ações plurianuais requerem que se faça o recurso às dotações diferenciadas as quais, ao contrário das dotações não diferenciadas, dão origem a dotações de autorização e a dotações de pagamento.

Para as referidas despesas plurianuais utiliza-se, assim, a figura das *dotações de autorização* (DA) e das *dotações de pagamento* (DP). Esta distinção, que já estava contido no artigo 176, parágrafo 1º do Tratado Euratom, viu a sua aplicação generalizada pelo artigo 7º Regulamento Financeiro. As primeiras (DA) cobrem o custo total dos compromissos jurídicos assumidos durante o exercício em causa, ao passo que, as segundas (DP) cobrem as despesas que decorrem da execução de compromissos assumidos durante o exercício que estiver em curso ou os exercícios anteriores.

Por norma, as dotações não utilizadas no final do exercício orçamental para o qual foram inscritas, serão anuladas. Mas é possível efetuar-se a transição das referidas dotações para o orçamento do exercício seguinte. As dotações de pagamento podem ser igualmente objeto de transição para cobrir autorizações anteriores ou ligadas a dotações de autorização transitadas. As dotações não diferenciadas, que correspondam a obrigações contraídas regularmente à data de encerramento do exercício, serão objeto de transição automática exclusivamente para o exercício seguinte.

O regulamento financeiro define as condições e os respetivos limites para se efetuarem essa transição de dotações. A existência de dotações de pagamento não derroga os princípios da anualidade orçamental nem do pagamento anual.

7. *Princípio da especificação* – Previsto nos artigos 316º no TFUE (271º do Tratado CE), 21º, 40º e 41º do RF, estabelece que as receitas e despesas previstas devem estar suficientemente discriminadas para se evitarem confusões entre as várias classes de dotações orçamentais. Assim, cada classificação orçamental deve ter um fim claramente determinado e ser afeta a uma despesa específica.

O orçamento da União Europeia está estruturado de forma lógica por secções, títulos, capítulos, artigos e números. O Regulamento Financeiro prevê regras relativas às transferências de dotações, consagrando uma certa flexibilidade de gestão dos recursos orçamentais, As transferências de receitas para os organismos que recebem fundos do orçamento da união podem ser automáticas ou depender de autorização prévia do Conselho Europeu ou do Parlamento Europeu.

8. *Princípio do equilíbrio orçamental* – Atualmente previsto nos artigos 310º do TFUE (artigo 268º do Tratado CE) e 14º do RF, estabelece que as receitas previstas devem cobrir as despesas previstas no orçamento, uma vez que as Comunidades europeias não estão autorizadas a recorrer a empréstimos para cobrir as suas despesas.

O saldo de cada exercício deverá ser inscrito no orçamento do exercício seguinte, enquanto receita ou dotação de pagamento, consoante se trate de um saldo positivo (excedente) ou de um saldo negativo (défice). O recurso à contração de empréstimos não é compatível com o sistema de recursos próprios das Comunidades. No entanto, o princípio do equilíbrio não constitui um obstáculo absoluto à realização de operações de contração e concessão de empréstimos garantidos pelo orçamento geral da União Europeia.

9. *Princípio da unidade de conta* – previsto no artigo 16º do RF, estabelece que o euro seja a unidade de conta aplicável ao orçamento europeu. Assim, a elaboração, a execução e a prestação de contas do orçamento europeu é feita em euros. O princípio não é absoluto na medida em que se pode revelar conveniente que algumas operações, em especial de tesouraria, sejam realizadas nas moedas nacionais, nos termos das condições estabelecidas no Regulamento Financeiro.

5. As receitas e as despesas da União Europeia
5.1. As receitas da União Europeia

Por decisão do Conselho de 21 de Abril de 1970 foram previstos 3 recursos próprios tradicionais, a saber: os direitos aduaneiros, os direitos niveladores agrícolas, devidos na entrada do território da Comunidade de produtos agrícolas e as quotizações do açúcar.

Posteriormente foram acrescentados dois novos recursos: a contribuição IVA, tomando como base a receita do imposto comum sobre a despesa (IVA) de todos os países da União Europeia e um recurso apurado com base no Rendimento Nacional Bruto (RNB) dos Estados-membros.[9] Assim, são principalmente quatro os recursos da União:

- Os direitos niveladores agrícolas cobrados na importação de produtos agrícolas que têm a função económica de os aproximar dos preços europeus fixados no âmbito da PAC, a Política Agrícola Comum;
- Os direitos aduaneiros e as quotizações sobre o açúcar fixadas de acordo com a pauta exterior comum;
- A parte das receitas do IVA dos Estados-membros, aplicada à base do imposto sobre o valor acrescentado (IVA) de todos os países da União Europeia;
- As contribuições financeiras dos Estados-membros, calculadas sobre o respetivo RNB de modo a limitar as contribuições financeiras individuais e a assegurar a respetiva equidade na repartição do encargo entre os Estados-membros, as quais representam a mais larga fatia das receitas da União, sendo responsáveis por cerca de 76% do total (ao passo que os recursos tradicionais representam cerca de 11% do montante total das receitas e os demais recursos os restantes 13%).

[9] Cfr. a Decisão do Conselho 2007/436/CE, Euratom, de 7 de Outubro de 2007, relativa ao sistema de recursos próprios das Comunidades Europeias.

Para além destas, a União Europeia ainda possui outras receitas de menor expressão, tais como juros e coimas, taxas sobre os rendimentos pagos aos funcionários da União, rendimentos próprios, nomeadamente resultantes da aplicação de disponibilidades financeiras (v. g. juros).

É o seguinte o peso relativo de cada uma destas rubricas no orçamento da União em milhares de milhões de euros:

- Taxa (uniforme) aplicada ao RNB – Rendimento Nacional Bruto dos países da União Europeia – 76m€
- Taxa (uniforme) aplicada à base do imposto sobre o valor acrescentado (IVA) de todos os países da União Europeia 11m€
- Direitos aduaneiros e quotizações sobre o açúcar – 12m€
- Diversos (contribuições dos funcionários da União Europeia, montantes não utilizados de anos anteriores, coimas impostas a empresas em violação de regras da concorrência ou outras disposições legais) – 1m€.

5.2. As despesas da União Europeia

As mais importantes despesas da União Europeia são as seguintes:

A. *Com a Política Agrícola Comum* (PAC) e os respetivos Fundos (FEAGA – Fundo Europeu Agrícola de Garantia, o FEADER – Fundo Europeu Agrícola para o Desenvolvimento Rural e o Fundo Europeu das Pescas). Todos estes apoiam as áreas agrícolas assegurando às respetivas populações níveis de rendimentos idênticos aos das populações urbanas e industriais (cfr. artigos 39º e segs. do TFUE e os Regulamentos nº 1290/2005 (CE) do Conselho, de 21 de Junho e nº 1198/2006, de 27 de Junho).

B. *Com as ações estruturais da União*, visando atenuar as diferenças de desenvolvimento entre as diferentes regiões da União e assegurar maior homogeneidade e coesão económica e social no espaço comunitário. Para acionar esta política existem principalmente cinco fundos estruturais:

1) O FEDER – Fundo Europeu de Desenvolvimento Regional – para o desenvolvimento das regiões mais pobres apoiando infraestruturas e redução de desequilíbrios no âmbito da política regional europeia. O Fundo de Desenvolvimento Regional da UE concentra-se no desenvolvimento económico, com grande parte dos recursos gastos na melhoria das infraestruturas em regiões com os défices económicos mais graves.

2) O FEOGA – Fundo Europeu de Orientação e Garantia Agrícola, existente desde praticamente o início da Comunidade Económica Europeia, que visa atualmente o desenvolvimento rural, a modernização das estruturas agrícolas e a instalação de jovens agricultores;
3) O FSE – Fundo Social Europeu que visa a qualificação profissional e as políticas de emprego. O Fundo Social Europeu (FSE) visa a integração social e a correção de desequilíbrios regionais com ela relacionados. O seu financiamento destina-se a melhorias da produtividade, das condições de trabalho e das competências profissionais onde as necessidades são mais prementes. Também promove a igualdade de oportunidades (cfr. artigos 162º do Tratado sobre o Funcionamento da União Europeia);
4) O IFOP – Instrumento Financeiro de Orientação para a Pesca que visa apoiar a modernização das estruturas produtivas e práticas de pesca sustentáveis;
5) O FC – Fundo de Coesão que visa beneficiar financeiramente os Estados cujo PIB seja inferior em 90% à média comunitária. Investe nas regiões mais pobres, em especial nas áreas dos transportes, energia e infraestruturas ambientais (artigos 171º e segs. do TFUE).

Tais fundos comunitários, orientados para a coesão económica e social, são regidos por regras comunitárias, que impõem aos Estados-membros a sua própria disciplina jurídica, financeira e orçamental. A maior parte do orçamento, isto é, cerca de 45% das despesas totais (em 2009) é destinada a fortalecer a competitividade e o dinamismo da economia europeia, bem como a promover a coesão da UE, reduzindo o desnível de desenvolvimento entre os países mais ricos e os mais pobres.

A agricultura representa a segunda mais importante categoria de despesas da União. Nos últimos anos ela tem absorvido mais de 40 mil milhões de euros por ano. As verbas afetas à agricultura garantem a produção interna de produtos essenciais mas também, segundo a União, rendimentos equitativos para os agricultores da UE e preços adequados para os consumidores.

O orçamento prevê ainda cerca de 11% das suas verbas para o desenvolvimento rural e 10% para a proteção ambiental. As despesas com a investigação assumem uma importância crescente. Os programas de investigação científica absorvem também uma parte importante das despesas destinadas a reforçar a competitividade económica da UE num mundo cada vez mais globalizado. Elas promovem projetos de investigação pan-europeus integrados, permitindo congregar esforços e colocar em comum os conhecimentos no intuito de realizar economias de escala. Entre as áreas de investigação que beneficiam de verbas da UE destacam-se a saúde, a alimentação, a biotecnologia, as tecnologias da informação e da comunicação, as nanotecnologias, a energia, o ambiente, os transportes, a segurança e a exploração do espaço.

Finalmente, o orçamento da União Europeia destinado às suas próprias despesas administrativas representa 6% do total das despesas.

A criação de emprego e o estímulo ao crescimento económico estão entre as prioridades principais da União Europeia, mas o orçamento comunitário também destina verbas para a aquisição de novas competências como a inovação. Ele destina verbas para a proteção do ambiente, a melhoria da qualidade de vida através do desenvolvimento tecnológico e das regiões bem como o financiamento de infraestruturas, o apoio à educação e à diversidade cultural bem como à prestação de ajuda financeira de emergência em situação de calamidade.

As despesas da União podem agrupar-se e possuem a expressão seguinte:

- Com a preservação e gestão dos recursos naturais, com especial destaque para a agricultura – cerca de 58%;
- Com o crescimento sustentável, com especial destaque para a coesão – cerca de 64,5%;
- De custos com a sua própria administração – cerca de 8%;
- Relativas à ação da União Europeia como ator global – cerca de 6%;
- Com a cidadania, liberdade, segurança e justiça (são as menos expressivas): cerca de 1%.

6. O quadro financeiro plurianual da União Europeia

O TFUE prevê no seu artigo 312º a existência de um quadro financeiro plurianual por um período de pelo menos cinco anos. Este destina-se a garantir que as despesas da União sigam uma evolução ordenada dentro dos limites dos seus recursos próprios. Trata-se de um instrumento financeiro que fixa os montantes dos limites máximos anuais das dotações para autorizações por categoria de despesa e do limite máximo anual das dotações para pagamentos. As categorias de despesas, em número limitado, correspondem aos grandes sectores de atividade da União. Veja-se o quadro seguinte sobre as perspetivas financeiras para 2007-2013:

Quadro 1
Perspetivas Financeiras da UE, 2007-2013
(EUR MIL MILHÕES)

	2007	2008	2009	2010	2011	2012	2013	2007-2013
1) Crescimento sustentável	54.0	57.7	61.7	63.6	64.0	67.0	70.0	437.8
1a. Competitividade a favor do crescimento e do emprego	8.9	10.4	13.3	14.2	13.0	14.2	15.4	89.4
1b. Coesão a favor do crescimento e do emprego	45.1	47.3	48.4	49.4	51.0	52.8	54.5	348.4
2) Gestão e proteção sustentáveis dos recursos naturais	55.1	59.2	56.3	60.0	60.3	60.8	61.3	413.1
Dos quais: Agricultura – Despesas relativas ao mercado e ajudas diretas	45.8	46.2	46.7	47.1	47.6	48.1	48.6	330.1
3) Cidadania, liberdade, segurança e justiça	1.3	1.4	1.5	1.7	1.9	2.1	2.4	12.2
4) A UE enquanto parceiro mundial	6.6	7.0	7.4	7.9	8.4	9.0	9.6	55.9
5) Administração	7.0	7.4	7.5	7.9	8.3	8.7	9.1	55.9
Compensações	0.4	0.2	0.2	0.0	0.0	0.0	0.0	0.9
Total das dotações de autorização	124.5	132.8	134.7	141.0	143.0	147.5	152.3	975.8
(% do Rendimento Nacional Bruto)	1.02%	1,08%	1.16%	1.18%	1.16%	1.13%	1.12%	1.12%

Fonte: Comissão Europeia

O quadro financeiro plurianual não põe em causa as regras orçamentais constantes do Tratado sobre o Funcionamento da União Europeia, sendo necessário que o debate orçamental anual se faça no respeito pelas disposições do Tratado. Todavia, é claro que a existência de um quadro financeiro da União se repercute diretamente sobre os termos e o conteúdo do debate orçamental anual e a gestão orçamental.

7. A execução do orçamento da União Europeia

Atualmente, o AI – Acordo Interinstitucional entre o Parlamento Europeu, o Conselho e a Comissão sobre disciplina orçamental e boa gestão financeira (2006/C 139/01) dirime muitas das questões sobre a classificação das despesas ou os próprios limites máximos de aumento das despesas não obrigatórias. Nos termos desse acordo interinstitucional as três instituições fixaram as regras necessárias à execução do quadro plurianual segundo os valores da disciplina orçamental e da boa gestão financeira.[10] O quadro é hoje complementado por regras adicionais sobre disciplina e flexibilidade orçamental que permitem à União criar reservas financeiras de emergência ou fundos especiais para fazer face a necessidades específicas.

Tendo em vista alcançar maior transparência o orçamento da União Europeia está dividido em 31 domínios de intervenção. Cada um destes domínios está, por sua vez, subdividido em diferentes atividades financiadas no âmbito da política em causa e o seu custo total quanto aos recursos financeiros implicados. Isso permite conhecer os recursos envolvidos nas políticas postas em prática, as quantias gastas em cada uma delas e do número de pessoas envolvidas em cada tarefa.

Os artigos 317º do TFUE (artigo 274 do Tratado CE) e 48º do RF estabelecem que a Comissão deve executar o orçamento em cooperação com os Estados-membros de acordo com um Regulamento relativo às obrigações de controlo e auditoria dos Estados-membros no decurso da execução orçamental, bem como as respetivas responsabilidades, resultantes deste dever específico de cooperação com a Comissão Europeia.

Na verdade, o direito comunitário consagra o princípio da responsabilidade da Comissão Europeia pela execução do orçamento comunitário. Cabe-lhe, desde logo, executar o orçamento dentro dos limites aprovados e no respeito pelo princípio da boa gestão financeira, nos termos dos artigos 310º e 317º do Tratado sobre o Funcionamento da União Europeia. Todavia, o Regulamento Financeiro[11] prevê a possibilidade de delegação de poderes nesta matéria nas condições nele previstas.

A execução do orçamento por parte da Comissão Europeia está sujeita a um conjunto de princípios estruturantes, a saber:

---

[10] E o caso das regras adotadas em 17 de Maio de 2006 (2006/C 139/01), publicadas no JO C nº 139 de 14.6.2006.

[11] Regulamento (CE Euratom) nº 1605/2002, do Conselho, de 25 de Junho de 2002 (JO L 248 de 16.9.2002.

1) O *princípio da boa gestão financeira*, exigindo um controlo interno eficaz e eficiente visa assegurar a observância do princípio da não discriminação, bem como a visibilidade da ação comunitária;
2) O *princípio da autonomia de cada instituição* segundo o qual o poder de execução de cada uma delas não pode ser afetado por medidas administrativas de execução – artigo 50º do Regulamento Financeiro;
3) O *princípio da execução não centralizada do orçamento europeu* que resulta do facto de a Comissão Europeia não gerir senão uma pequena parte desse orçamento, o qual na vertente das despesas deve ser articulado com os fundos estruturais existentes e os compromissos que deles decorrem;
4) *O princípio do respeito pelos Comités de Gestão*, que coadjuvam a Comissão Europeia na gestão dos fundos europeus, nos termos exigidos pelo artigo 124º do Tratado sobre o Funcionamento da União Europeia.

O TFUE prevê no seu artigo 322º a possibilidade de serem adotadas regras financeiras que estabeleçam as modalidades de elaboração, execução, de prestação e fiscalização das contas.

A Comissão, que gasta cerca de 95% dos recursos comunitários, deve executar o orçamento em relação às receitas e às despesas colocadas sob a sua própria responsabilidade e dentro do limite das dotações que lhe são atribuídas (artigos 317º do TFUE e 48º e seguintes do Regulamento Financeiro).

Todos os programas incluídos no orçamento europeu devem estar cobertos por um ato de autorização específico ou deter base jurídica. Sem ele os fundos não podem ser utilizados. Estas bases jurídicas descrevem os objetivos e o custo da atividade em causa e, frequentemente, impõem limites plurianuais de despesas. A execução das dotações inscritas no orçamento para qualquer ação comunitária requererá pois a adoção prévia de um ato de base (ato de direito derivado). Os atos de base são atos legislativos que criam o fundamento jurídico para a ação e para a execução da despesa correspondente inscrita no orçamento e podem assumir a forma de um regulamento, de uma diretiva ou de uma decisão.[12]

---

[12] Para efeitos do disposto no artigo 49º do Regulamento Financeiro não constituem atos de base as recomendações e os pareceres, bem como as resoluções, as conclusões, as declarações e os outros atos que não produzem efeitos jurídicos.

Todavia, excecionalmente, poderão ser executadas sem ato de base:

1) As dotações relativas a projetos-piloto de natureza experimental destinados a testarem a viabilidade de uma ação, bem como a sua utilidade.
2) As dotações relativas a ações preparatórias destinadas a elaborarem propostas com vista à adoção de ações futuras.
3) As dotações relativas às ações de natureza pontual, ou mesmo permanente, realizadas pela Comissão por força de incumbências decorrentes das suas prerrogativas no plano institucional por força do Tratado CE e do Tratado Euratom, excluindo as relacionadas com o seu direito de iniciativa legislativa, bem como de competências específicas que lhe são atribuídas por estes Tratados.
4) As dotações destinadas ao funcionamento de cada instituição, no âmbito da respetiva autonomia administrativa.

7.1. As operações associadas às receitas da União Europeia

As receitas que constituem recursos próprios comunitários serão objeto de uma previsão expressa, inscrita no orçamento em euros. A sua disponibilização deverá ser efetuada de acordo com regulamentação específica.

Qualquer medida ou situação que possa dar origem ou alterar um crédito das Comunidades deverá ser previamente objeto de uma previsão de crédito por parte do gestor orçamental competente. Em cada departamento da Comissão é nomeado como "gestor orçamental" (normalmente o respetivo diretor-geral) que assume a responsabilidade integral pelas operações no seu domínio de competência, embora todo o pessoal da UE esteja sujeito a responsabilidade disciplinar e pecuniária pelos seus atos.

Em derrogação desta regra, os recursos próprios pagos em prazos fixos pelos Estados-membros não serão objeto de uma previsão de crédito prévia. Os referidos recursos serão objeto de ordens de cobrança emitidas pelo gestor orçamental competente.

Compete ao gestor orçamental o apuramento de créditos através da:

1) Verificação da existência das dívidas do devedor;
2) Determinação e verificação da veracidade e do montante da dívida;
3) Verificação das condições de exigibilidade da dívida.

Consequentemente, ele procede à emissão de ordens de cobrança. A emissão das ordens de cobrança é o ato pelo qual o gestor orçamental competente dá ao contabilista, mediante a emissão de uma ordem de cobrança, a instrução de cobrar uma dívida por si apurada.

O contabilista executa as ordens de cobrança dos créditos, devidamente emitidas pelo gestor orçamental competente. O contabilista procederá à cobrança por compensação junto de qualquer devedor que seja simultaneamente titular de um crédito certo, líquido e exigível perante as Comunidades, até ao limite das dívidas desse devedor às Comunidades. Sempre que o gestor orçamental delegado competente pretenda renunciar à cobrança de um crédito apurado, deve assegurar-se que a renúncia é regular e está em conformidade com o princípio da boa gestão financeira e da proporcionalidade.

7.2. As operações associadas às despesas da União Europeia

Qualquer despesa será objeto de uma autorização, uma liquidação, a emissão de uma ordem de pagamento e um pagamento. Salvo quando se trate de dotações que possam ser executadas sem ato de base, a autorização da despesa será precedida de uma decisão de financiamento adotada pela instituição ou pelas autoridades por ela delegadas. A realização dessas operações envolve a prática de um conjunto de atos que são a autorização orçamental, o compromisso jurídico, a liquidação, a emissão de ordens de pagamento e pagamento das despesas. Vejamos em que consistem.

A *autorização orçamental* consiste na operação de reserva das dotações necessárias para a execução de pagamentos posteriores, em execução de um compromisso jurídico.

O *compromisso jurídico* é o ato pelo qual o gestor orçamental gera ou apura uma obrigação de que resulta um encargo. Salvo em casos devidamente justificados, previstos nas normas de execução, a autorização orçamental e o compromisso jurídico devem ser adotados pelo mesmo gestor orçamental.

A *liquidação* de uma despesa é o ato pelo qual o gestor orçamental competente:

1) Verifica a existência dos direitos do credor.
2) Determina ou verifica a veracidade e o montante do crédito.
3) Verifica as condições de exigibilidade do crédito.

A *emissão de ordens de pagamento* é o ato pelo qual o gestor orçamental competente, depois de verificar a disponibilidade das dotações, dá ao contabilista, mediante emissão de uma ordem de pagamento, a instrução para pagar o montante da despesa cuja liquidação foi por si efetuada.

O *pagamento das despesas* é a operação pela qual é satisfeito o crédito do credor. Ela deve apoiar-se na prova de que a ação correspondente está em conformidade com as disposições do ato de base, ou do contrato, e abrange uma ou mais das seguintes operações:

1) Pagamento da integralidade dos montantes devidos;
2) Pagamento dos montantes devidos em conformidade com uma das modalidades seguintes: um pré-financiamento, eventualmente fracionado em vários pagamentos; um ou vários pagamentos intermédios; um pagamento do saldo dos montantes devidos.

Os prazos das operações relativas a despesas são objeto de fixação pelas normas de execução. Havendo pagamentos tardios as operações de pagamento deverão ainda especificar as condições em que esses credores podem beneficiar de juros de mora a imputar à rubrica na qual está inscrita a despesa correspondente.

7.3. Modalidades de execução orçamental

Compete à Comissão Europeia executar o orçamento comunitário. A Comissão pode executar o orçamento sob três formas distintas, a saber:

A) *De forma centralizada* – Neste caso, as tarefas de execução são efetuadas, quer diretamente pelos seus serviços, quer indiretamente pelas agências executivas criadas pela Comissão, pelos organismos criados pelas Comunidades desde que a sua missão seja compatível com a definida pelo ato de base, bem como, sob certas condições, pelos organismos públicos nacionais ou entidades de direito privado investidas de uma missão de serviço público.

B) Em *regime de gestão partilhada ou descentralizada* – Neste caso, as tarefas de execução são executadas sob duas modalidades:
   - Sob a forma de gestão partilhada quando sejam delegadas nos Estados-Membros;
   - Sob a forma de gestão descentralizada quando sejam delegadas em países terceiros.

Num caso e noutro a Comissão instaurará procedimentos de apuramento das contas ou mecanismos de correção financeira que lhe permitam assumir a sua responsabilidade final na execução do orçamento.

C) Sob a forma de *gestão conjunta com organizações internacionais*. Quando as tarefas de execução em causa sejam confiadas a organizações internacionais.

Existe, todavia, um limite importante que tem que ver com o exercício de poderes públicos. Nestes casos, a Comissão não pode delegar tarefas que impliquem o exercício de autoridade pública ou o exercício de um poder discricionário de apreciação, suscetível de traduzir opções políticas. Ela deve, quando assim for, assumir diretamente a responsabilidade pela execução do orçamento.

Assim, os organismos de direito privado, ainda que estejam concretamente investidos de uma missão de serviço público, podem fornecer apenas serviços de peritagem técnica e tarefas preparatórias ou acessórias mas não podem substituir-se à Comissão no exercício das suas prerrogativas de autoridade.

7.4. A avaliação da execução orçamental e a boa gestão financeira

A gestão orçamental supõe que exista uma correlação estável e adequada entre as despesas previstas e as receitas estimadas. Existe no artigo 310º do Tratado sobre o Funcionamento da União Europeia uma regra parecida com a Lei-travão que consta do artigo 167º nº 2 da Constituição política portuguesa, nos termos da qual a Comissão Europeia se deve abster de propor quaisquer medidas que envolvam ou tenham impactos significativos no aumento da despesa, quando não seja dada a garantia expressa de que essas propostas ou medidas podem ser financiadas nos limites dos recursos próprios da Comunidade, previstos.

Idêntico princípio foi adotado no Acordo Interinstitucional, que consolida o princípio da codecisão para as questões orçamentais, nos termos de cujo artigo 14º os atos que envolvam despesa para além das dotações disponíveis, mesmo que codecididos pelo Parlamento e pela Comissão Europeia, não podem executar-se a menos que haja havido a correspondente alteração orçamental e ou revisto o quadro financeiro.[13]

---

[13] Veja-se o Acordo Interinstitucional entre o Parlamento Europeu, o Conselho e a Comissão Europeia sobre disciplina orçamental e boa gestão financeira, 2006/C 139/01 que tem por

De acordo com o novo Regulamento Financeiro, o orçamento deve ser executado no respeito pelo *princípio do controlo interno eficaz e eficiente*, definido como um processo aplicável a todos os níveis de gestão e concebido para proporcionar uma garantia razoável de atingir os seguintes objetivos:

1) Eficácia, eficiência e economia das operações;
2) A fiabilidade das informações;
3) A preservação dos ativos e da informação;
4) A prevenção e a deteção da fraude e outras irregularidades;
5) A gestão apropriada de riscos relativos à legalidade e regularidade das relações subjacentes.

A execução do orçamento comunitário envolve uma constante avaliação das ações empreendidas e a verificação da boa gestão financeira. Em bom rigor, essa avaliação é concebida como um processo contínuo que se projeta em toda a ação que tenha impacto financeiro. E acompanha a execução orçamental desde o seu primeiro momento até ao fim.

De facto, ela ocorre no momento da elaboração dos objetos e meios, desde a elaboração do orçamento e a afetação de recursos às diferentes políticas e rubricas orçamentais até ao momento da apreciação ou avaliação dos resultados e ao apuramento de conclusões para se determinar a sua continuidade ou não.

Assim, essa avaliação ocorre nos momentos seguintes:

A) No momento da *decisão legislativa*, que corresponde a uma avaliação *ex ante* da boa gestão financeira dos programas comunitários.

A avaliação *ex ante* tem como objetivo recolher informações e analisar a forma como certos programas e ações comunitárias contribuem para atingir os objetivos fixados, permitindo avaliar se devem ser lançados, mantidos, alterados ou feitos cessar. Os dados recolhidos servem também para fazer comparações entre os termos previstos e os resultados efetivamente alcançados a final ou em algum momento específico do programa onde esteja previsto tal avaliação acontecer.

objeto assegurar a execução da disciplina orçamental e melhorar o processo orçamental anual e a cooperação interinstitucional em matéria orçamental, bem como garantir uma boa gestão financeira.

O processo facilita o desenvolvimento de propostas de lançar ou continuar ações ou programas comunitários.

A avaliação *ex ante* está prevista no artigo 27º do RF que dispõe no sentido de uma utilização em conformidade com o princípio da boa gestão financeira, a saber, em conformidade com os princípios da economia, da eficiência e da eficácia, obrigando à fixação de objetivos específicos, mensuráveis, realizáveis, pertinentes e datados para todos os sectores de atividade abrangidos pelo orçamento.

Antes de submeter as suas propostas legislativas a Comissão procede a uma avaliação financeira através de uma ficha financeira que acompanha o projeto ao longo de todo o processo. Qualquer proposta submetida à autoridade legislativa e que seja suscetível de ter incidência orçamental, inclusivamente sobre modificação de postos de trabalho, deve ser acompanhada de uma ficha financeira nos termos do artigo 28º do RF. A ficha financeira deverá demonstrar:

- A necessidade de intervenção da União europeia e a mais-valia que essa intervenção trará;
- A descrição das informações relativas a medidas de prevenção da fraude.

B) No momento da *elaboração da proposta orçamental*. No seio da Comissão Europeia o processo de decisão orçamental requer a tomada de decisões sobre a estratégia de política anual para que seja possível, à luz das prioridades que sejam definidas, elaborar a proposta de orçamento anual.

A avaliação apoia este processo, fornecendo informações factuais sobre a configuração, a execução e os progressos verificados nos programas comunitários.

Estas avaliações aplicam-se a todos os programas e atividades que ocasionem despesas importantes e os resultados das mesmas serão comunicados às administrações encarregadas da despesa e às autoridades legislativas e orçamentais. A fim de melhorar a tomada de decisões, as instituições procederão a avaliações *ex ante* e *ex post*, em conformidade com as orientações definidas pela Comissão.

7.4.1. A boa execução financeira e o controlo orçamental

Vigora, ao nível da execução orçamental o princípio de separação de funções. Assim, as funções de gestor orçamental e de contabilista são independentes e incompatíveis entre si nos termos do artigo 58º do RF.

O gestor orçamental está encarregado de executar as receitas e as despesas, em conformidade com os princípios da boa gestão financeira e de assegurar a respetiva legalidade e regularidade. As funções de gestor orçamental são exercidas, desde logo, pela própria instituição comunitária. É o designado controlo administrativo interno. Isto quer dizer que cada instituição deve definir, nas suas regras e procedimentos administrativos internos, quais os níveis de responsabilidade e os poderes financeiros dos agentes em que delega poderes financeiros (gestores orçamentais delegados). O gestor orçamental deve instituir uma estrutura organizativa adequada a uma boa gestão, bem como criar e desenvolver os sistemas e os procedimentos de gestão e de controlo internos, adaptados à execução das suas tarefas, incluindo a execução das operações necessárias, no respeito pelos princípios da boa gestão financeira, da legalidade e da regularidade. Por outro lado, cada instituição deve nomear um contabilista (artigo 61º do RF) que é responsável:

- Pela boa execução dos pagamentos, pelo recebimento das receitas e pela cobrança dos créditos apurados.
- Pela elaboração e apresentação das contas.
- Pelos registos contabilísticos.
- Pela definição das regras e dos métodos contabilísticos, bem como pelo plano de contabilidade.
- Pela definição e validação dos sistemas contabilísticos, bem como, se for caso disso, pela validação dos sistemas definidos pelo gestor orçamental e destinados a fornecer ou justificar as informações contabilísticas.
- Pela gestão da tesouraria.

Compete à Comissão de Controlo Orçamental do Parlamento Europeu verificar permanentemente a evolução das despesas da União. Internamente, a execução orçamental deve ser controlada por cada instituição comunitária através de estruturas próprias de auditoria interna. Normalmente, existe um auditor interno responsável pelo bom funcionamento dos sistemas e dos procedimentos de execução do orçamento. O auditor interno avalia o sistema de controlo de riscos e pode formular pareceres independentes sobre a qualidade dos sistemas de gestão e de controlo. Pode ainda emitir recomendações visando a melhoria das condições de execução das operações tendo em vista uma mais eficaz gestão financeira.

8. A responsabilidade dos intervenientes financeiros (breve nota)

Sem prejuízo de eventuais medidas disciplinares, qualquer gestor orçamental, contabilista ou gestor de fundos é, em qualquer momento, responsável pelas operações de execução financeira (artigos 64º e segs. do RF). Eles podem, ainda, ser temporária ou definitivamente suspensos das suas funções no caso de se detetarem infrações financeiras.

Qualquer gestor orçamental, contabilista ou gestor de fundos é passível de responsabilidade disciplinar e pecuniária e, num plano mais lato, de responsabilidade criminal, em conformidade com as regras estabelecidas pelo estatuto da instituição onde exerça funções e as leis criminais aplicáveis.

As instituições comunitárias devem realizar auditorias internas visando a avaliar do cumprimento das regras em matéria financeira, detetar eventuais irregularidades financeiras e, se for o caso, determinar a responsabilidade financeira que ao caso couber, sem prejuízo de outras responsabilidades (v. g. criminal, civil ou pecuniária).

Bibliografia

ALVES, RUI HENRIQUE. *The reform of the EU budget: finding new own resources.* Intereconomics, 2009, vol. 44, n. 3, May/June, p. 177-184.

BACHTLER, JOHN, MÉNDEZ, CARLOS, WISHLADE, FIONA. *Ideas for budget and policy reform: reviewing the debate on Cohesion Policy 2014.* 47 p. (European Policy Research Paper, 67).

BEGG, IAIN. *Rethinking how to pay for Europe.* Stockholm: Swedish Institute for European Policy Studies (SIEPS), 2010. 12 p. (European Policy Analysis / Swedish Institute for European Policy Studies (SIEPS); 2010:2.
http://www.sieps.se/en/publications/european-policyanalysis/rethinking-how-to-pay-for-europe-20102epa.html

BEGG, LAIN. *Fiscal federalism, subsidiarity and the EU budget review.* Stockholm: Swedish Institute for European Policy Studies (SIEPS), 2009. 68 p. (Reports / Swedish Institute for European Policy Studies (SIEPS); 2009:1).

BOUDET, JEAN-FRANÇOIS. *Les compétences budgétaires du Parlement européen relèvent-elles d'une démarche constitutionnelle?: Éléments pour un débat européen.* Les Petites affiches, nº 116, 11 juin 2009, p. 65-73.

BREHON, NICOLAS-JEAN. *Le budget européen: quelle négociation pour le prochain cadre financier de l'Union européenne?.* Paris: Fondation Robert Schuman, 2010. 30 p. (Questions d'Europe; nº 170 et 171). http://www.robertschuman.eu/question_europe.php?num=qe-170

CATARINO, João Ricardo, *Finanças Públicas e Direito Financeiro*, Almedina, Coimbra, 2012.

CATARINO, João Ricardo, *Processo Orçamental e Sustentabilidade das Finanças Públicas: o caso europeu*, in *Orçamentos Públicos e Direito Financeiro*, José Maurício Conti e Fernando Facury Scaff (ccord.) Ed. Saraiva, São Paulo.

COMMISSION EUROPÉENNE. *Les finances publiques de l'Union européenne.* 4ª ed. Luxembourg: Publications Office, 2009.

COPENHAGEN ECONOMICS. *EU budget review: options for change.* Copenhagen: Copenhagen Economics, 2009.

DÉVOLUY MICHEL. *Les voies de réforme du budget de l'UE.* Bulletin de l'Observatoire des politiques économiques en Europe, 2007, n. 17, p. 6-11.
http://www.apr-strasbourg.org/docs/20071204-fiches.pdf

DUARTE, MARIA LUÍSA, *União Europeia, estática e dinâmica da ordem jurídica comunitária*, Almedina, Coimbra, 2011.

FERREIRA, EDUARDO PAZ, *União Económica e Monetária – Um Guia de Estudo*, Quid Juris, Lisboa, 1999.

FIGUEIRA, FILIPA. *How to reform the EU budget? A methodological toolkit.* Stockholm: Swedish Institute for European Policy Studies (SIEPS), 2009. 75 p. (Reports / Swedish Institute for European Policy Studies (SIEPS); 2009:5).

HEINEMANN, FRIEDRICH, MOHL, PHILIPP, OSTERLOH, STEFFEN. *Reforming the EU budget: reconciling needs with political economic constraints.* European Integration, 2010, v. 32, n. 1, p. 59-76.

HOUSER, MATTHIEU. *La fédéralisation du budget de l'Union européenne: une étape décisive vers l'émergence d'une politique budgétaire communautaire.* Revue du droit de l'Union européenne, 2009, n. 4, p. 681-701

KAUPPI HEIKKI, WIDGRÉN MIKA. *The excess power puzzle of the EU budget.* 29 p. (Aboa Centre for Economics / Discussion Paper ; 45). http://www.ace-economics.fi/kuvat/dp45.pdf

LAFFINEUR, MARC. *Rapport d'information sur le projet de budget de l'Union européenne pour l'exercice 2011 (E 5167, E 5168, E 5175 et E 5392).* Paris: Assemblée nationale, 2010. 51 p. (Les Documents d'information. Délégation pour l'Union européenne. 2701).
http://www.assemblee-nationale.fr/13/pdf/europe/rapinfo/i2701.pdf

LAMASSOURE, ALAIN. *Crise budgétaire: comment préserver l'avenir européen?.* Paris: Fondation Robert Schuman, 2010.

PATRÍCIO, RAQUEL CARIA, *Uma visão do projecto europeu, história, processos e dinâmicas*, Almedina, Coimbra, 2009.

PORTO, MANUEL, *O Orçamento da União Europeia*, Almedina, Coimbra, 2006.

SAARILAHTI, ILKKA, GHIGNONE, PIERA. *Les innovations des procédures budgétaires communautaires: sixième partie : le budget général pour 2009 : une année de modification de l'accord interinstitutionnel du 17 mai 2006.* Revue du Marché Commun, 2009, n. 533, p. 670-691.

SANTOS, INDHIRA, NEHEIDER, SUSANNE. *A better process for a better budget.* Brussels: Brueghel, 2009. 8 p. (Brueghel Policy Brief ; 4).
http://www.bruegel.org/uploads/tx_btbbreugel/pb_2009-04_final_310709.pdf

SANTOS, INDHIRA, NEHEIDER, SUSANNE. *Reframing the EU budget: Decision-making process.* Brussels: Brueghel, 2009. 30 p. (Brueghel Working Paper; 3).

SAUREL, STEPHANE. *Le budget de l'Union européenne*. Paris: Documentation française, 2010. 211 p. (Collection Réflexe Europe).
SILVEIRA, ALESSANDRA, *Princípios de direito da união europeia*, Quid Juris, Lisboa, 2009.
SOUSA FRANCO, RODOLFO V. LAVRADOR, J. M ALBUQUERQUE CALHEIROS e SÉRGIO GONÇALVES DO CABO, *Finanças Europeias: Introdução e Orçamento*, Almedina, Coimbra, 1994.
SOUSA FRANCO, *Finanças Europeias*, Volume I, edição/reimpressão, Almedina, 1990.
TAVARES, JOSÉ, *Estudos de Administração e Finanças Públicas*, Almedina, 2004.
ZULEEG, FABIAN. *The rationale for EU action: what are European public goods?*. 19 p. http://ec.europa.eu/dgs/policy_advisers/docs/eu_public_goods_zuleeg.pdf

LEGISLAÇÃO COMUNITÁRIA RELEVANTE

TUE – Tratado da União Europeia.
TFUE – Tratado sobre o Funcionamento da União Europeia.
Tratados Orçamentais de 22.4.1970 e de 10.7.1975.
Decisão CECA/CEE/Euratom nº 70/243.
Regulamento (CE, Euratom) nº 2342/2002, da Comissão, de 23 de Dezembro de 2002, que estabelece as normas de execução do Regulamento (CE, Euratom) nº 1605/2002, do Conselho.
Regulamento (CE, Euratom) nº 1605/2002, do Conselho que institui o Regulamento Financeiro aplicável ao orçamento geral das Comunidades Europeias [Jornal Oficial L 357 de 31.12.2002].
Regulamento (CE, Euratom) nº 1261/2005, da Comissão, de 20 de Julho de 2005 [Jornal Oficial L 201 de 2.8.2005].
Regulamento (CE, Euratom) nº 1248/2006, da Comissão, de 7 de Agosto de 2006 [Jornal Oficial L 227 de 19.8.2006].
Regulamento (CE, Euratom) nº 478/2007, da Comissão, de 23 de Abril de 2007 [Jornal Oficial L 111 de 28.4.2007].
Regulamento (CE Euratom) nº 1605/2002, do Conselho, de 25 de Junho de 2002 (JO L 248 de 16.9.2002.
Acordo Interinstitucional entre o Parlamento Europeu, o Conselho e a Comissão Europeia sobre disciplina orçamental e boa gestão financeira, 2006/C 139/01 que tem por objeto assegurar a execução da disciplina orçamental e melhorar o processo orçamental anual e a cooperação interinstitucional em matéria orçamental, bem como garantir uma boa gestão orçamental.

JURISPRUDÊNCIA COMUNITÁRIA

Acórdão do TJCE de 22 de Maio de 1990, procº C-70/88, PE do Conselho, Col. 1990, p.I-2041, nºs 21 e 22.

Capítulo 6
Processo e Execução Orçamental

Guilherme Waldemar d'Oliveira Martins[1]

Sumário: 1. Conceito de processo orçamental; 2. Princípios orçamentais gerais; a) Plenitude; b) Equilíbrio e disciplina orçamental; c) Anualidade; d) Boa gestão financeira; 3. As fases do processo orçamental; a) O princípio da anterioridade; b) O processo orçamental originário; c) O processo orçamental derivado – a emenda orçamental e convocação do Comité de Conciliação; 4. A execução e o controlo orçamental; a) A execução orçamental; b) O controlo orçamental. Bibliografia.

---

[1] Doutor em Direito na menção de jurídico-económicas pela Faculdade de Direito da Universidade de Lisboa e Professor Auxiliar da mesma Faculdade de Direito da Universidade de Lisboa. É igualmente docente no Instituto Superior de Contabilidade e Administração de Lisboa – ISCAL, tendo colaborado na Academia Militar e nas Faculdades de Direito e de Ciências Económicas e Empresariais da Universidade Católica Portuguesa. É vogal da Direção do IDEFF, Secretário Executivo da Pós-Graduação Avançada em Finanças e Gestão do Sector Público do IDEFF e rege a cadeira de Benefícios Fiscais no curso de Pós-Graduação de Direito Fiscal, do IDEFF. Integrou a Comissão de Reavaliação dos Benefícios Fiscais, nomeada por Despacho do Ministro de Estado e das Finanças de Maio de 2005, foi consultor jurídico do Gabinete do Secretário de Estado dos Assuntos Fiscais desde 2005 (do XVII e do XVIII Governos Constitucionais) e foi Presidente do Conselho Interministerial de Coordenação dos Incentivos Fiscais ao Investimento (2010-2012). É autor de várias monografias e artigos no campo do direito financeiro e fiscal.

1. Conceito de processo orçamental

O processo orçamental público compreende o conjunto de atividades, constantes de um calendário oficial ou operacional[2], necessárias ao desenvolvimento, avaliação e implementação do plano para obtenção de receitas necessárias ao aprovisionamento de bens, serviços e ativos, tendo em vista a satisfação das necessidades de uma coletividade.

Um processo completo abrange um determinado conjunto mínimo de elementos: (1) a consideração de uma perspetiva de longo prazo; (2) estabelece conexões com objetos macroeconómicos; (3) centra as decisões financeiras nos resultados obtidos; (4) envolve e promove uma efetiva comunicação com os cidadãos e o eleitorado; (5) fornece um conjunto de incentivos ao governo na gestão dos recursos públicos.

De acordo com esta lógica, não só é transmitido o conjunto dos recursos e dos encargos anuais, como também são refletidos as metas e os objetivos plurianuais.

As fases próprias do processo orçamental estão divididas em quatro tempos, de acordo com a teoria dos quatro tempos. Os momentos a que nos referimos são: (1) preparação; (2) aprovação; (3) execução e (4) controlo. Enquanto a primeira e a terceira funções estão acometidas ao Governo, a segunda e a quarta funções estão afetas ao Parlamento.

De acordo com esta divisão, o processo orçamental tem como principal função a necessária prestação de esclarecimentos que deve ser dada pelos governos aos administrados/cidadãos, para que os mesmos possam aceitar, com toda a informação disponível todas as decisões respeitantes aos objetivos, serviços e utilização de recursos.

No caso concreto europeu, pertencendo à Comissão o papel de preparação do documento orçamental, é ao Parlamento Europeu que compete, todos os anos, a aprovação do orçamento da União Europeia. O processo orçamental permite àquela instituição propor alterações e emendas às propostas iniciais da Comissão e à posição tomada pelos Estados Membros no Conselho[3].

---

[2] O calendário operacional resulta de uma adaptação do calendário oficial. A expressão é de STRASSER, DANIEL (1979), *Finanças da Europa*, Bruxelas: Comissão da Comunidades Europeias, pág. 41.

[3] No entanto, temos várias exceções. Quanto às despesas agrícolas e outros custos resultantes de acordos internacionais, o Conselho tem a última palavra, mas em relação a outras despesas – por exemplo, em educação, programas sociais, fundos regionais, projetos ambientais e

A fiscalização das despesas é uma tarefa contínua da Comissão do Controlo Orçamental do Parlamento, que verifica se o dinheiro foi gasto para os fins a que se destinava e tenta melhorar a prevenção e deteção de fraudes. Antes de aprovar as contas e de dar "quitação" à Comissão quanto à execução do orçamento, o Parlamento procede a uma avaliação anual da gestão orçamental efetuada pela Comissão, baseando-se no relatório anual do Tribunal de Contas.

2. Princípios orçamentais gerais
a) Plenitude
Todas as receitas e despesas da União devem ser objeto de previsões para cada exercício orçamental e ser inscritas no orçamento[4].

Estamos perante a plenitude orçamental[5]/[6], comportando que o orçamento deve ser único (princípio da unidade) e que todas as receitas e todas as despesas devem ser inscritas nesse instrumento financeiro (princípio da universalidade). A universalidade engloba a necessidade de o orçamento ser claro e não uma espécie de logrifo. Da universalidade resulta a chamada transparência e clareza financeira, como condição essencial de uma fiscalização orçamental eficaz, por parte dos órgãos competentes.

Ao prever a existência de "um só orçamento e tudo no orçamento" pretende-se evitar a existência de massas de receitas e despesas que escapem à autorização parlamentar e ao controlo orçamental. Nestes termos, a regra da plenitude tem sido entendida como imposição de aprovação de orçamentos que permitam aos serviços e organismos administrativos tomar conhecimento das receitas que podem cobrar e das despesas que podem realizar. Para que o referido conhecimento seja cabal, exige-se mesmo que o total das responsabilidades financeiras resultantes de despesas de capital

---

culturais – o Parlamento decide em estreita cooperação com o Conselho. Em algumas circunstâncias inclusive, o Parlamento Europeu chegou mesmo a votar a rejeição do orçamento, quando os seus desejos não foram devidamente respeitados. De facto, é o Parlamento Europeu que aprova definitivamente o orçamento. A assinatura do Presidente do Parlamento torna-o executório.

[4] Artigo 310º/1, primeira parte do TFUE.

[5] Sobre a unidade, ver EUROPEAN COMMISSION (2008), *European Union – Public Finance* (4ª edição), Luxembourg: Office for Official Publications of the European Communities, págs. 165 – 167.

[6] Sobre a universalidade, ver EUROPEAN COMMISSION (2008), *European Union – Public Finance* (4ª edição), Luxembourg: Office for Official Publications of the European Communities, págs. 170 – 173.

assumidas por via de compromissos plurianuais, decorrentes da realização de investimentos com recurso a operações financeiras cuja natureza impeça a contabilização direta do respetivo montante total no ano em que os investimentos são realizados ou os bens em causa postos à disposição do Estado **conste dos respetivos documentos orçamentais**.

Com esta formulação tradicional pretende-se ligar a unidade e a universalidade orçamentais. Procurando evitar-se a proliferação de contas, o que está em causa é uma preocupação essencial de racionalidade.

b) Equilíbrio e disciplina orçamental

As receitas e despesas previstas no orçamento devem estar equilibradas[7-8]. Ora, o equilíbrio orçamental é a mais importante das regras orçamentais clássicas, mas também a mais discutida e controversa.

O princípio do equilíbrio foi introduzido no séc. XIX do ponto de vista formal, contabilístico (financeiro). Mas só depois da 1ª Guerra Mundial é que as doutrinas intervencionistas depuraram o seu sentido para transformá-lo em princípio económico (substancial)[9-10].

---

[7] De acordo com o artigo 310º/1, terceira parte do TFUE.

[8] Sobre o equilíbrio, ver EUROPEAN COMMISSION (2008), *European Union – Public Finance* (4ª edição), Luxembourg: Office for Official Publications of the European Communities, págs. 182-184.

[9] O equilíbrio pode ser encarado de duas perspetivas: (I) Equilíbrio formal – que postula a estrita igualdade entre as receitas e as despesas, o que traduz a interdição dos défices e excedentes de receita. A interdição dos défices pressupõe que nunca a totalidade das despesas exceda a totalidade das receitas (tributárias, patrimoniais). Caso assim sucedesse, os referidos défices só poderiam ser financiados pelo recurso ao empréstimo, o que viria agravar as dificuldades financeiras do Estado ou pela criação de um imposto suplementar (na realidade, o empréstimo é um imposto diferido e agravado, que no extremo pode conduzir o Estado à bancarrota) ou pelas manipulações monetárias – as despesas públicas vêm agravar um mal, que é a inflação, que conduz à desvalorização da moeda nacional. A interdição dos excedentes é mais difícil de compreender já que o aumento das receitas, poderia, em teoria, contribuir para o aumento da poupança estadual. Para o compreender é preciso recordar que o equilíbrio formal foi pensado para o Estado liberal, no qual havia que garantir a intervenção mínima do Estado, por um lado, e que os impostos apenas seriam criados de acordo com a sua indispensabilidade, por outro. Para além disso, considerava-se que o excedente de receita de hoje é o défice de amanhã, porque o excedente de receitas permite a perduração das receitas. O conceito de equilíbrio formal foi sendo abandonado quando a unidade orçamental sofreu algumas inflexões e em virtude do consequente aumento da intervenção do Estado, fundamentalmente após a 2ª Grande Guerra; (II) Equilíbrio substancial – baseia-se nas teorias do défice sistemático e dos orçamentos cíclicos.

Enquanto o pensamento clássico se baseava numa conceção centrada na oferta e na aceitação da lei de Jean-Baptiste Say (1767-1832), segundo a qual a produção geraria o seu próprio mercado, o pensamento moderno chama a atenção para a procura efetiva, conceito inovador introduzido por John Maynard Keynes (1883-1946).

Hoje, fala-se muito de keynesianismo, mas poucos compreendem que Keynes nada tem a ver com aquilo que surge como influenciado por si. De facto, o grande economista britânico o que veio dizer foi que quando há pleno emprego não deve haver despesa pública e que é nas situações de subemprego que faz sentido a ação compensadora do Estado. Longe de uma ideia de intervenção sistemática, Keynes defende uma ação limitada, rigorosa e precisa.

A procura efetiva designa a procura apoiada num poder de compra efetivo. Assim o nível da procura efetiva resulta dos níveis da procura do consumo e dos investimentos. E assim o nível da procura efetiva determina o nível da produção, e este, por sua vez, influencia o nível de emprego. Daí a necessidade de distinguir as procuras do consumo e dos investimentos. E é exclusivamente neste contexto que Keynes advoga a intervenção pública, para melhorar o nível de produção e o nível de emprego. O défice justifica-se, pois, para relançar a produção e o emprego.

A fórmula utilizada no artigo em análise, ("As receitas e despesas previstas no orçamento devem estar equilibradas") parece, à primeira vista, consagrar a regra do equilíbrio formal. No entanto, o estudo mais aprofundado do mesmo, leva-nos a retirar da sua letra mais do que um mero imperativo de equilíbrio formal. Com efeito, o legislador é claro: ele não se limita a prescrever um mero equilíbrio formal, mas um equilíbrio substancial, tal como resulta do pacto de estabilidade e crescimento numa ótica de contabilidade nacional.

---

[10] Quando William Beveridge (1879-1963) defendeu no imediato pós-guerra, a partir de 1945, a ideia de défice sistemático, fê-lo num contexto muito especial e segundo alguns pressupostos então claros: (a) O combate ao desemprego e a prevenção de novas situações depressivas como a ocorrida nos anos trinta exigia um papel ativo do Estado, através das políticas financeiras públicas; (b) A reconstrução das economias destruídas pela guerra exigia uma forte iniciativa pública (pela complementaridade entre a ação internacional do Plano Marshall e a utilização de estabilizadores económicos discricionários); (c) A estabilização da conjuntura económica obrigaria à existência de Orçamentos cíclicos, defendidos por Joseph Schumpeter (1883-1950) e François Perroux (1903-1987), segundo os quais deveria haver défices nas fases depressivas e superávides nas fases expansivas.

O equilíbrio encerra ainda dois subprincípios, a saber, a equidade intergeracional e a consolidação orçamental.

Por um lado, a equidade intergeracional, representa um compromisso em pôr termo à lógica rudimentar de elaboração do orçamento, em termos puramente anuais e numa ótica de caixa. De facto, entendeu-se durante muito tempo que as despesas anuais, mormente a despesa corrente, poderiam ser cobertas por receitas efetivas e não efetivas (incluídas as operações de dívida pública – ativos e passivos). Ora, esta visão orçamental, que não excedia a gestão conjuntural económica, aos poucos foi colocada em causa, pela assunção teórica dos dois resultados inconciliáveis das políticas financeiras de despesa: o multiplicador da despesa (keynesiana) e o efeito de expulsão do investimento privado (o *crowding-out* monetarista). Entendemos, assim, que:

a) por um lado, a despesa pública (reprodutiva e eficiente), por implicar a utilização de recursos escassos, não deve ser ilimitada;

b) por outro lado, sem despesa reprodutiva (a que se configura mais adequada para ser coberta pela dívida pública), não é possível o aumento de rendimento, e, consequentemente, uma adequada distribuição intergeracional dos recursos criados em resultado do aumento do investimento público.

Desta forma, a adoção de uma ótica de compromissos, perspetivada em termos plurianuais, na elaboração do orçamento irá, de certa forma permitir que, no longo prazo, o montante de empréstimos contraídos seja compensado, *coeteris paribus*, por um aumento de poupança total – de acordo com a *Equivalência Ricardiana* (ideia avançada pelo norte-americano RICHARD BARRO, da Universidade de Harvard), permitindo, assim que o nível das taxas de juro se mantenha no mercado dos fundos mutuáveis (*loanable funds*).

Por outro, temos a consolidação orçamental, como representando, legal ou factualmente, limites à política de saldos.

A consolidação orçamental está intrinsecamente relacionada com a disciplina orçamental. De facto, para assegurar a manutenção da disciplina orçamental, a União não adota atos suscetíveis de ter uma incidência significativa no orçamento sem dar a garantia de que as despesas decorrentes desses atos podem ser financiadas dentro dos limites dos recursos próprios da União e na observância do quadro financeiro plurianual referido no artigo 312[11]. Neste sentido, avança-se para a exigência de um quadro financeiro anual, estabelecido por um período de pelo menos cinco anos, que se destina a garantir que as despesas da União sigam uma evolução ordenada dentro dos limites dos seus recursos próprios[12]. O orçamento anual da União respeita o quadro financeiro plurianual.

c) Anualidade

Dentro dos limites consagrados para o quadro financeiro plurianual, as despesas inscritas no orçamento são autorizadas para o período do exercício orçamental anual[13], em conformidade com o regulamento referido no artigo 322º do TFUE.

A regra da anualidade envolve uma dupla exigência: votação anual do Orçamento pelo Parlamento e execução anual do Orçamento pelo Governo e Administração Pública. De acordo com o princípio da anualidade poderiam incluir-se no Orçamento tanto todas as receitas a cobrar e todas as despesas a realizar efetivamente durante o ano, independentemente do momento em que juridicamente tivessem nascido (orçamento de gerência) quanto todos os créditos e débitos originados naquele período orçamental, independentemente do momento em que se viessem a concretizar (orçamento de exercício).

O ano financeiro tem início em 1 de janeiro e termina em 31 de dezembro (artigo 313º do TFUE).

d) Boa gestão financeira

O princípio da boa gestão financeira[14-15] prevê que "os Estados-membros cooperam com a União a fim de assegurar que as dotações inscritas no orçamento sejam utilizadas de acordo com esse princípio". Por seu lado, artigo 27º do Regulamento Financeiro liga este princípio às regras da economia, eficiência e eficácia. Na prática, a boa gestão financeira baseia-se no estabelecimento de objetivos que podem/devem ser monitorizados por

---

[11] Artigo 310º/4, do TFUE.
[12] Artigo 312º/1 do TFUE.
[13] EUROPEAN COMMISSION (2008), *European Union – Public Finance* (4ª edição), Luxembourg: Office for Official Publications of the European Communities, págs. 174 – 181.
[14] Artigo 310º/5, do TFUE.
[15] EUROPEAN COMMISSION (2008), *European Union – Public Finance* (4ª edição), Luxembourg: Office for Official Publications of the European Communities, págs. 200 – 201.

indicadores mensuráveis, de forma a deslocar a ideia execução do orçamento de meios para a ideia de orçamento de resultados. A consequente alocação dos recursos para as atividades permite a integração dos custos das mesmas com os objetivos propostos – e isso só é possível através da chamada gestão de atividades (*Activity-based management* – ABM). Os principais instrumentos da ABM são:

- a estratégia anual, através da fixação de prioridades através da alocação periódica de recursos;
- o pré-orçamento, que inclui declarações com objetivos e indicadores próprios;
- o plano anual de gestão, que são preparados pelos vários departamentos da Comissão, desenhados em função das prioridades políticas pré-definidas;
- os relatórios anuais de atividades, que contêm as declarações sobre a legalidade e a regularidade das operações e sobre o cumprimento dos objetivos.

3. As fases do processo orçamental
a) O princípio da anterioridade

O processo de aprovação do orçamento, que dura mais de oito meses, decorre durante o ano que antecede o exercício a que se refere.

Originalmente, o Tratado de Roma, de 1957, atribuía ao Parlamento apenas um papel consultivo, o que permitia à Comissão apresentar propostas e ao Conselho de Ministros decidir a legislação. Os tratados subsequentes alargaram a influência do Parlamento à possibilidade de alterar e mesmo adotar legislação, de modo que, atualmente, o Parlamento e o Conselho partilham do poder de decisão num vasto número de áreas.

O processo de consulta requer um parecer do Parlamento prévio à adoção, pelo Conselho, de uma proposta legislativa da Comissão. Isto aplica-se, por exemplo, à revisão dos preços agrícolas.

Atualmente, o processo de cooperação permite ao Parlamento melhorar a legislação proposta, através de alterações. Envolve duas leituras do Parlamento, concedendo aos deputados ampla oportunidade de rever e alterar a proposta da Comissão e a posição preliminar do Conselho sobre a mesma. Este processo aplicava-se a um vasto número de áreas, incluindo o Fundo Europeu de Desenvolvimento Regional, a investigação, o ambiente e a cooperação e o desenvolvimento externos.

O processo de codecisão[16] reparte o poder de tomada de decisão equitativamente entre o Parlamento e o Conselho. Um comité de conciliação – constituído por igual número de membros do Parlamento e do Conselho, na presença da Comissão – tenta obter um compromisso relativamente a um texto que tanto o Conselho como o Parlamento possam posteriormente aprovar. Caso não se chegue a acordo, o Parlamento pode pura e simplesmente rejeitar a proposta.

O parecer favorável do Parlamento é solicitado para acordos internacionais importantes, como, por exemplo, a adesão de novos Estados Membros, os acordos de associação com países terceiros, a organização e os objetivos dos fundos estruturais e de Coesão e as funções e poderes do Banco Central Europeu.

b) O processo orçamental originário
i) As fases processuais

Presentemente, cabe ao Parlamento Europeu a última palavra no processo de adoção do orçamento descrito no artigo 314.º do TFUE. Na verdade, não obstante haver um calendário oficial, as instituições orçamentais têm agilizado e adaptado os respetivos prazos e datas envolvidos, "sobretudo devido à vontade das três instituições em aprofundar o diálogo"[17]

O processo segundo o calendário oficial compreende as seguintes etapa, no pressuposto de que não há rejeições no Parlamento ou fracasso na conciliação:

1ª etapa – Até 1 de julho – a Comissão estabelece o projeto de orçamento;
2ª etapa – Até 1 de outubro – a Conselho adota a sua posição sobre o projeto de orçamento;
3ª etapa – Durante 42 dias – apreciação pelo Parlamento da posição do Conselho;
4ª etapa – Envio para Conselho e Presidente do Parlamento para convocação do Comité de Conciliação;

---

[16] O processo de codecisão aplica-se ainda no formato atual a uma grande variedade de matérias, tais como a livre circulação de pessoas, a proteção do consumidor, a educação, a cultura, a saúde e as redes transeuropeias.

[17] STRASSER, DANIEL (1979), *Finanças da Europa*, Bruxelas: Comissão da Comunidades Europeias, pág. 42.

5ª etapa – Até 21 dias – Pronúncia pelo Comité de Conciliação;
6ª etapa – Até 14 dias – envio do projeto comum ao Parlamento e ao Conselho para aprovação;
7ª etapa – Presidente do Parlamento declara que o orçamento foi aprovado definitivamente.

Em conformidade com o processo, todas as instituições elaboram as respetivas estimativas para o projeto de orçamento de acordo com os seus procedimentos internos antes de 1 de julho de cada ano. A Comissão consolida estas estimativas e estabelece o projeto de orçamento anual, que é apresentado ao Parlamento e ao Conselho, o mais tardar, em 1 de setembro.

O Conselho adota a sua posição sobre o projeto de orçamento e envia-a ao Parlamento antes de 1 de outubro. O Conselho informa o Parlamento das razões que o levaram a adotar a sua posição.

O Parlamento tem 42 dias para aprovar a posição do Conselho ou – por uma maioria dos membros que o compõem – para a alterar. As votações em sessão plenária têm lugar no período de sessão de outubro II, em Estrasburgo.

Se o Parlamento tiver aprovado algumas alterações, o texto alterado é enviado ao Conselho e o Presidente do Parlamento – em acordo com o Presidente do Conselho – convoca imediatamente uma reunião do Comité de Conciliação. O Comité não se reúne se o Conselho informar o Parlamento, no prazo de 10 dias, de que aprovou todas as suas alterações.

O Comité de Conciliação – composto por membros do Conselho ou seus representantes e por um número igual de membros do Parlamento – tem 21 dias para alcançar um acordo sobre um projeto comum.

Se o Comité de Conciliação acordar num projeto comum, envia esse texto ao Parlamento e ao Conselho para aprovação no prazo de 14 dias. A votação em sessão plenária do projeto comum é marcada para o período de sessão de novembro II em Estrasburgo.

Quando o processo estiver concluído, o Presidente do Parlamento declara que o orçamento foi aprovado definitivamente.

Se o processo de conciliação fracassar ou se o Parlamento rejeitar o projeto comum, a Comissão apresenta um novo projeto de orçamento. Se o Conselho rejeitar o projeto comum mas o Parlamento o aprovar, este pode decidir confirmar todas ou algumas das alterações que aprovou na sessão plenária de outubro. Se uma alteração não foi confirmada, a posição acordada no Comité de Conciliação é mantida e considera-se que o orçamento é aprovado com base na mesma.

O Parlamento Europeu aprova todos os anos o orçamento da União Europeia. O processo orçamental permite àquela instituição propor alterações e emendas às propostas iniciais da Comissão e à posição tomada pelos Estados Membros no Conselho. Quanto às despesas agrícolas e outros custos resultantes de acordos internacionais, o Conselho tem a última palavra, mas em relação a outras despesas – por exemplo, em educação, programas sociais, fundos regionais, projetos ambientais e culturais – o Parlamento decide em estreita cooperação com o Conselho[18].

A fiscalização das despesas é uma tarefa contínua da Comissão do Controlo Orçamental do Parlamento, que verifica se o dinheiro foi gasto para os fins a que se destinava e tenta melhorar a prevenção e deteção de fraudes. Antes de aprovar as contas e de dar "quitação" à Comissão quanto à execução do orçamento, o Parlamento procede a uma avaliação anual da gestão orçamental efetuada pela Comissão, baseando-se no relatório anual do Tribunal de Contas.

ii) Os agentes do processo orçamental

O Conselho, o Parlamento e a Comissão são as três instituições que participam ativamente no processo orçamental. As restantes apenas participam para defender os pedidos em face das duas primeiras na sua qualidade de autoridade orçamental.

Nas instituições existem órgãos que devem ser mencionados. Em primeiro lugar, o Comité dos Representantes Permanentes ou COREPER[19]

---

[18] Em circunstâncias excecionais, o Parlamento Europeu chegou mesmo a votar a rejeição do orçamento, quando os seus desejos não foram devidamente respeitados. De facto, é o Parlamento Europeu que aprova definitivamente o orçamento. A assinatura do Presidente do Parlamento torna-o executório.

[19] O COREPER opera através de duas formações: (1) o COREPER I, composto pelos representantes permanentes adjuntos, que trata dos processos de caráter técnico; (2) o COREPER II, composto pelos embaixadores, que trata dos assuntos com caráter político, comercial, económico ou institucional. As competências do COREPER aplicam-se a todos os domínios de atividade do Conselho, exceto no que diz respeito às questões agrícolas para as quais o Comité Especial Agrícola (CEA) prepara os processos do Conselho «Agricultura». Quando o Conselho prevê a existência de um comité especial, como no caso da PESC com o Comité Político e de Segurança (COPS), ou do emprego com o Comité do Emprego, esses comités funcionam respeitando as prerrogativas do COREPER.

(artigo 240º do TFUE) está encarregado de preparar os trabalhos do Conselho da União Europeia. É composto por representantes dos Estados-Membros com nível de embaixadores dos Estados-Membros na União Europeia e presidido pelo Estado-Membro que assegura a Presidência do Conselho.

O COREPER ocupa um lugar central no sistema de tomada de decisão comunitário, no âmbito do qual constitui, simultaneamente, uma instância de diálogo (entre os representantes permanentes e entre cada um deles e a respetiva capital) e de controlo político (orientação e supervisão dos trabalhos dos grupos de peritos). É, pois, responsável pelo exame prévio dos processos que figuram na ordem de trabalhos do Conselho (propostas e projetos de atos apresentados pela Comissão). Ao seu nível, esforça-se por conseguir um acordo sobre cada processo e, quando o não consegue, pode apresentar orientações ao Conselho. Por outro lado, a ordem de trabalhos das reuniões do Conselho é elaborada em função do adiantamento dos trabalhos do Coreper, repartindo-se em pontos A, que se destinam a ser aprovados sem debate na sequência de um acordo conseguido a nível do Coreper, e em pontos B, sujeitos a debate.

Em segundo lugar, temos a Comissão dos Orçamentos no seio do Parlamento. A Comissão dos Orçamentos, com os seus 44 Membros e outros tantos suplentes, tem como principal missão preparar a posição do Parlamento sobre o orçamento anual da União (141 mil milhões de euros em compromissos e 123 mil milhões em pagamentos para o exercício de 2010). A sua competência[20] estende-se também ao quadro financeiro plurianual (ou perspetivas financeiras), que define o enquadramento do processo

---

[20] Esta Comissão tem competência em matéria de:
a) quadro financeiro plurianual das receitas e despesas da União e sistema de recursos próprios da União;
b) prerrogativas orçamentais do Parlamento, designadamente o orçamento da União e a negociação e execução de acordos interinstitucionais nesta matéria;
c) previsão de receitas e despesas do Parlamento, de acordo com o processo definido no Regimento;
d) orçamento dos organismos descentralizados;
e) atividades financeiras do Banco Europeu de Investimento;
f) inscrição do Fundo Europeu de Desenvolvimento no orçamento, sem prejuízo das competências da comissão competente para o Acordo de Parceria ACP-UE;
g) Incidência financeira e compatibilidade com o quadro financeiro plurianual de todos os atos comunitários, sem prejuízo dos poderes das comissões competentes;

orçamental anual. As suas tarefas encontram-se definidas nas normas internas do Parlamento abaixo apresentadas.

c) O processo orçamental derivado – a emenda orçamental e convocação do Comité de Conciliação

Se o Parlamento tiver aprovado algumas alterações, o texto alterado é enviado ao Conselho e o Presidente do Parlamento – em acordo com o Presidente do Conselho – convoca imediatamente uma reunião do Comité de Conciliação. O Comité não se reúne se o Conselho informar o Parlamento, no prazo de 10 dias, de que aprovou todas as suas alterações.

O Comité de Conciliação – composto por membros do Conselho ou seus representantes e por um número igual de membros do Parlamento – tem 21 dias para alcançar um acordo sobre um projeto comum.

Se o Comité de Conciliação acordar num projeto comum, envia esse texto ao Parlamento e ao Conselho para aprovação no prazo de 14 dias. A votação em sessão plenária do projeto comum é marcada para o período de sessão de novembro II em Estrasburgo.

Quando o processo estiver concluído, o Presidente do Parlamento declara que o orçamento foi aprovado definitivamente.

Se o processo de conciliação fracassar ou se o Parlamento rejeitar o projeto comum, a Comissão apresenta um novo projeto de orçamento. Se o Conselho rejeitar o projeto comum mas o Parlamento o aprovar, este pode decidir confirmar todas ou algumas das alterações que aprovou na sessão plenária de outubro. Se uma alteração não foi confirmada, a posição acordada no Comité de Conciliação é mantida e considera-se que o orçamento é aprovado com base na mesma.

h) seguimento e avaliação da execução do orçamento em curso, não obstante o disposto no nº 1 do artigo 78º do Regimento, transferências de dotações, procedimentos relativos aos organigramas, dotações para funcionamento e pareceres relativos a projetos imobiliários com incidências financeiras importantes;

i) Regulamento Financeiro, com exclusão das questões relativas à execução, à gestão e ao controlo do orçamento.

4. A execução e o controlo orçamental
a) A execução orçamental

A Comissão executa o Orçamento Geral anual sob a sua responsabilidade, quer por gestão central (cerca de 20% do orçamento), quer por gestão partilhada com os Estados-Membros (cerca de 80%).

A Comissão executa o orçamento geral anual sob a sua responsabilidade.

A execução de despesas inscritas no orçamento requer a adoção prévia de um ato juridicamente vinculativo da União que confira fundamento jurídico à sua ação e à execução da despesa correspondente, em conformidade com o regulamento referido no artigo 322º, salvo exceções que este preveja. (artigo 310º/3 do TFUE). Como já foi referido, o orçamento é executado de acordo com o princípio da boa gestão financeira. Os Estados--Membros cooperam com a União a fim de assegurar que as dotações inscritas no orçamento sejam utilizadas de acordo com esse princípio (artigo 310º/5 do TFUE). Ademais, e em conformidade com o artigo 325º do TFUE, a União e os Estados-Membros combatem as fraudes e quaisquer outras atividades ilegais lesivas dos interesses financeiros da União (artigo 310º/6 do TFUE).

Por fim, e no que concerne às receitas, a União dota-se dos meios necessários para atingir os seus objetivos e realizar com êxito as suas políticas[21]. Nesse sentido, o orçamento é integralmente financiado por recursos próprios, sem prejuízo de outras receitas[22].

O Conselho, deliberando de acordo com um processo legislativo especial, por unanimidade e após consulta ao Parlamento Europeu, adota uma decisão que estabelece as disposições aplicáveis ao sistema de recursos próprios da União. Neste quadro, é possível criar novas categorias de recursos próprios ou revogar uma categoria existente. Essa decisão só entra em vigor após a sua aprovação pelos Estados-Membros, em conformidade com as respetivas normas constitucionais[23].

O Conselho, por meio de regulamentos adotados de acordo com um processo legislativo especial, estabelece as medidas de execução do sistema de recursos próprios da União desde que tal esteja previsto na decisão adotada (artigo 311º/1 do TFUE).

---

[21] Artigo 311º/1 do TFUE.
[22] Artigo 311º/2 do TFUE.
[23] Artigo 311º/3 do TFUE.

b) O controlo orçamental

O Parlamento exerce um controlo político global do modo como são conduzidas as políticas da União Europeia. O poder executivo é partilhado entre a Comissão e o Conselho de Ministros, e os seus representantes comparecem regularmente perante o Parlamento.

O Parlamento desempenha um papel importante na nomeação, por cinco anos, do Presidente e dos membros da Comissão. Exerce, além disso, uma verificação pormenorizada, através de um exame aprofundado dos muitos relatórios mensais e anuais que a Comissão é obrigada a apresentar-lhe. Por outro lado, os deputados podem apresentar perguntas escritas e orais à Comissão e interrogam regularmente os comissários no "Período de Perguntas", durante as sessões plenárias, e nas reuniões das comissões parlamentares[24].

O Presidente em exercício do Conselho apresenta o seu programa no início da Presidência e, no final desse período, apresenta um relatório ao Parlamento. Informa também sobre os resultados de cada Conselho Europeu e sobre a evolução do desenvolvimento da política externa e de segurança.

Os ministros assistem às sessões plenárias e tomam parte no "Período de Perguntas" e em debates importantes. Têm também de responder a perguntas escritas. No início de cada reunião do Conselho Europeu, o Presidente do Parlamento apresenta as posições principais desta instituição sobre os assuntos a discutir pelos chefes de Estado e de Governo. O seu discurso dá frequentemente o tom para as discussões importantes do dia.

O Tribunal de Contas analisa a execução do orçamento anual do ano anterior e publica o seu relatório anual.

O Conselho analisa as observações do Tribunal de Contas e propõe uma recomendação ao Parlamento Europeu.

O Parlamento Europeu dá quitação à Comissão com base na recomendação da sua Comissão do Controlo Orçamental. Essa quitação contém normalmente recomendações destinadas a melhorar a execução do orçamento futuro. O Parlamento também pode recusar dar quitação ou adiá-la.

---

[24] Na pior das hipóteses inclusive, o Parlamento pode aprovar uma moção de censura à Comissão e obrigá-la a demitir-se.

No que concerne ao controlo jurisdicional, o Tribunal de Contas[25] examina a execução do orçamento anual do ano anterior e apresenta o seu relatório anual ao Parlamento em novembro. Isto assinala o início do processo de quitação anual.

O Conselho examina as observações do Tribunal de Contas e faz uma recomendação ao Parlamento Europeu.

O Parlamento Europeu dá quitação à Comissão, com base na recomendação da sua Comissão do Controlo Orçamental, que analisa o relatório anual do Tribunal de Contas e examina outros documentos, bem como as audições dos Comissários. Esta quitação contém recomendações que visam melhorar a execução do futuro orçamento. O Parlamento também pode adiar a quitação. Uma eventual decisão de adiamento tem de mencionar as condições nas quais ainda pode ser dada quitação. Uma recusa de quitação pode ser interpretada como uma moção de censura.

---

[25] Sobre o Tribunal de Contas Europeu consultar BRANA, PIERRE (2001), cour des comptes européenne et institutions nationales de contrôle: de la concertation à l'harmonisation?, paris: assemblée nationale; FLIZOT, STÉPHANIE (2003), Les relations entre les institutions supérieures de contrôle financier et les pouvoirs publics dans les pays de l'union européenne, Paris: LGDJ; BELLE, JACQUES (2006), «Institutions nationales de contrôle et cour des comptes européenne : déclaration d'assurance annuelle et certification», *Revue Française de Finances Publiques*, Février, nº 93, págs. 147-160 ; BUIS, ELKE (1995), «Le contrôle des finances communautaires: coopération entre la cour des comptes européenne et les institutions de contrôle nationales»; CASTELLS, ANTONI (2005), «External audit institutions: the european court of auditors and its relationship with the national audit institutions of the member states», in *Public Expenditure Control in Europe*, milagros garcia crespo, págs. 127-147; FLIZOT, STÉPHANIE (2002), «Les rapports entre la cour des comptes européenne et les institutions supérieures de contrôle des états membres. quelle application du principe de subsidiarité?» , *Revue du marché commun et de l'union européenne*, nº 455, págs. 112-121; GOLETTI, GIOVANNI BATTISTA (1990), «La corte dei conti delle comunita' europee ed i rapporti interistituzionali (analisi della relazione sull'esercizio 1988)», *Il foro amministrativo*, nº 1, págs. 19-252; INGHELRAM, JAN (2001), «l'arrêt ismeri: quelles conséquences pour la cour des comptes européenne?», in *Cahiers de Droit Européen*, Année 37, págs. 707-728.; VON WEDEL, HEDDA (2005), "Public financial control in europe: the example of the federal republic of germany", in *Public expenditure control in Europe*, MILAGROS GARCIA CRESPO, págs. 79-98.

Bibliografia

BARRO, Robert J. <http://en.wikipedia.org/wiki/Robert_J._Barro> (1974), "Are Government Bonds Net Wealth?", *Journal of Political Economy* 82 (6): 1095-1117.

BELLE, Dacques (2006), "Institutions nationales de controle et cour des comptes européenne: déclaration d'assurance annuelle et certification", *Revue Française de Finances publiques*, Février, n.s 93, págs. 147-160 ;

BRANA, Pierre (2001), *Cour des Comptes européenne et institutions nationales de controle: de la concertation à l'harmonisation?*, Paris: Assemblée nationale;

BUIS, Elke (1995), "Le controle des finances communautaires: coopération entre la cour des comptes européenne et les institutions de controle nationales";

CASTELLS, Antoni (2005), "Externai audit institutions: the european court of auditors and its relationship with the national audit institutions of the member states", in *Public Expenditure Control in Europe*, Milagros Garcia Crespo, págs. 127-147;

EUROPEAN COMMISSION (2008), *European Union – Public Finance* (4ª edição), Luxembourg: Office for Official Publications of the European Communities;

FLIZOT, Stéphanie (2002), "Les rapports entre la cour des comptes européenne et les institutions supérieures de controle des états membres. quelle application du principe de subsidiarité?", *Revue du marché commun et de l'union européenne*, nº 455, págs. 112-121;

FLIZOT, Stéphanie (2003), *Les relations entre les institutions supérieures de contrôle financier et les pouvoirs publics dans les pays de l'union européenne*, Paris: LGDJ;

GOLETTI, Giovanni battista (1990), "La Corte dei Conti delle Comunita' Europee ed i rapporti interistituzionali (analisi delia relazione sull'esercizio 1988)", *Il foro amministrativo*, nº 1, págs. 19-252;

INGHELRAM, Jan (2001), "L'arrêt ismeri: quelles conséquences pour la cour des comptes européenne?", in *Cahiers de Droit Européen*, Année 37, págs. 707-728.;

STRASSER, Daniel (1979), Finanças da Europa, Bruxelas: Comissão das Comunidades Europeias;

VON WEDEL, Hedda (2005), "Public financial control in europe: the example of the Federal Republic of Germany", in *Public expenditure control in Europe*, Milagros Garcia Crespo, págs. 79-98.

Capítulo 7
A Prestação de Contas na União Europeia

Manuel Lourenço[1]

Sumário: 1. Quadro geral da prestação de contas; 2. Sistemas de informação contabilística; 2.1. Contabilidade orçamental, 2.2. Contabilidade de exercício, 2.3. Princípios contabilísticos, 2.4 Regras contabilísticas; 3. Demonstrações financeiras; 4. Contas anuais consolidadas; 5. Quitação orçamental; 5.1. Âmbito; 5.2. Calendarização; 5.3. DAS e Relatório Anual; 5.4. Decisão de quitação. 6. Conclusão. Bibliografia.

1. Quadro geral da prestação de contas

Desde o início do século XXI, as instituições da União Europeia, na sequência de um processo de quitação muito crítico em relação ao exercício de 1996, e mais concretamente à Comissão, comprometeram-se em melhorar o seu funcionamento e em promover um sistema de prestação de contas[2]

---

[1] Manuel Lourenço de Oliveira é Chefe de Gabinete do atual Presidente do Tribunal de Contas Europeu, Dr. Vitor Caldeira, desde 2000. Licenciado em Organização e Gestão de Empresas pelo Instituto Superior de Economia e Gestão da Universidade Técnica de Lisboa em1980. Entre 1981 e 1991 exerceu funções na Inspeção-Geral de Finanças. De 1991 a 1995 foi adjunto do Secretário de Estado dos Assuntos Fiscais. De 1996 até 2000 exerceu funções, sucessivamente, no Tribunal de Contas Europeu no Luxemburgo como Administrador durante dois anos, de Subinspetor Geral das Atividades Económicas, um ano, e finalmente, de adjunto do Secretário de Estado Adjunto e da Justiça. Exerceu a docência no Instituto Superior de Contabilidade de Lisboa, de 1989 a 2000.

[2] Prestar contas de/por: esclarecer, justificar-se de (cf. Dicionário da Língua Portuguesa Contemporânea da Academia das Ciências de Lisboa. Em francês: *rendre des comptes* e em inglês: *to guarantee the accountability*.

mais objetivo e transparente face aos Estados Membros, em geral, e aos cidadãos europeus em especial.

No contexto desse esforço global, a modernização dos sistemas de informação contabilística e dos sistemas de controlo interno assume especial importância. Para melhor informar os cidadãos e poder justificar o uso dos meios financeiros que lhe foram disponibilizados, as instituições concordaram em desenvolver um conjunto específico de documentos que veiculem informação fiel e verdadeira de uma forma completa, concisa, clara e convincente, dando a conhecer como se cumprem as responsabilidades financeiras de cada um dos sujeitos envolvidos na preparação e execução do orçamento da União.

Em termos institucionais, o exercício de prestação de contas termina formalmente com a decisão de quitação pelo Parlamento Europeu (PE), eleito democraticamente pelos cidadãos europeus, exprimindo um julgamento político sobre o modo como a Comissão, responsável pela execução do orçamento geral e do orçamento dos Fundos Europeus de Desenvolvimento (FED)[3], desempenhou essa responsabilidade. Ao mesmo tempo que, no plano técnico, permite encerrar definitivamente as contas, fechando o ciclo orçamental do exercício em questão.

Neste capitulo, centrar-me-ei nos aspetos de ordem contabilística, seguindo de muito perto o que está estipulado nas principais normas do direito europeu nesta área, nomeadamente o Tratado de Funcionamento da União Europeia (TFUE), em especial os artigos 317º a 319º sobre a execução do orçamento e quitação, o Regulamento (CE, Euratom) nº 1605/2002 do Conselho de 25 de Junho de 2002, que institui o Regulamento Financeiro (RF) aplicável ao orçamento geral das Comunidades Europeias[4], em vigor a partir de 1 de Janeiro de 2003, bem como o Regulamento (CE, Euratom) nº 2342/2002 do Conselho, que estabelece as normas de execução do Regulamento Financeiro[5].

Não abordarei, por se considerar excluído do âmbito do presente capítulo, as obrigações de prestação de contas que decorrem de regulamentação específica, quer do lado das receitas quer do lado das despesas,

---

[3] Acordos de financiamento anexos às Convenções de Lomé.
[4] JO L 248, de 16 de Setembro de 2002, p.1. Neste texto, utilizarei a expressão *Orçamento Anual da União*, consagrada no Capitulo 3 do Titulo II do TFUE.
[5] JO L 357, de 31 de Dezembro de 2002, p.1.

nomeadamente as que estão subjacentes à execução da Politica Agrícola Comum ou das políticas de Coesão.

2. Sistemas de informação contabilística

Passemos, então, a apresentar os sistemas de informação contabilística que permitem preparar os documentos financeiros em que se baseia o processo de prestação de contas aos cidadãos em geral, e em especial ao PE.

Para poder apresentar as suas contas de modo a transmitir uma imagem fiel do seu património e da sua situação financeira, a Comissão concebeu e desenvolveu um ambicioso sistema de informação contabilística, baseado no princípio da especialização dos exercícios, em linha com as recomendações das organizações internacionais, nomeadamente a Federação Internacional de Contabilistas[6] e a Organização para a Cooperação e Desenvolvimento Económico (OCDE).

No final de 2002, a Comissão lançou um projeto de "modernização da contabilidade" tendo em consideração os princípios contabilísticos geralmente aceites para o sector público, que foram sendo construídos à imagem dos princípios geralmente aceites para o sector privado.

Em simultâneo, foram introduzidas alterações significativas ao Regulamento Financeiro de molde a refletir as principais mudanças que se projetavam, principalmente, nos aspetos ligados à execução e controlo do orçamento da União.

O Contabilista de cada uma das instituições e organismos[7], que passa a ter nesta reforma competências reforçadas[8], é o responsável, no âmbito da organização contabilística, pelos registos contabilísticos e pela elaboração e apresentação dos documentos de prestação de contas. Além do direito à informação, passou a ter o direito de verificar a veracidade da documentação financeira recebida. Por outro lado, compete-lhe, no final do exercício, assinar as contas definitivas antes da adoção pela respetiva instituição ou

---

[6] IFAC – *International Federation of Accountants*.
[7] Conjunto de entidades com autonomia financeira que realizam tarefas da União, por vezes designados "organismos descentralizados", "agências tradicionais" ou "agências de regulação", reportando os mais antigos a 1975. Para efeitos de simplificação, utilizaremos o termo "organismos" sempre que nos referirmos a este conjunto de entidades.
[8] Em linhas gerais, podemos afirmar que o Contabilista desempenha dois tipos de competências: as relacionadas com pagamentos e recebimentos e as relacionadas com a contabilidade. Foram estas que a revisão do RF de 2002 mais reforçou.

organismo, e certificar que as mesmas dão uma imagem fiel da situação financeira da respetiva instituição ou organismo[9] e que integram, nomeadamente, todas as receitas e todas as despesas.

A partir de 2005 passaram a existir essencialmente dois sistemas de informação contabilística tendo em conta o momento do reconhecimento do facto gerador: um sistema de contabilidade de exercício (ou do acréscimo, ou de periodização económica) e um sistema de contabilidade orçamental baseado no princípio de caixa modificado por incluir os créditos reportados.

Focar-nos-emos de modo sintético na contabilidade orçamental por ser a base da informação financeira até ao momento do lançamento do projeto de modernização e desenvolveremos alguns aspetos relacionados com a contabilidade de exercício por ser o domínio onde se verificaram os maiores progressos.

2.1. Contabilidade orçamental

A contabilidade orçamental permite seguir ao longo do exercício e de uma forma detalhada a execução do orçamento para o exercício. A contabilidade orçamental da UE baseia-se num sistema de contabilidade de caixa modificado. As transações (despesas e receitas) são registadas no momento do pagamento e do recebimento mas ao mesmo tempo dispõe de um sistema de registo de crédito a reportar para exercícios seguintes.

No âmbito da prestação de contas, as instituições e demais organismos deverão produzir e publicar um conjunto de mapas sobre a execução do respetivo orçamento que refletem de forma resumida a totalidade das receitas e despesas do exercício. A sua estrutura é semelhante à do orçamento e, obviamente, segue os princípios que lhe estão subjacentes: a unidade e a verdade orçamental, a anualidade, o equilíbrio, a unidade de conta, a universalidade, a especialização, a boa gestão financeira e a transparência. A informação constante destes mapas é comentada e completada em notas explicativas anexas.

O resultado da execução orçamental corresponde à diferença entre o total dos recebimentos e o total dos pagamentos do exercício, ajustado pelos créditos do exercício reportados aos exercícios seguintes e pelo montante líquido que resulta das anulações de créditos de pagamento de exer-

[9] Artigo 123º do RF.

cícios anteriores. Pelas características do orçamento da UE, no final do exercício o saldo da execução orçamental não poderá ser negativo. O saldo positivo é restituído durante o exercício seguinte deduzindo-o às contribuições esperadas dos Estados Membros.

A Comissão publica, mensalmente, informações sobre a evolução da execução orçamental, por capítulos e por domínios de intervenção. Estes relatórios indicam a forma como o dinheiro está efetivamente a ser utilizado.

A contabilidade orçamental funciona essencialmente para o exercício de controlo da legalidade não atendendo à eficiência e eficácia na gestão. A necessidade de a administração promover uma maior transparência na prestação de contas e de reportar na ótica da boa gestão financeira, veio justificar o desenvolvimento de sistemas de informação financeira que respondessem a esses requisitos.

2.2. Contabilidade de exercício

Um dos objetivos da contabilidade de exercício é o de fornecer aos decisores públicos informação financeira fiável e verdadeira. As transações e outros acontecimentos com implicações financeiras são reconhecidos no momento em que ocorrem independentemente da data do seu recebimento ou pagamento, sendo relatadas nas demonstrações financeiras dos períodos a que se referem. As demonstrações financeiras assim preparadas informam os utentes não só das transações passadas envolvendo pagamentos ou recebimentos mas também dos direitos e obrigações no futuro, promovendo uma maior transparência intergeracional.

A par das alterações significativas nos procedimentos contabilísticos com reflexos nos mapas financeiros, também a arquitetura do sistema informático, um elemento crucial do sistema contabilístico da UE, foi globalmente reformulada para assegurar que todos os factos contabilísticos são devida e atempadamente registados.

Por outro lado, as novas regras contabilísticas passaram a determinar que os pré-financiamentos[10] devem figurar no ativo do balanço pelo montante dos fundos que os beneficiários ainda não utilizaram ou para os quais não existem justificativos da sua utilização.

---

[10] Adiantamentos feitos a beneficiários para a realização de um projeto/programa.

Também os credores correntes passaram a ser relevados contabilisticamente em encargos a suportar ou dívidas a pagar no momento em que são reconhecidos pelos serviços ordenadores.

Como resultado da aplicação das novas regras contabilísticas, a União deve avaliar e relevar as despesas a financiar pelo orçamento que ainda não tenham sido declaradas no fim do exercício. Por isso, no final de cada ano, é contabilizado no passivo um montante significativo de despesas a serem liquidadas por orçamentos de exercícios futuros, o que se traduz num ativo líquido negativo (passivo de valor superior ao ativo). Em breve, a existência deste ativo líquido negativo traduz a diferença entre uma contabilidade de caixa e uma contabilidade de exercício de uma entidade que financia as suas necessidades de tesouraria recorrendo a um orçamento previamente estabelecido.

Ainda como consequência das novas regras, os mapas financeiros passaram a disponibilizar notas anexas ao balanço e às demonstrações de resultados mais completas e claras que permitam compreender melhor a situação financeira e os resultados da União para um dado exercício.

2.3. Princípios contabilísticos

Os *princípios contabilísticos* previstos no artigo 124º do RF e as *regras contabilísticas* adotadas pelo Contabilista da Comissão[11] inspiram-se nas Normas Internacionais de Contabilidade do Sector Publico[12] emitidas pela IFAC ou, nos casos em que não existam, nas Normas Internacionais de Contabilidade[13] / Normas Internacionais de Relato Financeiro[14] emitidas pelo Conselho das Normas Internacionais de Contabilidade[15] ou nas diretivas do Parlamento Europeu e do Conselho relativas às contas anuais de certas formas de sociedades, adaptadas ao ambiente específico da União Europeia.

Os *princípios contabilísticos*, que constituem as bases para a apresentação das demonstrações financeiras, são gerais e abstratos, enquanto as *regras contabilísticas* se referem a factos e transações específicas e concretas. As *regras contabilísticas* estabelecem critérios técnicos a adotar em matéria de

---

[11] Artigo 133º do RF. Para simplificar utilizaremos a expressão "regras contabilísticas " em vez da expressão prevista neste artigo: " regras e métodos contabilísticos".
[12] IPSAS – *International Public Sector Accounting Standards*.
[13] IAS – *International Accounting Standards*.
[14] IFRS – *International Financial Reporting Standards*.
[15] IASB – *International Accounting Standards Board*.

reconhecimento, de mensuração, de apresentação e de divulgação da realidade económica e financeira da União.

É da conjugação destes princípios e regras que é possível elaborar demonstrações financeiras que apresentem de forma verdadeira e apropriada a posição financeira e o desempenho para um determinado exercício financeiro da União.

São oito os princípios contabilísticos previstos no Regulamento Financeiro: continuidade, prudência, consistência, comparabilidade, importância relativa, não compensação, prevalência da substância sobre a forma e especialização dos exercícios. Refira-se que caso seja necessário derrogar qualquer um destes princípios, as alterações que sejam materialmente relevantes devem ser evidenciadas nas notas anexas ao balanço e à demonstração de resultados.

A continuidade das atividades é o primeiro dos princípios e significa que, aquando da preparação das demonstrações financeiras, se considera que as instituições e os organismos têm uma duração ilimitada; quando se puder presumir o contrário, o contabilista deve apresentar esta informação no anexo, juntamente com os fundamentos que serviram de base à preparação das demonstrações financeiras e a razão pela qual a entidade não é considerada em continuidade.

A ordem pela qual são enunciados os princípios tem alguma importância. De facto, do princípio da continuidade das atividades decorrem outros, nomeadamente, o da prudência e o da consistência.

Com o intuito de salvaguardar e conservar o património da União, quer os ativos e os proveitos quer os passivos e as despesas devem ser avaliados com prudência, isto é, nem os primeiros devem ser sobreavaliados nem os segundos subavaliados.

Por outro lado, as políticas contabilísticas (ou seja, o conjunto de princípios, regras e práticas contabilísticas) devem manter-se de um exercício para outro[16].

Só utilizando as mesmas políticas de um exercício para outro é possível elaborar mapas financeiros que sejam comparáveis. O princípio da comparabilidade estabelece também que o valor de cada rubrica das demons-

---

[16] Ver DAS referente ao exercício de 2010: o TCE chama a atenção, através de uma ênfase relativa à fiabilidade das contas, de "uma alteração da política contabilística da Comissão no que respeita aos pagamentos de pré-financiamentos efetuados para a constituição de Instrumentos de Engenharia Financeira".

trações financeiras deve ser comparável com o valor dessa rubrica no exercício anterior. Sempre que haja alterações na apresentação ou classificação de um dos elementos das demonstrações financeiras, devem ser apresentadas as informações necessárias e suficientes de modo a permitir a sua comparação entre exercícios[17].

Por outro lado, os mapas financeiros devem transmitir informação materialmente relevante, tendo em conta não só os montantes mas também a sua natureza.

O princípio da não compensação impossibilita que sejam efetuadas compensações entre rubricas do balanço ou da demonstração de resultados, exceto se tiverem por base a mesma transação ou transações semelhantes e não forem materialmente relevantes.

Para efeitos de reconhecimento contabilístico, a natureza económica dos factos deve prevalecer em detrimento dos aspetos jurídicos. No entanto, todos os programas lançados devem estar cobertos por um ato de autorização específico ou base jurídica, antes de os fundos poderem ser utilizados. Estas bases jurídicas descrevem os objetivos e o custo da atividade em questão e, muitas vezes, impõem limites plurianuais de despesas.

Finalmente, as demonstrações financeiras devem traduzir os encargos e proveitos imputáveis ao exercício, isto é, os factos patrimoniais devem ser reconhecidos por critérios de competência económica, independentemente da data de pagamento ou de recebimento (princípio da especialização dos exercícios).

2.4. Regras contabilísticas

A adoção das regras contabilísticas é de exclusiva competência do Contabilista da Comissão[18]. Este princípio centralizador da decisão, que todavia deverá ser tomada após consulta dos contabilista das outras instituições e organismos, visa sobretudo definir um quadro harmonizado que lhe permita, posteriormente, proceder à consolidação das contas das instituições e organismos incluídos no perímetro de consolidação.

---

[17] Na sequência da alteração da política contabilística referida no ponto anterior, a Comissão teve de voltar a apresentar as contas anuais relativas a 2009 de acordo com os princípios de 2010, de molde a satisfazer o princípio da comparabilidade.
[18] Artigo 133º do RF.

Existem 18 regras contabilísticas aprovadas[19], algumas das quais têm sido objeto de reformulação, de modo a refletirem a evolução das correspondentes regras IPSAS.

Também compete ao Contabilista da Comissão aprovar o plano de contabilidade[20] enquanto estrutura a adotar por cada uma das instituições e organismos da União. O plano define também o conteúdo e a forma de movimentação de cada conta, que são agrupadas em subgrupos, estes em grupos e por fim em classes.

No entanto, em relação às classes a adotar, as normas de execução do RF definem uma estrutura de base de 10 classes que deve ser tida em consideração[21]:

"a) Relativamente às contas de balanço:
 Classe 1: contas de capitais próprios, provisões e de dívidas a mais de um ano;
 Classe 2: contas das despesas de estabelecimento, de ativos imobilizados e de créditos a mais de um ano;
 Classe 3: contas de existências;
 Classe 4: contas de créditos e dívidas a um ano, no máximo;
 Classe 5: contas financeiras;
b) Relativamente às contas de gestão:
 Classe 6: contas de despesas;
 Classe 7: contas de receitas;
c) Relativamente às contas especiais:
 Classe 8 e 9: contas especiais;
d) Relativamente às operações extra patrimoniais:
 Classe 0: operações extra patrimoniais".

---

[19] Regras contabilísticas: 01 Contabilidade de Grupo, 02 Demonstrações financeiras, 03 Despesas e Contas a Pagar, 04 Receitas de Transações Correntes, 05 Pré financiamentos, 06 Ativos Intangíveis, 07 Ativos Fixos Tangíveis, 08 Locações, 09 Inventários, 10 Provisões, Ativos Contingentes e Passivos Contingentes, 11 Ativos e Passivos Financeiros, 12 Benefícios dos Empregados, 13 Os efeitos de Alterações em Taxas de Câmbio, 14 Resultado Económico do Exercício, Erros Substanciais e Alterações nas Políticas Contabilísticas, 15 Divulgação das Partes Relacionadas, 16 Apresentação da Informação Orçamental nas Contas Anuais, 17 Receitas de Transações não Correntes (Taxas e Transferências) e 18 Imparidade de Ativos.
[20] Artigo 133º do RF.
[21] Artigo 212º das normas de execução do RF.

3. Demonstrações financeiras

Do conjunto de documentos a publicar para efeitos de prestação de contas ressaltam as demonstrações financeiras. Estes documentos são uma representação estruturada da posição financeira e do desempenho financeiro da União em relação a um determinado exercício tendo por objetivos essenciais, por um lado, disponibilizar informação para a tomada de decisão e, por outro, prestar contas sobre a utilização dos recursos que lhe foram disponibilizados.

Os mapas financeiros devem conter informação pertinente que descreva a variedade e a natureza das atividades das instituições e dos demais organismos, explicando de forma clara as modalidades de financiamento e permitindo a comparação entre exercícios.

Um conjunto completo de demonstrações financeiras e relatórios sobre a execução financeira pressupõe a elaboração dos seguintes documentos[22]:

a) *"O balanço e a conta dos resultados económicos, que apresentam a situação patrimonial e financeira, bem como o resultado económico reportados a 31 de Dezembro do exercício findo;*

b) *O mapa dos fluxos de caixa, evidenciando de uma forma sintética os recebimentos e pagamentos do exercício, bem como a situação de tesouraria final;*

c) *O mapa da variação dos capitais próprios, apresentando de forma pormenorizada os aumentos e diminuições ocorridos no exercício em relação a cada um dos elementos das contas de capital;"*

d) As notas às demonstrações financeiras que completam e comentam as informações apresentadas nas demonstrações financeiras e fornecem todas *"as informações complementares exigidas pela prática contabilística aceite a nível internacional, sempre que essas informações sejam pertinentes relativamente às atividades da União".*

4. Contas anuais consolidadas

É da exclusiva competência da Comissão a apresentação das demonstrações financeiras consolidadas, as quais dão a conhecer, de forma agregada, as informações financeiras constantes das demonstrações financeiras das entidades abrangidas pelo perímetro de consolidação, no qual se incluem

---

[22] De acordo com o artigo 126º do RF.

as Instituições e organismos consultivos[23], os demais organismos, a Comunidade Europeia do Carvão e do Aço (em liquidação) perfazendo um total de 43 entidades controladas ao que acrescem cinco empresas comuns[24] e quatro entidades associadas[25].

Embora a União assegure a gestão dos ativos, não são consolidados: os Fundos Europeus de Desenvolvimento financiados pelas contribuições dos Estados-Membros (sendo objeto de uma quitação autónoma), o Regime de Seguro de Doença (RSD) e o Fundo de Garantia dos Participantes (FGP) por serem entidades cujos fundos não são propriedade da União.

As 43 entidades controladas são integralmente consolidadas. O conceito de controlo da atividade pela UE baseia-se no poder de gerir as políticas financeiras e operacionais de uma entidade a fim de obter benefícios da mesma. Para além disso, outros indicadores desse controlo são tidos em conta: entidades criadas pelos Tratados, financiadas pelo orçamento da UE, auditadas pelo TCE e sujeitas à quitação pelo Parlamento Europeu.

As empresas comuns, cujo controlo é partilhado contratualmente entre a União e terceiros tendo em vista a realização de uma atividade económica, bem como as entidades associadas, nas quais a União exerce uma forte influência, detendo pelo menos 20 % dos direitos de voto, são consolidadas pelo método de equivalência patrimonial. O investimento é inicialmente reconhecido pelo seu custo e posteriormente aumentado ou diminuído em função das alterações verificadas no património da entidade objeto de consolidação.

As contas anuais consolidadas da União Europeia são constituídas por duas partes: a parte I, que inclui as demonstrações financeiras consolidadas e as respetivas notas explicativas de acordo com as regras de contabi-

---

[23] De acordo com o artigo 13º do Tratado da União Europeia as instituições são: o Parlamento Europeu, o Conselho Europeu, o Conselho, a Comissão Europeia (designada" Comissão"), o Tribunal de Justiça da União Europeia, o Banco Central Europeu e o Tribunal de Contas. São organismos consultivos: o Comité Económico e Social e o Comité das Regiões.
Neste capítulo, tenho utilizado o termo "instituições" para designar uns e outros.
O BCE, sendo uma instituição, não integra o perímetro de consolidação dada a sua autonomia e não se enquadrar no conceito de entidade controlada tal como definida pelo Contabilista da Comissão.
[24] Empresa Comum para o ITER; Empresa Comum SESAR; Empresa Comum FCH; Empresa Comum Galileu em liquidação; Empresa Comum IMI.
[25] Fundo Europeu de Investimento; Empresa Comum Clean Sky; Empresa Comum ARTEMIS; Empresa Comum ENIAC.

lidade de exercício; e a parte II, que integra os mapas consolidados sobre a execução do orçamento e correspondentes notas explicativas, elaborados segundo o princípio de caixa modificado.

5. Quitação orçamental

O processo de quitação inicia-se no exercício seguinte ao exercício em análise (ano n), a partir do momento da apresentação de contas das diferentes instituições e organismos (ano n+1) e termina, normalmente, até 15 de Maio do ano n+2[26].

5.1. Âmbito

Para além da Comissão estão sujeitas ao processo de quitação os responsáveis pela execução dos orçamentos do PE e de outras instituições e organismos da UE, tais como o Conselho (na parte relativa a sua atividade enquanto órgão executivo), o Tribunal de Justiça da União Europeia, o Tribunal de Contas Europeu (TCE), o Comité Económico e Social Europeu e o Comité das Regiões, bem como os responsáveis pela execução do orçamento dos organismos com autonomia jurídica que realizam tarefas da União, na medida em que as disposições aplicáveis a sua atividade prevejam a quitação pelo Parlamento Europeu.

Para fundamentar a sua decisão de quitação, o Parlamento Europeu, através da sua Comissão de Controlo Orçamental[27], analisa os seguintes documentos[28]:

- Conjunto completo de demonstrações financeiras e relatórios de execução financeira de cada instituição e dos demais organismos sujeitos a quitação, bem como as demonstrações financeiras consolidadas da União a apresentar pela Comissão;
- Relatório anual bem como os Relatórios especiais do Tribunal de Contas considerados pertinentes, acompanhados das respostas das instituições;

---

[26] Artigos 128º, 129º e 145º do RF.
[27] COCOBU, em francês, ou CONT, em inglês.
[28] De acordo com anexo VI do Regimento do Parlamento Europeu para a 7ª Legislatura, Janeiro de 2012. www.europarl.europa.eu/sides/getDoc.do?pubRef=-//EP//TEXT+RULES--EP+20120110+TOC+DOC+XML+V0//PT&language=PT

- Declaração relativa à fiabilidade das contas e à legalidade e regularidade das operações subjacentes (DAS)[29] apresentada pelo Tribunal de Contas;
- Recomendação do Conselho, que constitui o outro ramo da autoridade orçamental.

Ainda que o trabalho preparatório para a decisão do Parlamento esteja confiada principalmente à COCOBU, outras comissões parlamentares emitem pareceres sobre as áreas orçamentais que cobrem as políticas que lhes dizem respeito. Para isso, as Comissões podem solicitar às instituições e organismos as informações[30] que considerem necessárias para fundamentar os seus pareceres em audiências organizadas especificamente para esse efeito ou através de questões escritas.

A COCOBU dispõe ainda dos relatórios das auditorias internas de cada uma das instituições e demais organismos sujeitos à quitação, no qual se dá conta das atividades desenvolvidas, das suas recomendações e do seguimento que lhes foi dado ao longo do exercício[31].

Por outro lado, também dispõe de informação sobre a execução do orçamento que lhe é transmitida pelos relatórios de atividade de cada um dos Diretores Gerais e chefes de serviço da Comissão[32] (DG) que, enquanto "ordenadores delegados", são responsáveis pela boa gestão financeira, segundo os princípios da economia, eficiência e eficácia, bem como pela aplicação de um sistema de controlo interno adequado e eficaz nos seus serviços. Estes relatórios incluem uma declaração de fiabilidade, assinada por cada um dos "ordenadores delegados", sobre a legalidade e regularidade das operações financeiras. A responsabilidade política geral[33] é assumida pela Comissão através da publicação do seu Relatório-síntese[34].

---

[29] Acrónimo derivado do francês: *"Déclaration d'assurance"* (declaração de fiabilidade), prevista no nº 1 segundo parágrafo do artigo 287 do TFUE.
[30] Nº 2 do artigo 319º do TFUE.
[31] Nº 4 do artigo 86º do RF
[32] Nº 7 do artigo 60º do RF
[33] Nos termos do artigo 317º do TFUE.
[34] Ver, por exemplo, em relação ao exercício económico de 2010: "Comunicação da Comissão ao Parlamento Europeu, ao Conselho e ao Tribunal de Contas – Síntese dos resultados de gestão da Comissão em 2010", COM (2011) 323 final, de 1 de Junho de 2011.

Pela primeira vez, em relação ao exercício de 2010, o Auditor Interno da Comissão, baseando-se nas garantias dadas pelos DG e pelas diferentes estruturas de auditoria interna, emitiu um parecer global sobre os sistemas de controlo interno instituídos na Comissão[35].

Finalmente, as contas devem ser ainda acompanhadas de um relatório da Comissão de avaliação das finanças da União[36] que deverá incluir uma exposição, na ótica da boa gestão financeira, sobre a realização dos objetivos previstos para o exercício[37].

Ao longo do ano, a Comissão também tem a obrigação de prestar informações financeiras aos dois braços da autoridade orçamental, o Parlamento Europeu e o Conselho. Duas vezes por ano, envia um relatório sobre a situação das garantias prestadas pelo orçamento da União; mensalmente, transmite informações sobre a execução orçamental, ainda que agregadas a nível de capítulos; três vezes por ano, apresenta um relatório com maior detalhe, sobre a execução orçamental, reportados a 31 de Maio, 31 de Agosto e 31 de Dezembro. Um exemplar de cada um destes relatórios é enviado ao Tribunal de Contas Europeu[38].

5.2. Calendarização

Os documentos financeiros de prestação de contas são remetidos às autoridades orçamentais e são objeto de publicação no Jornal Oficial da União Europeia. O trabalho de encerramento de contas, apuramento de resultados e de elaboração dos mapas e relatórios financeiros, segue um calendário rigoroso definido no Regulamento Financeiro, envolvendo também o Tribunal de Contas para efeitos de preparação e emissão do seu parecer. Uma outra particularidade neste processo refere-se à relevância que é dada às contas provisórias que assumem um carácter formal idêntico às

---

[35] Ver ponto 2.3 da Comunicação referida na nota anterior: " O Auditor Interno da Comissão considera que, em 2010, a Comissão criou procedimentos de governação, de gestão de riscos e de controlo interno que são adequados para dar uma fiabilidade razoável quanto à realização dos seus objetivos financeiros, à exceção dos domínios da gestão financeira relativamente aos quais os Diretores-Gerais exprimiram reservas nas suas declarações de fiabilidade, e sob reserva de eventuais observações relativas à gestão dos riscos, no que diz respeito aos erros nas operações subjacentes."
[36] Relatório previsto no artigo 318º do TFUE.
[37] O primeiro relatório publicado abrange o exercício de 2010, ver COM (2012) 40 final.
[38] Artigos 130º e 131º do RF.

contas definitivas, nomeadamente no que se refere à auditoria pelo auditor externo. O TCE emite formalmente observações sobre as contas provisórias.

Assim até[39]:

i. 1 de Março, os contabilistas das instituições e dos demais organismos criados pela UE comunicam ao Contabilista da Comissão e ao Tribunal de Contas, *"as suas contas provisórias, acompanhadas do relatório sobre a gestão orçamental e financeira do exercício"*.

ii. 31 de Março, o Contabilista da Comissão transmite ao TCE, as contas provisórias da Comissão bem como as contas consolidadas provisórias da União.

iii. 15 de Junho, o Tribunal formula as suas observações relativas às contas provisórias e transmite-as às respetivas instituições e organismos.

iv. 30 de Junho, as observações que o Tribunal considere de natureza a dever figurar no seu relatório anual, são remetidas às instituições e organismos visados, para efeitos de contraditório.

v. 1 de Julho, à exceção da Comissão, cada instituição e cada um dos organismos elaborarão as respetivas contas definitivas e transmiti-las-ão ao Tribunal de Contas e ao Contabilista da Comissão para efeitos de consolidação das contas definitivas.

vi. Final de Julho, a Comissão aprova e envia ao Parlamento Europeu, ao Conselho e ao TCE as contas consolidadas definitivas elaboradas pelo seu Contabilista.

vii. 15 de Novembro, as contas consolidadas definitivas da União, acompanhadas da DAS, são publicadas no Jornal Oficial da União Europeia (JOUE). No mesmo prazo, o Tribunal de Contas envia a todas as instituições e organismos o seu relatório anual que inclui as respostas das instituições às observações efetuadas. Este relatório também é publicado no JOUE.

5.3. DAS e Relatório Anual

Como consequência da entrada em vigor do Tratado de Maastricht, o TCE, enquanto auditor externo da União, emite anualmente uma declaração sobre a fiabilidade das contas e a regularidade e legalidade das operações

---

[39] Artigos 128º, 129º e 143º do RF.

subjacentes. A primeira DAS a ser emitida pelo TCE reportou-se ao exercício de 1994.

A DAS é uma opinião de auditoria que segue as normas internacionais de auditoria, ainda que adaptadas ao contexto da União. A metodologia de auditoria que lhe está subjacente e o conteúdo da opinião têm sofrido alterações no sentido de refletir, por um lado, a evolução nas normas de auditoria internacionalmente aceites para o sector público e, por outro, os progressos registados nos sistemas contabilísticos da UE.

Em relação ao exercício de 2010, para se adaptar às alterações das normas internacionais de auditoria que entraram em vigor em 2011, a DAS sofreu algumas alterações quanto à sua forma e conteúdo. Para além da opinião sobre a fiabilidade das contas, a legalidade e regularidade das operações subjacentes passou a englobar uma opinião sobre as receitas, uma opinião sobre as autorizações e outra opinião sobre os pagamentos relativas ao exercício em análise.

Após o encerramento de cada exercício, o TCE produz um Relatório Anual (RA) acompanhado das respostas das instituições às observações que aí são feitas. Este RA tem sido elaborado e publicado desde a entrada em funcionamento do Tribunal. Assim, se reportarmos ao exercício de 2010, o TCE publicou 34 RA e 17 DAS. No atual formato, o Relatório integra a DAS e serve sobretudo para transmitir as constatações de auditoria que fundamentam as opiniões contidas na DAS.

Quer o RA quer a DAS, juntamente com os relatórios especiais adotados pelo Tribunal, são, do ponto de vista técnico, peças fundamentais no processo de prestação de contas e por conseguinte na decisão de quitação a tomar pelo PE. No entanto a decisão de dar ou recusar a quitação tem em conta outros aspetos que ultrapassam as questões meramente técnicas. Não obstante as opiniões DAS sobre os pagamentos subjacentes às operações terem sido sempre qualificadas, isto é, o Tribunal considera que estão afetados por erros materiais, nem o Conselho deixou de recomendar a quitação, nem o Parlamento Europeu deixou de dar quitação à Comissão pela execução do orçamento respetivo. No entanto, em relação à fiabilidade das contas, na sequência do processo de reforma contabilístico que entrou em vigor em 2005, a opinião do Tribunal a partir de 2007 passou a considerar que as contas anuais refletem fielmente, em todos os aspetos materialmente relevantes, a situação financeira da União. Por sua vez, as receitas e as autorizações sempre foram consideradas pelo Tribunal como isentas de erros materiais.

5.4. Decisão de quitação

Após a apresentação pelo Tribunal de Contas do seu Relatório Anual, o Parlamento Europeu dispõe de 5 meses, ou seja, até 15 de Maio do ano n+2[40], para dar quitação à Comissão pela execução do orçamento da União Europeia e dos diversos Fundos Europeus de Desenvolvimento. Em simultâneo dá também quitação a cada uma das instituições e organismos pela execução dos respetivos orçamentos.

Antes de tomar uma decisão sobre a quitação, o Parlamento Europeu tem de analisar também as recomendações do Conselho. Para isso, os Estados Membros, enquanto membros do Conselho, analisam o RA e os Relatórios especiais publicados pelo Tribunal. Os Estados Membros assumem, deste modo, uma dupla função, por um lado, estão diretamente implicados na gestão partilhada (em cooperação com a Comissão) de grande parte do orçamento (cerca de 80% das despesas), mas por outro lado participam no processo de quitação à Comissão.

O exercício de quitação tem vindo a ser um veículo utilizado pelo Parlamento para reforçar a dimensão política da mesma e aumentar a sua influência junto das outras instituições, em especial, junto da Comissão e do Conselho da União Europeia.

A decisão a tomar pelo Plenário do Parlamento Europeu terá em conta o relatório elaborado pela COCOBU. Este relatório deverá conter os seguintes elementos[41]:

a) Proposta de decisão sobre a concessão ou de adiamento da decisão de quitação;

b) Proposta de decisão destinada a encerrar, do ponto de vista contabilístico, as contas de cada instituição ou organismo;

c) Proposta de resolução contendo uma avaliação da gestão orçamental de cada uma das instituições e demais organismos envolvidas bem como uma relação das observações a ter em consideração nos exercícios seguintes;

d) Lista dos documentos recebidos, bem como dos documentos solicitados e não recebidos;

e) Pareceres das diversas comissões parlamentares envolvidas no processo de quitação.

---

[40] Artigo 145º do RF.
[41] Artigo 3º do anexo VI do Regimento do PE.

Se a proposta de decisão da COCOBU for no sentido de propor o adiamento, esta terá de fundamentar as suas razões, mas também, propor as medidas, devidamente calendarizadas, que considera que as instituições e organismos devem adotar, para que sejam clarificadas as dúvidas e alterados os procedimentos que sejam considerados deficientes e que levaram à decisão de adiar a quitação. As instituições e organismos destinatárias das decisões de adiamento deverão tomar as medidas urgentes suscetíveis de ressalvar as objeções que impediram a concessão de quitação e dar conhecimento das mesmas ao Parlamento, ao Conselho e ao TCE.

A COCOBU tem 6 meses para analisar as ações desenvolvidas e solicitar os esclarecimentos que considere necessários tendo em vista apresentar ao Plenário um novo relatório, que, nesta segunda fase, deverá propor ou a concessão de quitação ou a sua recusa.

Ao conceder a quitação, o Parlamento recomenda frequentemente a adoção de medidas que visam melhorar a gestão financeira do orçamento da União. A Comissão e os organismos sujeitos à quitação deverão tomar, de imediato, a iniciativa de introduzir as medidas necessárias para dar satisfação às recomendações formuladas e dar conta das mesmas ao Parlamento, ao Conselho e ao TCE, antes de se iniciar o processo orçamental para o ano seguinte. Igual procedimento deverá ser desenvolvido em relação às recomendações formuladas pelo Conselho na sua recomendação de quitação sobre a execução do orçamento da União[42].

Uma decisão do Parlamento recusando a quitação da Comissão é um caso de carácter muito excecional que aconteceu apenas em relação aos exercícios de 1982 e de 1996.

Em relação ao exercício 1982, o fato de não ter sido outorgada quitação não impediu a Comissão de cumprir as semanas que faltavam para o fim do seu mandato. No entanto, em relação ao exercício de 1996, a Comissão demitiu-se no seguimento da publicação de um relatório muito crítico da autoria de um Comité de Peritos Independentes nomeado pelo Parlamento Europeu no âmbito do processo de quitação.

---

[42] Nº 3 do artigo 319º do TFUE, por exemplo, em relação ao exercício de 2009, ver " Relatório da Comissão ao Parlamento Europeu e ao Conselho, sobre o seguimento da quitação para o exercício de 2009 (Síntese), COM (2011) 736 final, de 14 de Novembro.

6. Conclusão

Principalmente a partir do processo de quitação em relação ao exercício de 1996, que levou ao pedido de demissão da Comissão, a melhoria da prestação de contas aos cidadãos europeus passou a estar no centro das preocupações políticas e técnicas das instituições da União Europeia. A gestão dos fundos públicos da União, numa ótica da sua eficiência e eficácia, baseada em informação financeira fiel e verdadeira passou a ser um dos objetivos a prosseguir. Neste sentido, e inserindo-se num grande movimento de modernização da contabilidade pública dinamizado pelo OCDE, as instituições da União levaram a cabo alterações legislativas, em especial nos capítulos da execução e controlo orçamental, com o objetivo de melhorar os procedimentos de prestação de contas aos cidadãos europeus.

A entrada em vigor em 2003 de um novo Regulamento Financeiro permitiu que a Comissão iniciasse um plano de ação de melhoria da sua informação financeira sustentada em sistemas contabilísticos moldados em princípios e regras de contabilidade pública moderna e internacionalmente aceites. A partir de 2005, a par da tradicional contabilidade orçamental passou a coexistir um sistema de contabilidade de exercício.

A prestação de contas na UE apoiada na contabilidade de exercício permite reconhecer transações no momento em que ocorrem e desta forma obter uma panorâmica completa do ativo e passivo da União. Por conseguinte, passa a ser possível aos responsáveis políticos, às autoridades que controlam a orçamento, aos gestores dos fundos e aos cidadãos da União aceder a informações financeiras mais precisas e transparentes essenciais para uma gestão e um controlo dos fundos públicos mais eficiente e eficaz.

Bibliografia

CIPRIANI, Gabriele, *The EU Budget- Responsibility without accountability?*, Centre for European Policy Studies, Brussels, 2010.

Commission Européenne, *Modernisation de la comptabilité des Communautés européennes*, COM (2002) 755 final, 17 Décembre.

Comité de Peritos Independentes, *Segundo Relatório sobre a reforma da Comissão*, 10.9.1999. www.europarl.europa.eu/experts/default_pt.htm.

DESMOOULIN, Corinne Delon, *Droit Budgétaire de l'Union Européenne*, LGDJ, Lextenso éditions, Paris, 2011.

Finances Publiques de l'Union Européenne, 4 ème édition, Luxembourg, Office des Publications des Communautés Européennes, 2009.

Grossi,G., Soverchia, M., *European Commission Adoption of IPSAS to Reform Financial Reporting*, ABACUS, A Journal of Accounting, Finance and Business Studies, University Sydney, vol. 47, nº 4, 2011.

Houser, Matthieu, *Le Budget de l'Union européenne*, Tomme 2, éd. ESKA, Paris, 2011

Müller-Marqués Berger, Thomas, *IPSAS Explained – A Summary of International Public Sector Accounting Standards*, Wiley and Ernst & Young, 2009

Rodrigues, João, *Sistema de Normalização Explicado*, Porto Editora, 2010

Tribunal de Contas Europeu, *Relatório Anual do Tribunal de Contas sobre a execução do orçamento, relativo ao exercício de 2010, acompanhado das respostas das instituições*, Jornal Oficial da União Europeia, C326 de 10 de Novembro de 2011

Yuri, Biondi, Soverchia, Michela, *Reforming the European Union financial disclosure: a theorical analysis of the "new" accounting rules*, 32nd EGPA Annual Conference, 8-10 September 2010, Toulouse, France

Capítulo 8
O Controlo das Finanças Públicas Europeias

Vítor Caldeira[1]

Sumário: 1. Princípios gerais e evolução – *controlo interno; controlo externo; controlo político;* 2. O dispositivo do controlo interno – *o reforço e a descentralização do controlo interno na Comissão Europeia; o quadro de controlo interno integrado; perspetivas de evolução;* 3. O Tribunal de Contas Europeu – auditor externo independente da EU; *estatuto e relações institucionais; composição, estrutura e regras de funcionamento; mandato – missão e valores; âmbito e formas de atuação; perspetivas futuras;* 4. Conclusão. Bibliografia.

1. Princípios gerais e evolução
Princípios gerais

O artigo 310º do Tratado sobre o Funcionamento da União Europeia (TFUE) consagra, de par com o Regulamento financeiro (RF)[2], um

---

[1] Vítor Caldeira é presidente do Tribunal de Contas Europeu desde Janeiro de 2008, instituição de que é membro desde 2000. É licenciado em Direito e pós-graduado em Estudos Europeus pela Faculdade de Direito da Universidade de Lisboa. Entre 1984 e 2000 exerceu funções na Inspeção-Geral de Finanças, onde foi Subinspetor Geral de Finanças. É membro do Comité Consultivo da Academia de Direito Europeu. Tem publicados artigos sobre finanças públicas, controlo financeiro e auditoria em obras coletivas e revistas científicas nacionais e estrangeiras. Foi distinguido pela Universidade de Economia Nacional e Mundial de Sófia (2008) com o grau de Professor Honoris Causa.
[2] Regulamento (CE, Euratom) n.o 1605/2002 do Conselho de 25 de Junho de 2002 que institui o Regulamento Financeiro aplicável ao orçamento geral das Comunidades Europeias (JO L 248 de 16.9.2002, p. 1), alterado pelo Regulamento (CE, Euratom) n.o 1995/2006 do

conjunto de princípios que integram os chamados "princípios orçamentais", mas que assumem especial relevância para a compreensão da arquitetura do controlo financeiro na União Europeia. São eles os princípios da boa gestão financeira e o princípio do controlo interno eficaz e eficiente, aos quais se juntam os princípios da transparência e da proporcionalidade.

Os *princípios da boa gestão financeira*, previstos no artigo 310º, n.º 5 do TFU, são desenvolvidos no artigo 27º RF em termos do princípio da economia, da eficiência e da eficácia. De acordo com o princípio da economia, os meios utilizados pela instituição com vista ao exercício das suas atividades devem ser disponibilizados em tempo útil, nas quantidades e qualidades adequadas e ao melhor preço. O princípio da eficiência visa a melhor relação entre os meios utilizados e os resultados obtidos, enquanto que o princípio da eficácia visa a consecução dos objetivos específicos fixados, bem como dos resultados esperados.

Tendo em vista facilitar a efetiva materialização destes princípios e o respectivo controlo, o Regulamento financeiro prevê a existência de indicadores de desempenho e a avaliação *ex ante* e *ex post* de todos os programas e atividades que ocasionem despesas importantes. Os resultados das mesmas são comunicados às administrações encarregadas da despesa e às autoridades legislativas e orçamentais. Assim, para todos os sectores de atividade abrangidos pelo orçamento devem ser fixados objetivos específicos, mensuráveis, realizáveis, pertinentes e datados[3], cuja realização deverá ser controlada por meio de indicadores de desempenho para cada atividade, devendo as administrações encarregadas da respectiva execução fornecer essas informações à autoridade orçamental.

Corolário dos princípios da boa gestão financeira, o *princípio do controlo interno eficaz e eficiente*[4] é definido no artigo 28º-A RF como um processo aplicável a todos os níveis da cadeia de gestão tendo em vista proporcionar uma segurança razoável quanto à realização dos objetivos de eficácia,

---

Conselho de 13 de Dezembro de 2006, (JO L 390 1 30.12.2006), pelo Regulamento (CE) n.o 1525/2007 do Conselho de 17 de Dezembro de 2007 (JO L 343 9 27.12.2007) e, em último lugar, pelo Regulamento (UE, Euratom) n.o 1081/2010 do Parlamento Europeu e do Conselho de 24 de Novembro de 2010 (JO L 311 9 26.11.2010).

[3] Objetivos SMART (specific, measurable, achievable, relevant and timely).

[4] Este princípio deve ser adequado a cada modalidade de gestão (direta, partilhada, indireta) tendo em conta a regulamentação setorial pertinente (e.g., agricultura, fundos estruturais, investigação, etc.).

eficiência e economia das operações, bem como quanto à fiabilidade das informações financeiras, à preservação dos ativos e à prevenção e detecção de fraudes e irregularidades. Além disso, deve garantir uma gestão adequada dos riscos relativos à legalidade e regularidade das operações subjacentes, tendo em conta o caráter plurianual dos programas, bem como a natureza dos pagamentos em causa.

O *princípio da transparência* é expressamente previsto no artigo 29º RF e responde ao objetivo[5] de fornecer uma informação clara, completa e detalhada sobre a elaboração e execução do orçamento e respectiva prestação de contas. Assim, o estabelecimento de um orçamento por atividades contribui para o reforço da transparência ao colocar em evidência a relação entre os objetivos e os meios necessários para os atingir. Por outro lado, a obrigação de publicação dos orçamentos (inicial e retificativos) e das contas anuais consolidadas, incluindo o relatório sobre a gestão orçamental e financeira, é uma clara decorrência do princípio da transparência que obriga igualmente ao fornecimento de informação adicional sobre as operações de contração e de concessão de empréstimos por parte das Comunidades em benefício de terceiros, sobre as operações do Fundo de Garantia relativo às ações externas, bem como a disponibilização de informação nominativa sobre os beneficiários de fundos provenientes do orçamento[6].

Por fim, uma palavra sobre o *princípio da proporcionalidade*, acolhido no artigo 5º, nº 4 do Tratado da União Europeia (TUE), que ganha particular relevância em matéria de controlo financeiro, sobretudo nos domínios em que a responsabilidade pela execução do orçamento é partilhada entre a Comissão e os Estados-Membros. A observância deste princípio supõe que os controlos internos devem ser adaptados aos diferentes domínios de despesa, tendo em conta a necessidade de procurar um equilíbrio entre, por um lado, os custos associados à gestão e ao controlo e, por outro, os montantes envolvidos e os riscos susceptíveis de serem tolerados[7] (Caldeira, 2005; Gabolde e Perron, 2010).

---

[5] Subjacente a diferentes princípios orçamentais, designadamente os da unicidade, universalidade, especificação e boa gestão financeira.

[6] O Tribunal de Justiça da União Europeia pronunciou-se de forma restritiva sobre esta consequência do princípio da transparência nos seus acórdãos *Volker und Markus Schecke GbR* (processo C-92-09) *e Hartmut Eifert* (processo C-93/09) *v. Land Hessen* (Grande Secção), de 9.11.2010.

[7] Ver a este propósito, o parecer 2/2004, do Tribunal de Contas Europeu (JO, C 107, 30.04.2004).

O controlo interno

"*O controlo financeiro interno da União tem origens remotas. Foi estabelecido nos regulamentos financeiros CEE e CEEA de 15 de Novembro de 1960, que precisavam que cada instituição designava um agente responsável pelo controlo dos compromissos e das autorizações das despesas*" (Desmoulin, 2011). Este dispositivo mínimo manteve-se até à entrada em vigor do Regulamento financeiro de 1973[8], que viria a alargar as competências do controlador financeiro ao domínio das receitas, em virtude da instauração do regime de recursos próprios, e a precisar no seu artigo 19º que o controlo seria exercido sobre os registos e documentos relativos às despesas e às receitas e, em caso de necessidade, no local.

O Regulamento financeiro de 1977[9] veio criar um controlador financeiro em cada instituição, responsável por controlar todos os compromissos e autorizações das despesas e a constatar e cobrar todas as receitas. O seu controlo exercia-se através da emissão de um visto prévio, que podia recusar se considerasse a operação irregular. Salvo em casos de insuficiência de créditos orçamentais, a instituição podia ignorar (*"passer outre"*) a recusa de visto. Este sistema viria, contudo, a revelar-se incapaz de se adaptar à evolução das finanças públicas europeias (Strasser, 1981).

Os mecanismos de controlo, designadamente no seio da Comissão, mostravam-se deficientes. O controlador financeiro concedia o seu visto de forma sistemática, sem controlar todas as operações, revelando-se por isso ineficaz. As carências do sistema de controlo financeiro estiveram, aliás, na origem da demissão da Comissão presidida por Jacques Santer, na sequência da adoção pelo Parlamento Europeu da resolução de 14 de Janeiro de 1999[10], na qual se reclama a reforma da gestão financeira da Comissão e se institui uma comissão de peritos independentes encarregada de, entre outros aspectos, "*examinar a forma como a Comissão detecta e trata os casos de fraude, de má gestão e de nepotismo*". A comissão de peritos independentes (que integrava dois antigos presidentes do Tribunal de Contas Europeu) analisou o sistema de controlo interno da Comissão e concluiu que "*a existência de controlos ex ante centralizados retirava a responsabilidade da gestão financeira da pessoa que autoriza a despesa para a pessoa que a*

---

[8] Regulamento financeiro CEE/CEEA, de 25 de Abril de 1973 (JO, L 116, 1.5.1973).
[9] Regulamento financeiro de 21.12.1977 (JO, L 356, 31.12.1977).
[10] Resolução do Parlamento Europeu (B4-0065, 0109 e 0110/99) sobre a melhoria da gestão financeira da Comissão Europeia (JO C 104, 14.4.1999, p. 106 e JO C 54, de 25.2.2000, p.49).

aprova (o controlador financeiro)", o que facilmente conduziu a uma situação em que ninguém fosse, em última instância, verdadeiramente responsável pela gestão financeira (Rabrenovic, 2009).

Se é verdade que a revisão de 1998[11] do Regulamento financeiro de 1977 preconizava, no seu artigo 24º, que a auditoria interna da instituição deveria ser exercida pelo controlador financeiro, a comissão de peritos independentes criticou severamente este cumulo das funções de avaliação da eficácia dos sistemas de gestão e controlo e de verificação da regularidade das operações.

É assim que, em 1999, a Comissão presidida por Romano Prodi avança com um vasto programa de reformas administrativas, incluindo igualmente as questões relativas à gestão financeira, ao controlo e à auditoria interna, já sugeridas pelo Tribunal de Contas Europeu desde 1997[12], e que culminaria com a adoção do "Livro Branco" sobre a reforma da Comissão[13], no qual se desenham novos princípios para o sistema de controlo interno (nomeadamente quanto à responsabilidade dos vários atores financeiros), bem como se propõe a supressão do visto prévio centralizado e a criação de um serviço de auditoria interna. O regulamento financeiro de Junho de 2002[14] concretizaria estas reformas. Disso daremos conta na secção relativa ao atual dispositivo do controlo interno.

O controlo externo

Um longo e complexo processo foi necessário para que a União Europeia disponha hoje de uma instituição responsável pelo controlo externo das finanças públicas da União, uma instituição superior de controlo à semelhança do que sucede no plano nacional. Tratou-se sobretudo de transformar o sistema inicial, inspirado no modelo das organizações internacionais de natureza intergovernamental, num sistema que reflete de forma mais apropriada um maior grau de integração dos respetivos Estados-Membros[15].

---

[11] Regulamento Conselho (EC, ECSC, Euratom) n.º 2548/98, de 23.11.1998 (JO L 320, 28.11.1998).
[12] Parecer 4/97, de 10.7.1997 (JO C 57 de 23.2.1998)
[13] Comissão Europeia, *Reforma da Comissão, O livro Branco*, COM (2000) 200, Março de 2000.
[14] Ver infra, nota 2.
[15] Neste sentido, ver P. Lellong, "Naissance d'une institution", in *L'argent publique en Europe – quelle contrôle ?*, p. 51-72.

Os primeiros sistemas de controlo externo das Comunidades Europeias distinguiam-se em função da Comunidade a que diziam respeito. Assim, o controlo externo da Comunidade Europeia do Carvão e do Aço (CECA) era exercido por um auditor *("comissaire aux comptes")*, enquanto a Comunidade Económica Europeia (CEE) e a Comunidade Europeia da Energia Atómica (Euratom) foram dotadas de uma comissão de controlo.

O artigo 78º, sexto, do Tratado CECA[16], estabelecia que o Conselho designava, para um mandato de três anos, renovável, um *"comissaire aux comptes"*, a quem competia, com total independência, exercer o controlo externo. Este mandato era limitado à produção de um relatório anual relativo à regularidade das operações contabilísticas e da gestão financeira das diferentes instituições estabelecidas pelo Tratado (Alta Autoridade, Assembleia, Conselho de Ministros e Tribunal). Com a entrada em vigor do "Tratado de Fusão dos Executivos"[17] e até à criação do Tribunal de Contas, o *"comissaire aux comptes"* da CECA passou a ter como responsabilidade exclusiva o controlo das despesas operacionais da CECA. As restantes despesas, nomeadamente as despesas administrativas, passaram a integrar o orçamento geral das Comunidades, o qual era controlado por uma Comissão de Controlo autónoma: a Comissão de Controlo comum da CEE e da Euratom.

Com efeito, estas duas Comunidades (CEE e Euratom) dispuseram, desde a sua origem[18], de uma Comissão de Controlo comum constituída por auditores *("comissaires aux comptes")* nomeados pelo Conselho por unanimidade. O controlo externo detinha, porém, um lugar modesto quer nos Tratados, quer no direito derivado.

De acordo com os respetivos estatutos[19], esta Comissão de Controlo detinha competências para realizar verificações documentais e no local, cabendo-lhe controlar a legalidade e a regularidade das receitas e despesas assegurando-se da sua boa gestão financeira. Com a adoção do novo

---

[16] Também conhecido por 'Tratado de Paris', por ter sido assinado em Paris a 18 de Abril de 1951.

[17] Tratado de Bruxelas, de 8 de Abril de 1965, que instituía um Conselho único e uma Comissão única para as Comunidades Europeias, e que entrou em vigor em 1 de Julho de 1967 (JO, n.º 152, de 13.7.1967).

[18] Os Tratados CEE e Euratom foram assinados em Roma em 25 de Março de 1957, tendo entrado em vigor a 1 de Janeiro de 1958.

[19] JO, n.º 46, de 17.8.1959, p. 861.

Regulamento financeiro em 1973[20], estas competências seriam melhor definidas designadamente em matéria de independência, colegialidade, poderes de investigação e formas de comunicação dos controlos realizados. Todavia, o facto dos membros da Comissão de Controlo exercerem funções a tempo parcial e disporem apenas de 26 funcionários, bem como as dificuldades encontradas no livre acesso às informações detidas pelas instituições, nomeadamente por parte da Comissão, limitava de forma muito importante a eficácia da sua missão de controlo externo (Desmoulin, 2011).

Estas limitações tinham já sido criticadas pelo Parlamento Europeu em momentos anteriores, sendo que no seu relatório sobre o projeto de orçamento para o exercício financeiro de 1970[21], as carências do controlo externo eram postas em evidência e o mesmo considerado globalmente insatisfatório.

Este documento seria precursor das propostas formuladas em 1973 pelo deputado alemão Heinrich Aigner[22] no sentido da reforma profunda do controlo externo das Comunidades Europeias, incluindo a proposta de criação de um Tribunal de Contas que viria a ser acolhida nas propostas da Comissão no quadro da negociação do futuro Tratado de Bruxelas[23]. A criação do Tribunal de Contas Europeu em 1977 consubstancia assim a *"primeira inovação institucional depois do estabelecimento das Comunidades (...)* [e traduz uma] *etapa importante para as finanças públicas europeias, pois a nova autonomia financeira das comunidades europeias carecia de competências alargadas para o Parlamento Europeu. Com efeito, o sistema de recursos próprios implicava uma quebra da ligação aos parlamentos nacionais quanto ao controlo dos recursos e as instituições europeias deviam por isso assumir tais responsabilidades"* (Desmoulin, 2011). Para tanto, era indispensável uma instância especializada com a natureza de um Tribunal de Contas.

A evolução do Tribunal de Contas Europeu revela bem a progressiva importância que o controlo externo independente das finanças públicas comunitárias registou entre 1977 e 1993, tendo passado de "órgão institucional" a instituição comunitária. Na verdade, o Tratado da União

[20] Vide infra, nota 8.
[21] Relatório Aigner, doc. PE n.º 160/69-70.
[22] Parlamento Europeu, *Pour une Cour des Comptes Européenne*, recueil des documents, Secretariat Général, direction générale de la documentation et de la recherche, Sept. 1973.
[23] O Tratado de Bruxelas foi assinado em 22 de Julho de 1975, tendo entrado em vigor a 1 de Junho de 1977 (JO, L359, 31.12.1977)

Europeia[24] reconheceu o Tribunal de Contas Europeu como uma das cinco instituições das Comunidades Europeias ao mesmo nível das instituições sobre as quais detém poderes de auditoria: o Parlamento Europeu, o Conselho da União Europeia, a Comissão Europeia e o Tribunal de Justiça das Comunidades Europeias[25].

O controlo externo das finanças públicas da União Europeia passava assim a ser exercido por um auditor externo independente, dotado de competências alargadas inscritas nos Tratados.

O controlo político

O escrutínio político das finanças públicas da União Europeia é hoje consagrado no artigo 319º TFUE, que disciplina o procedimento de quitação do executivo comunitário relativamente à execução e gestão do orçamento.

O Parlamento Europeu, sob recomendação do Conselho, dá quitação à Comissão quanto à execução do orçamento. Para o efeito, o Parlamento examina as contas, o balanço financeiro e o relatório de avaliação referido no artigo 318º do TFUE, bem como o relatório anual do Tribunal de Contas e a respetiva declaração de fiabilidade, assim como os relatórios especiais do Tribunal. Para tanto, a Comissão deve fornecer ao Parlamento todas as informações que este repute necessárias. Deve ainda dar seguimento às observações formuladas pelo Parlamento (ou que decorram de recomendações do Conselho) que acompanhem a decisão de quitação, e apresentar igualmente um relatório sobre as medidas tomadas em função destas observações e recomendações.

Até 1970, o Conselho era a única instância responsável pela quitação. Com o Tratado do Luxemburgo[26], essa competência passou a ser exercida conjuntamente pelo Conselho e pelo Parlamento. Com a entrada em vigor do Tratado de Bruxelas em 1977, a outorga da quitação passa a ser da

---

[24] O Tratado da União Europeia foi assinado em Maastricht a 7 de Fevereiro de 1992, tendo entrado em vigor a 1 de Novembro de 1993 (JO, C191, 29.7.1992).

[25] A que se juntaram, com a entrada em vigor do Tratado de Lisboa [assinado em 13 de Dezembro de 2007, tendo entrado em vigor a 1 de Dezembro de 2009 (JO, C306, 17.12.2007)], o Conselho Europeu e o Banco Central Europeu. Em relação ao Banco Central Europeu, o Tribunal dispunha já de competências de controlo da respetiva eficiência operacional, reconhecidas nos estatutos do Banco desde a sua constituição.

[26] O Tratado do Luxemburgo foi assinado em 22 de Abril de 1970, tendo entrado em vigor a 1 de Janeiro de 1971. (JO, L 2, 2.1.1971)

exclusiva competência do Parlamento, sob recomendação do Conselho, situação que foi mantida pelos Tratados posteriores, incluindo o Tratado de Lisboa.

Este procedimento reveste-se hoje de um duplo significado na sequência da decisão do Parlamento Europeu[27] de dissociar a decisão de "fecho das contas" (dimensão técnica) da decisão de quitação propriamente dita (de claro alcance político), na medida em que tal permite ao Parlamento encerrar o ciclo orçamental, declarando as contas definitivamente fechadas, de forma a poder adiar a decisão de quitação (como foi o caso relativamente à quitação do Conselho quanto ao exercício de 2007) ou mesmo de recusar outorgar a quitação[28] (como foi o caso para os exercícios orçamentais de 1982 e 1996), assim traduzindo um julgamento político gravoso para a Comissão, mas não uma moção de censura, cujo regime e efeitos permanecem distintos (Gabolde e Perron, 2010; Saurel, 2011).

Esta evolução traduz de forma eloquente o modo como o Parlamento Europeu, através da respetiva Comissão de Controlo Orçamental, tem conseguido fazer do exercício de quitação um exercício político de avaliação da gestão dos dinheiros públicos da União (pela Comissão e demais instituições, órgãos e organismos da União), com recomendações cujo seguimento efetua de forma sistemática, designadamente através dos relatórios do Tribunal de Contas e da respetiva declaração de fiabilidade anual.

2. O dispositivo do controlo interno

À luz do disposto no artigo 317º TFUE o orçamento é executado pela Comissão, em cooperação com os Estados-Membros, sob sua própria responsabilidade e até ao limite das dotações aprovadas, de acordo com os princípios da boa gestão financeira e de harmonia com as obrigações de controlo e de auditoria dos Estados-Membros que venham a ser fixadas pela regulamentação[29], a qual precisará também as responsabilidades que delas decorrem.

---

[27] Relatório do Parlamento Europeu n.º A4-0216/99, de 22.4.1999, adotado na sessão plenária de 4.5.1999.

[28] O procedimento de recusa de quitação não é previsto quer pelo Tratado, quer pelo Regulamento financeiro. Serve-lhe de base apenas o Regulamento interno do Parlamento Europeu.

[29] O projeto de revisão do Regulamento financeiro apresentado pela Comissão em 2010 (COM (2010) 815final, de 22.12.2010) contempla disposições detalhadas nesta matéria. No momento

Sem por em causa o princípio da responsabilidade última da Comissão Europeia pela execução do orçamento[30], o Tratado de Lisboa reconhece de forma clara as responsabilidades dos Estados-Membros num contexto em que quase 100 % dos recursos próprios são arrecadados por intermédio dos Estados-Membros e cerca de 80 % das despesas são efetuadas igualmente por seu intermédio.

Tal significa que o sistema de controlo interno que lhe está associado se reparte por distintos níveis, comunitário e nacional, envolvendo múltiplos atores com distintas responsabilidades, sendo certo que *"a Comissão é responsável, em cooperação com os Estados-Membros, pela execução e controlo do orçamento e, nessa medida, pelo desenvolvimento e execução de sistemas de controlo interno eficazes que assegurem uma boa gestão financeira"* (Caldeira, 2005).

O reforço e a descentralização do controlo interno na Comissão Europeia

O vasto programa de reforma administrativa, iniciado pela Comissão Prodi em 1999[31], assenta na realização de melhorias na gestão em geral e na gestão financeira em especial. Os princípios chave desta reforma são a simplificação, a descentralização e a maior responsabilização por parte dos gestores orçamentais delegados (diretores gerais), em quem o colégio de comissários delega formalmente a execução operacional do orçamento[32].

Com a publicação do novo Regulamento financeiro em 2002 e a concretização da reforma contabilística[33] que lhe foi associada, foi definido um novo modelo para a gestão financeira descentralizada ao nível da Comissão, incluindo uma melhor definição das responsabilidades dos diferentes

---

em que escrevemos, um ano depois, esta proposta ainda não foi adoptada pelo Conselho e pelo Parlamento Europeu.

[30] A Comissão é politicamente responsável perante o Parlamento Europeu nos termos do artigo 234º TFUE. Por outro lado, nos termos do artigo 319º TFUE, o procedimento de quitação permite à autoridade orçamental (Conselho e Parlamento) apreciar a responsabilidade da Comissão pela execução do orçamento.

[31] Comunicação da Comissão Europeia (COM (2000) 200 final).

[32] Cf. artigo 51º do Regulamento financeiro.

[33] Os princípios e normas contabilísticos adoptados para as contas da União refletem os das normas contabilísticas geralmente aceites para o estabelecimento de uma contabilidade de exercício, a qual evidencia, para além dos movimentos de caixa, todos os acontecimentos (compromissos, direitos constatados, dívidas, créditos) susceptíveis de afectarem o património da entidade a que respeitam.

intervenientes. Desenvolveu-se, assim, um novo dispositivo de controlo interno na Comissão baseado num conjunto de 24 normas de controlo interno[34], tomando em consideração a extensão e a qualidade dos próprios procedimentos de controlo e criando simultaneamente uma cultura de controlo em toda a organização.

Foi ainda estabelecida uma função de auditoria interna tendo em vista ajudar a gestão a garantir o cumprimento dos seus procedimentos e dos seus objetivos. Esta função é exercida por um Serviço de Auditoria Interna a nível central, que realiza auditorias tanto em domínios relativos à instituição no seu conjunto como em áreas específicas e presta assistência técnica às estruturas de auditoria interna das Direcções-Gerais. Um comité de acompanhamento das auditorias assegura a qualidade dos trabalhos de auditoria interna e do seguimento dado às respetivas recomendações.

As diferentes Direcções-Gerais são responsáveis pela execução de políticas específicas em vários domínios e pelas partes correspondentes do orçamento da União Europeia. As respetivas unidades operacionais verificam e aprovam os pagamentos antes de estes serem efetuados e as unidades de controlo efetuam verificações *ex post* para confirmar se os fundos são corretamente utilizados. Por seu turno, as estruturas de auditoria interna ajudam a gestão das Direções-Gerais correspondentes a garantir a eficácia do funcionamento dos controlos internos.

O quadro do controlo interno no âmbito da Comissão integra ainda dois atores importantes: o serviço financeiro central e o contabilista. O primeiro tem como missão apoiar os demais serviços em matéria de procedimentos financeiros, normas de controlo interno e gestão dos riscos. O contabilista da Comissão (para além de definir as regras e métodos contabilísticos e assegurar a gestão da contabilidade e o fornecimento de informação contabilística) desempenha três missões distintas: validação dos sistemas contabilísticos dos gestores orçamentais, realização das operações de receitas e de despesas, e gestão da tesouraria (Desmoulin, 2011).

---

[34] As normas de controlo interno foram estabelecidas em 2001 (cf. SEC (2001) 2037/4). Um elemento importante desse dispositivo é o facto de reconhecer que os controlos internos fornecem uma garantia razoável, mas não absoluta, da fiabilidade das demonstrações financeiras, da legalidade e regularidade das operações e da qualidade da gestão financeira.

Instituiu-se, deste modo, um modelo descentralizado de controlo interno em que cada gestor orçamental delegado[35] é responsável pela boa gestão dos recursos que lhe são confiados e pelo estabelecimento de um sistema de controlo interno conforme àquelas normas de controlo interno. Este sistema deve fornecer uma garantia razoável quanto à eficácia e eficiência das actividades operacionais, à legalidade e regularidade das operações efetuadas sob sua responsabilidade, à fiabilidade dos sistemas de informação financeira e de gestão, à prevenção de fraudes e irregularidades e, ainda, à salvaguarda dos ativos e informações.

Elementos chave deste quadro de controlo são os relatórios anuais de actividades e as declarações dos Diretores-Gerais, apresentados desde 2001 para cada Direcção-Geral. As declarações incluem uma auto-avaliação sobre a execução das normas de controlo interno, destinando-se a fornecer uma garantia razoável de que os procedimentos de controlo utilizados dão as necessárias garantias relativamente à legalidade e regularidade das operações subjacentes e de que os recursos foram utilizados para os fins a que se destinavam. Caso sejam reveladas deficiências ou questões que afetem de forma material os sistemas de controlo interno, podem ser emitidas reservas, as quais devem ser acompanhadas de medidas concretas para a sua superação e de planos de ação adequados.

Tendo em conta o conjunto destes relatórios e declarações anuais a Comissão adota, no final de cada exercício orçamental, uma *"síntese anual das suas realizações em matéria de gestão"* mediante a qual reclama assumir, nos termos do artigo 317º TFUE, a responsabilidade política da gestão dos respectivos directores-gerais. Esta síntese é enviada à autoridade de quitação e ao Tribunal de Contas Europeu até 15 de Junho do exercício orçamental seguinte e nela se examinam também questões suscitadas pelo auditor interno da Comissão, pelo Tribunal de Contas Europeu ou, ainda, as decorrentes de observações formuladas durante o procedimento de quitação pelo Parlamento ou pelo Conselho.

O relatório anual de avaliação das finanças da União (introduzido pelo artigo 318º TFUE e a ser apresentado pela primeira vez para o exercício

---

[35] Cada gestor orçamental delegado é assistido por um diretor de recursos e/ou um coordenador de controlo interno a quem compete controlar o efetivo funcionamento dos sistemas de controlo interno nos correspondentes serviços da Comissão. O Comissário competente supervisiona a execução do orçamento por intermédio do director-geral enquanto gestor orçamental delegado.

orçamental de 2010[36]) poderá vir a condicionar de alguma forma esta síntese anual, já que o mesmo se deve basear, nos termos do Tratado, *"nos resultados obtidos, nomeadamente em relação às indicações dadas pelo Parlamento Europeu e pelo Conselho"* no âmbito da quitação.

O quadro de controlo interno integrado

A administração do orçamento é complexa. Os domínios de gestão partilhada incluem vários níveis administrativos, desde os serviços da Comissão, passando por diferentes combinações das administrações central, regional e local dos Estados-Membros, até ao pagamento da ajuda comunitária aos beneficiários individuais. Os diferentes níveis têm funções e responsabilidades diversas, mas o objetivo geral é o mesmo: efetuar pagamentos a beneficiários finais a partir do orçamento da União Europeia. Os vários níveis intermédios estão sujeitos a controlos por parte de vários organismos, entre os quais serviços da Comissão, instituições de auditoria locais ou nacionais, serviços de auditoria interna das organizações em causa, departamentos governamentais e organismos de certificação.

Como referimos, o processo de reforma iniciado em 2000 pela Comissão Europeia conduziu a importantes alterações no ambiente de controlo interno. Apesar dos progressos significativos realizados pela Comissão na sua própria administração, a qualidade dos sistemas de administração e controlo relativamente aos diferentes domínios de receitas e despesas, permanece, nalguns casos, ainda insatisfatório. Esta situação é ilustrada pelos recentes relatórios anuais do Tribunal de Contas Europeu, nomeadamente para as áreas de política cuja administração e controlo é partilhado pela Comissão e pelos Estados-Membros (agricultura e fundos estruturais)[37].

Tanto o Parlamento Europeu como o Conselho expressaram preocupação sobre a falta de coordenação dos controlos e verificações nos diferentes níveis administrativos, reconhecendo que os recursos aplicados para o controlo e auditoria das finanças da UE devem ser organizados de forma mais coerente e eficaz[38].

---

[36] Ainda não apresentado no momento em que escrevemos (Dezembro 2011).
[37] Ver, a título de exemplo, Tribunal de Contas Europeu, Relatório anual relativo ao exercício financeiro de 2010, capítulos 3 e 4. (JO, C 326, 10.11.2011)
[38] Em Março de 2002 o Parlamento Europeu solicitou à Comissão que elaborasse um relatório sobre a exequibilidade de introdução de um modelo único de auditoria para o orçamento da União Europeia, «em que cada nível de controlo se baseie no nível precedente, a fim de

O Tribunal de Contas Europeu emitiu em 2004, na sequência de solicitação do Parlamento Europeu[39], o seu parecer sobre o modelo de "auditoria única", que inclui uma proposta para um quadro de controlo interno comunitário[40]. Na opinião do Tribunal, os sistemas de controlo interno sobre as receitas e despesas da União Europeia devem fornecer uma garantia razoável de que as mesmas são arrecadadas e utilizadas de acordo com as disposições legais e geridas de acordo com os princípios da boa gestão financeira. Sem entrar no detalhe do parecer do Tribunal, destacaria três elementos que esta instituição considera essenciais para que se alcance tal garantia.

Em primeiro lugar, o quadro de controlo interno deve ser eficaz e eficiente.

Para tanto, é necessário definir requisitos mínimos para os sistemas de controlo em todos os níveis (comunitário e nacional), tendo em conta as características específicas das diferentes áreas orçamentais, assegurando que a legislação subjacente às políticas e aos processos é suficientemente clara e inequívoca para garantir a boa utilização dos fundos, evitando complexidades desnecessárias. Os sistemas de controlo devem operar de acordo com normas e objetivos comuns, e os controlos devem ser realizados de forma aberta e transparente, permitindo que os respetivos resultados possam merecer a confiança e ser utilizados por todos os intervenientes na cadeia de controlo. Através desta "cascata de confiança" seria igualmente possível otimizar o uso dos recursos.

Em segundo lugar, deve ser estabelecido, em termos de gestão de risco, um equilíbrio adequado entre os custos do controlo e os benefícios que o mesmo comporta.

Uma arquitetura racional e eficiente dos controlos requer o reconhecimento explícito de um conceito simples, mas importante: os sistemas de

---

reduzir o peso sobre a entidade controlada e reforçar a qualidade das atividades de auditoria, sem, porém, minar a independência dos organismos de auditoria em causa». Decisão do Parlamento Europeu, de 10 de Abril de 2002, sobre a quitação pela execução do orçamento geral da União Europeia para o exercício de 2000 (JO L 158 de 17.6.2002).

[39] Decisão do Parlamento Europeu, de 10 de Abril de 2002, sobre a quitação para o exercício de 2000, ponto 48 (ver infra, nota 38).

[40] Tribunal de Contas Europeu, parecer n.º 2/2004 sobre o modelo de «auditoria única» («single audit») (e proposta para um quadro do controlo interno comunitário), JO, C107, de 30.4.2004.

controlo não podem, e certamente não devem, ter como objetivo o risco zero. Além disso, ter como objetivo a busca de "zero erros" é extremamente caro e é improvável que venha a ser alcançado. Uma vez que seja reconhecido que um certo risco de erro pode (e deve) ser tolerado, o passo seguinte deverá ser o de identificar o nível de risco tolerável, tendo em conta o custo dos procedimentos de controlo necessários para alcançá-lo. O equilíbrio entre os custos e os benefícios dos controlos constitui, assim, um aspeto crítico da estratégia de controlo. Para o Tribunal, o *"risco de erro tolerável"* deve ser definido de forma transparente e aprovado pelas autoridades políticas da União, com base em propostas concretas da Comissão que definam as características comuns dos sistemas para as diferentes áreas orçamentais e identifiquem o risco de erro tolerável.

Finalmente, o Tribunal considera essencial ter uma definição e compreensão claras das responsabilidades dos diversos atores envolvidos direta ou indiretamente na cadeia de controlo (instituições europeias e autoridades dos Estados-Membros).

Deste modo, a lógica da estrutura em cadeia do controlo interno levaria a que nos Estados-Membros fossem estabelecidas responsabilidades claras e distintas para as autoridades locais, regionais e centrais, cabendo à Comissão (enquanto instituição com a responsabilidade última pela execução do orçamento comunitário) assegurar a gestão, coordenação e implementação dos controlos internos, fornecendo a garantia de que os sistemas de gestão e controlo estão a funcionar de forma eficaz (os chamados controlos de supervisão).

A Comissão reagiu ao parecer do Tribunal de forma globalmente favorável, através de um *"roteiro para um quadro integrado de controlo interno"*[41]. A maior parte dos Estados-Membros mostrou-se aberta às propostas do Tribunal de Contas e o Conselho declarou que *"subscreve o pensamento do Tribunal no que respeita à necessidade de melhorar a conceção dos sistemas de controlo, definindo objetivos e responsabilidades claros e coerentes. Neste contexto, o Conselho regista com grande interesse a proposta do Tribunal relativa ao desenvolvimento de um quadro de controlo interno comunitário, tal como exposta no seu parecer sobre o*

---

[41] *"A Comissão aprova em larga medida as recomendações do Tribunal de Contas (...). Se se puder demonstrar que foi criado o quadro de controlo recomendado pelo Tribunal de Contas e que este funciona de forma eficaz, o Tribunal de Contas disporia de uma base para a fiabilidade que pretende."* in Comunicação da Comissão ao Conselho, ao Parlamento Europeu e ao Tribunal de Contas Europeu, de 15.6.2005, sobre um "Roteiro para um Quadro Integrado de Controlo Interno", COM (2005) 252 final, p. 4.

modelo de auditoria única"[42]. O Conselho salienta ainda *"a importância de aplicar e, se necessário, elaborar normas comuns para o controlo financeiro e a auditoria interna"*. Por seu turno, o Parlamento Europeu procedeu a uma análise política detalhada sobre esta questão[43] na sua resolução relativa à quitação de 2003, tendo instado o Conselho a trabalhar em conjunto com o Parlamento e a Comissão para dar a prioridade e o impulso político necessários para a criação de um quadro global em matéria de controlo e de auditoria.

A resposta da Comissão foi concretizada em 2006 num "plano de ação para um quadro integrado de controlo interno"[44], que estabelece as principais medidas práticas a serem tomadas em 2006-07, com vista à introdução de um quadro coerente de controlo interno. As propostas concretas de ação foram agrupadas em torno de quatro temas: simplificação e princípios comuns de controlo; declarações de gestão e garantia de auditoria; abordagem de auditoria única; partilha de resultados e priorização de custo-benefício; lacunas sectoriais.

A Comissão tinha como objetivo simplificar o quadro normativo e regulamentar para o período 2007-13, incluindo regras de elegibilidade da despesa e os princípios comuns de controlo interno, com vista a garantir que os sistemas de supervisão e controlo limitam o risco de irregularidade. A Comissão mostrava-se ainda disponível para contribuir para a definição de uma garantia razoável em termos de risco tolerável nas operações subjacentes e, fazendo eco de uma pretensão do Parlamento Europeu, pretendia igualmente incentivar a emissão de declarações a nível operacional e a elaboração dos relatórios de síntese a nível nacional para cada área política. Por outro lado, a Comissão propunha uma abordagem de auditoria única com vista a evitar a duplicação de controlos e a partilha de resultados por forma a contribuir para uma maior eficácia em cada nível da cadeia de controlo. Tal pressupõe dar prioridade às questões relativas à análise custo-benefício dos controlos. Os controlos das áreas em gestão partilhada (em especial no que respeita aos fundos estruturais) merece-

---

[42] Conclusões do Conselho ECOFIN de 8.11.2005, sobre as recomendações do Conselho ao Parlamento Europeu relativas â quitação do exercício de 2003.

[43] Decisão do Parlamento Europeu sobre a quitação pela execução do exercício orçamental de 2003, pontos 15 a 80.

[44] Comunicação da Comissão ao Conselho, ao Parlamento Europeu e ao Tribunal de Contas Europeu, de 17.1.2006, intitulada *"Plano de Ação para um Quadro Integrado de Controlo Interno"*, COM (2006) 9 final.

ram atenção especial, nomeadamente através da promoção de "contratos de confiança" a estabelecer entre os serviços da Comissão e as autoridades nacionais competentes.

A Comissão defende que o *"quadro integrado de controlo interno"* deve ser suscetível de uma aplicação flexível, dada a natureza distinta das diferentes políticas da UE, e sugere medidas para colmatar as lacunas identificadas mediante planos de gestão adequados e relatórios anuais de atividade. Finalmente, a Comissão propôs o estabelecimento de orientações comuns por família política em 2006 e 2007, a fim de adotar abordagens coerentes, nomeadamente no que respeita à gestão do risco de erros nos fundos estruturais.

O Acordo Interinstitucional de 2006 entre o Parlamento Europeu, o Conselho e a Comissão, sobre a disciplina orçamental e a boa gestão financeira vem reconhecer de forma explícita a necessidade de garantir um controlo interno eficaz e integrado dos fundos comunitários: *"As instituições acordam na importância de reforçar o controlo interno sem aumentar a carga administrativa, para o que a simplificação da legislação subjacente constitui uma condição prévia. Neste contexto, é dada prioridade à boa gestão financeira com vista a obter uma declaração de fiabilidade positiva relativamente aos fundos em gestão partilhada. Poderiam ser fixadas disposições para este fim, conforme os casos, nos respetivos atos legislativos de base. No âmbito das responsabilidades reforçadas para os fundos estruturais e nos termos das condições constitucionais nacionais, as competentes autoridades de fiscalização de contas dos Estados-Membros fazem uma apreciação relativa à conformidade dos sistemas de gestão e controlo com a regulamentação comunitária. Assim, os Estados-Membros comprometem-se a elaborar um resumo anual, ao nível nacional adequado, das auditorias e declarações disponíveis".* [45]

Todos estes desenvolvimentos viriam a ter consagração legal com a entrada em vigor das alterações ao Regulamento financeiro (2006 e 2007)[46] e às respectivas modalidades de aplicação[47], que claramente

---

[45] Acordo Interinstitucional entre o Parlamento Europeu, o Conselho e a Comissão, sobre a disciplina orçamental e a boa gestão financeira (JO, C 139, de 14.6 2006, p.1), ponto 44.

[46] Regulamento (CE, Euratom) nº 1995/2006 do Conselho de 13 de Dezembro de 2006, (JO L 390 30.12.2006), e Regulamento (CE) nº 1525/2007 do Conselho de 17 de Dezembro de 2007 (JO L 343 27.12.2007).

[47] Regulamento (CE, Euratom) n.º 478/2007 da Comissão de 23 de Abril de 2007 (JO, L 111, 28.4.2007), que altera o Regulamento (CE, Euratom) n.º 2342/2002 da Comissão de 23 de Dezembro de 2002 (JO, L 357, 31.12.2002).

pretende sublinhar a responsabilidade dos Estados-Membros no âmbito dos domínios em gestão partilhada com a Comissão Europeia.

Como referimos, o artigo 28º-A RF estabelece o princípio do controlo interno eficaz e eficiente, que é concretizado pelo artigo 22º-A das respetivas modalidades de aplicação nos termos seguintes:

"A eficácia do controlo interno basear-se-á nas melhores práticas internacionais e incluirá em especial:

- *A separação de funções;*
- *A estratégia adequada de gestão e controlo dos riscos, incluindo controlos a nível dos beneficiários;*
- *A prevenção dos conflitos de interesses;*
- *As pistas de auditoria adequadas e a garantia da integridade da informação nos sistemas de dados;*
- *Os procedimentos de controlo do desempenho e de acompanhamento das deficiências e das exceções identificadas a nível do controlo interno;*
- *A avaliação periódica do bom funcionamento do sistema de controlo.*

A eficiência do controlo interno basear-se-á nos seguintes elementos:

- *A aplicação de uma estratégia adequada de gestão e controlo do risco, coordenada entre os intervenientes implicados na cadeia de controlo;*
- *O acesso aos resultados dos controlos por todos os intervenientes implicados na cadeia de controlo;*
- *A aplicação atempada de medidas corretivas incluindo, quando for caso disso, sanções dissuasivas;*
- *A existência de legislação clara e sem ambiguidades, subjacente às políticas;*
- *A eliminação dos controlos múltiplos;*
- *O princípio da melhoria da relação custo/benefício dos controlos."*

Daqui decorre que os diferentes métodos de execução do orçamento (gestão centralizada na Comissão, gestão partilhada com os Estados-Membros, gestão descentralizada e gestão conjunta com organizações internacionais) refletem os diferentes atributos de um controlo interno eficaz e eficiente.

No que respeita em particular à gestão partilhada com os Estados-Membros (relevante nos domínios da política agrícola e dos fundos estruturais e de coesão), o artigo 53º-B RF prevê que as tarefas de execução do orçamento serão delegadas nos Estados-Membros, aos quais incumbe tomar as medidas legislativas, regulamentares e administrativas necessárias para a proteção dos interesses financeiros das Comunidades devendo designadamente:

- Certificar-se de que as ações financiadas pelo orçamento são efetivamente realizadas e garantir que estas sejam corretamente executadas;
- Evitar e reprimir as irregularidades e as fraudes;
- Recuperar os fundos pagos indevidamente ou utilizados incorretamente e as importâncias perdidas em consequência de irregularidades ou erros.

Para o efeito, os Estados-Membros devem instituir um sistema de controlo interno eficaz e eficiente, de acordo com as disposições estabelecidas no artigo 28º-A RF. Além disso, os Estados-Membros devem elaborar uma síntese anual, ao nível nacional adequado, das auditorias e declarações disponíveis. O artº 42º-A das modalidades de aplicação do RF dispõe que estas sínteses anuais[48] devem incluir os certificados e opiniões de auditoria emitidos, respetivamente, pelos organismos de certificação das despesas agrícolas e pelas autoridades de auditoria dos fundos estruturais[49].

Por seu turno, a fim de garantir a utilização dos fundos em conformidade com a regulamentação aplicável, a Comissão instaurará procedimentos de apuramento das contas ou mecanismos de correção financeira que lhe permitam assumir a responsabilidade final pela execução do orçamento.

A eficácia destes mecanismos de apuramento de contas e das sínteses anuais carece de melhorias importantes, da mesma forma que nem todas as atividades incluídas no plano de ação da Comissão foram plenamente sucedidas.

O Tribunal de Contas Europeu colocou em evidência em diferentes ocasiões[50] que quer o exercício das sínteses anuais, quer a realização do plano de ação de 2006 da Comissão não demonstraram ter tido uma

---

[48] A apresentar até 15 de Fevereiro do ano seguinte ao do exercício a que respeitam.

[49] Ver, a este propósito, o parecer n.º 6/2007, do Tribunal de Contas Europeu (JO, C 216, 14.9.2007).

[50] Tribunal de Contas Europeu, Relatórios Anuais relativos aos exercícios orçamentais de 2008 (JO, C 269, 10.11.2009), de 2009 (JO, C 303, 9.11.2010) e de 2010 (JO, C 326, 10.11.2011).

incidência mensurável sobre a eficácia dos sistemas de supervisão e controlo, tanto no que se refere à sua capacidade para atenuar o risco de erro como à capacidade corretiva dos sistemas de supervisão e controlo ao nível dos Estados-Membros. Tal não é inteiramente partilhado pela Comissão que considera[51] ter sido realizado "progresso considerável" no sentido do reforço dos sistemas de controlo interno, ainda que reconheça que muito há a fazer no domínio do risco tolerável e da simplificação da legislação.

Perspetivas de evolução
A perspectiva de realização do sistema integrado de controlo interno continua a inspirar o projeto de revisão do Regulamento financeiro, cuja proposta foi apresentada pela Comissão em finais de 2010[52] e cujo processo legislativo ainda decorre.

De acordo com a exposição de motivos desta proposta, a mesma pretende alcançar três objetivos principais: simplificação e transparência dos mecanismos de execução do orçamento (nomeadamente no que diz respeito aos destinatários finais dos fundos da UE e aos métodos de execução do orçamento), obtenção de mais resultados com recursos limitados (efeito catalisador de recursos não provenientes do orçamento da UE) e reforço da responsabilização da Comissão pela execução do orçamento, tal como disposto no artigo 317.º TFUE" (incluindo as questões relativas ao risco de erro tolerável e à resposabilidade dos diferentes "parceiros de execução").

A Comissão propõe reduzir o atual número de modalidades de gestão definidas no Regulamento financeiro a duas: direta e indireta. Todas as despesas cuja gestão é partilhada com os Estados-Membros seriam sujeitas a disposições administrativas concebidas à semelhança das disposições vigentes para a agricultura. Na respectiva exposição de motivos a Comissão *"propõe um conjunto de princípios comuns aplicáveis em todos os casos de gestão indirecta, ou seja, sempre que a Comissão confia a terceiros a execução do orçamento da União. Esses princípios (que podem ser complementados por regras específicas do sector) são os seguintes: verificação ex ante da capacidade de gestão dos fundos da UE, tendo em conta os riscos específicos das acções em causa (flexibi-*

---

[51] Comunicação da Comissão ao Parlamento Europeu, ao Conselho e ao Tribunal de Contas Europeu, de 4.2.2009, intitulada *"Relatório sobre a incidência do plano de ação da Comissão para um quadro de controlo interno integrado"* [COM (2009) 43 final].

[52] Proposta de regulamento do Parlamento Europeu e do Conselho relativo às disposições financeiras aplicáveis ao orçamento anual da União, de 22.12.2010, COM (2010) 815 final.

lidade e proporcionalidade); obrigações em matéria de gestão, controlo e auditoria (boa gestão financeira); e uma sequência única para a prestação de contas, estabelecida nomeadamente através da declaração de fiabilidade da gestão anual a assinar pelos parceiros de execução da Comissão e de um apuramento das contas periódico".

Os organismos a quem foi confiada pelos Estados-Membros a responsabilidade pela gestão das despesas terão de garantir que estas são sujeitas a uma auditoria externa independente e apresentar uma «declaração de fiabilidade da gestão» quanto à integralidade e à exatidão das contas, ao funcionamento dos sistemas de controlo, bem como à regularidade das despesas sob a sua gestão. Esta declaração deve ser acompanhada do parecer de um organismo de auditoria independente. Para o Tribunal de Contas Europeu, *"a exigência normal de uma declaração atempada da gestão melhorará consideravelmente a oportunidade e a coerência da elaboração de relatórios em matéria financeira e de gestão. No entanto, as propostas da Comissão não simplificam as disposições administrativas"*[53].

Um outro aspeto relevante é a introdução, no artigo 29º da proposta da Comissão, do conceito de *"risco de erro tolerável"*, o qual deve assentar numa análise dos custos e dos benefícios dos controlos. Os Estados-Membros e as entidades e pessoas que gerem fundos da UE devem, mediante pedido, apresentar um relatório à Comissão sobre os custos dos controlos das despesas da UE por si suportados. Ainda que possa não ser claro o alcance desta proposta, é certo que a mesma pretende dar expressão ao sugerido pelo Tribunal de Contas (parecer nº 2/2004) sobre o conceito de auditoria única.

Todavia, como o Tribunal observou anteriormente[54], uma análise dos custos e benefícios dos programas de despesas e dos prováveis riscos de erro poderá fornecer informações à Comissão no sentido de considerar as insuficiências dos atuais sistemas e analisar os custos e benefícios de várias possíveis alterações. Estas poderão incluir a simplificação das normas do regime, uma nova conceção do programa, a intensificação dos controlos,

---

[53] Tribunal de Contas Europeu, Parecer nº 6/2010, sobre a Proposta de regulamento do Parlamento Europeu e do Conselho relativo às disposições financeiras aplicáveis ao orçamento anual da União Europeia, JO C334, 10.12.2010, p.6.
[54] Tribunal de Contas Europeu, Parecer nº 1/2010, "Melhorar a gestão financeira da União Europeia: riscos e desafios", disponível em http://eca.europa.eu/portal/pls/portal/docs/1/10618759.PDF

a tolerância de um nível mais elevado de não conformidade ou, se necessário, a cessação da atividade (Caldeira, 2008).

No seu conjunto, esta proposta de revisão do Regulamento Financeiro comporta oportunidades no sentido de melhorar a transparência e a gestão financeira, com incidência relevante no edifício comunitário do controlo interno integrado. Mas a legislação por si só não é suficiente: as principais melhorias dependem, em larga medida, das ações dos gestores da Comissão, das outras instituições e dos Estados-Membros.

3. O Tribunal de Contas Europeu – auditor externo independente da UE Estatuto e relações institucionais

Como vimos na secção primeira, o Tribunal adquiriu, progressivamente, o estatuto e todas as características de instituição comunitária e é hoje uma das instituições da União Europeia, de harmonia com o artigo 13º TUE, competindo-lhe, nos termos do artigo 285º TFUE, a *"fiscalização das contas da União"*.

Apesar da sua designação como *"Tribunal"*, o Tribunal de Contas não é uma jurisdição, como sucede, por exemplo, com o Tribunal de Contas de Portugal. Na verdade, o Tribunal não dispõe de qualquer poder de injunção ou de sanção, mas tão só de competências de natureza exclusivamente administrativa que se traduzem quer em observações decorrentes das suas auditorias e missões de fiscalização, quer em pareceres no âmbito das suas atribuições de natureza consultiva. *"'Consciência financeira' das Comunidades,* [o Tribunal] *está investido de um mero 'poder moral de coerção'"* (Gabolde, Perron, 2010). As constatações do Tribunal revestem-se assim, como o reconhece a jurisprudência do Tribunal de Justiça[55], de um valor de "indício particular", muito embora não constituam elemento de prova.

"A natureza jurídica de instituição consolidou a autoridade do Tribunal de Contas e modificou a sua posição relativamente ao Tribunal de Justiça" (Desmoulin, 2011). Com efeito, o Tribunal de Contas pode, desde a entrada em vigor do Tratado de Maastricht, utilizar a via da ação por incumprimento contra a "inércia ilegal das instituições" atualmente prevista no artigo 265º TFUE, bem como (após a vigência do Tratado de Amsterdão) aceder ao recurso de anulação tendo em vista salvaguardar as suas prerrogativas, de harmonia com o procedimento hoje previsto no artigo 263º TFUE.

---

[55] Acórdão do Tribunal de Justiça de 12.5.1998, *Landbrugsministeriert v. Steff-Houlberg e.a*, processo C-366/95.

O Tribunal de Contas não dispõe, todavia, do direito de utilizar de forma independente o procedimento direto da ação por incumprimento contra atos dos Estados-Membros que violem as suas prerrogativas e poderes de auditoria. Apesar disso, o Tribunal de Justiça pronunciou-se, pela primeira vez, de forma explícita sobre o âmbito das competências de auditoria do Tribunal no âmbito de uma ação por incumprimento nos termos do artigo 258º TFUE interposta pela Comissão Europeia, com o apoio do Parlamento Europeu e do Tribunal de Contas, contra a República Federal da Alemanha[56], tendo concluído que *"ao ter-se oposto a que o Tribunal de Contas da União Europeia efetue na Alemanha fiscalizações sobre a cooperação administrativa (...) no domínio do IVA, a República Federal da Alemanha não cumpriu as obrigações que lhe incumbem por força do artigo 248º, n.º 1 a 3, do Tratado"*[58] (atual artigo 287º TFUE).

Importa notar, ainda, que as apreciações feitas pelo Tribunal de Contas estão sujeitas ao controlo das jurisdições da União Europeia, podendo envolver a responsabilidade extracontratual da União se os fatos constantes dos seus relatórios forem materialmente inexatos ou a interpretação que lhes é dada for parcial ou errónea[57].

O Tribunal está assim plenamente integrado no sistema institucional da União, sendo ilustrativo disso mesmo as relações que estabelece quer com as outras instituições, em particular com o Parlamento Europeu, quer com os Estados-Membros, em especial com os respetivos Parlamentos e Instituições Superiores de Controlo.

As relações entre o Parlamento Europeu e o Tribunal de Contas conheceram desenvolvimentos importantes ao longo dos últimos vinte anos, sobretudo porque o Parlamento afirmou o seu interesse em estabelecer uma melhor coordenação entre o controlo político que lhe compete e o controlo externo exercido pelo Tribunal de Contas, *"para que as duas instituições possam tirar partido da complementaridade das respetivas missões, tendo em vista alcançar um resultado ótimo"*[58]. De acordo com o Regulamento do Parlamento Europeu[59], a Comissão de Controlo Orçamental é a comissão competente para todas as questões relativas *"às relações com o Tribunal de Contas,*

---

[56] Acórdão do Tribunal de Justiça de 15.11.2011, *Comissão v. República Federal da Alemanha*, processo C-539/09.
[57] Acórdão do Tribunal de Justiça de 10.6.2001, *Ismeri v. Tribunal de Contas*, processo C-315/99.
[58] Decisão de quitação relativa ao exercício de 1990, JO, C 337, 21.12.1992, p. 153.
[59] Cf. Anexo VI, parágrafo 6.

à nomeação dos seus membros e ao exame dos seus relatórios". Esta Comissão é, pois, o interlocutor privilegiado do Tribunal através do qual se têm vindo a estreitar as relações de cooperação entre as duas instituições, nomeadamente mediante a apresentação do programa de trabalho anual do Tribunal e da promoção de reuniões bianuais entre o colégio do Tribunal e os membros da Comissão de Controlo Orçamental, a fim de melhor identificar as necessidades do Parlamento em matéria de controlo, tendo em conta as respetivas prioridades e os recursos disponíveis.

Por seu turno, as relações com os Estados-Membros fundam-se no princípio da cooperação leal que decorre do artº 4º, nº 3, TUE, sendo que os controlos do Tribunal a realizar nos Estados-Membros se regem pela disciplina prevista no artº 287º, nº 3, TFUE, nos termos da qual *"a fiscalização nos Estados-Membros é feita em colaboração com as instituições de fiscalização nacionais ou, se estas para isso não tiverem competência, com os serviços nacionais competentes. O Tribunal de Contas e as instituições de fiscalização nacionais dos Estados-Membros cooperarão num espírito de confiança, mantendo embora a respetiva independência. Estas instituições ou serviços darão a conhecer ao Tribunal de Contas a sua intenção de participar na fiscalização."* O Tribunal dispõe assim do direito de realizar controlos nos Estados-Membros a que estes não se podem opor. Neste sentido, o acórdão do Tribunal de Justiça de 15 de Novembro de 2011, a que aludimos antes, reveste-se de um significado particular na medida em que clarifica e confirma as competências da instituição face aos Estados-Membros[60].

Este princípio de cooperação entre as Instituições Superiores de Controlo dos Estados-Membros e o Tribunal de Contas da União Europeia não é uma mera obrigação jurídica decorrente dos Tratados, mas traduz, sobretudo, uma necessidade prática ditada pela interligação cada vez mais estreita entre a administração europeia e as administrações nacionais. O reconhecimento formal pelo Tratado de Nice[61] do Comité de Contacto

---

[60] Muito embora o acórdão trate do domínio dos recursos próprios baseados no imposto sobre o valor acrescentado, importa notar que fixa uma jurisprudência nova cujo impacto noutros domínios, em particular no âmbito do recurso próprio baseado no rendimento nacional bruto, há que seguir com particular atenção.

[61] No Tratado de Nice, a Declaração nº 18 do seu ato final estabelecia: *"A Conferência convida o Tribunal de Contas e as instituições nacionais de fiscalização a melhorar o quadro e as condições da sua cooperação, mantendo simultaneamente a sua autonomia. Para o efeito, o Presidente do Tribunal de Contas pode criar um comité de contacto com os presidentes das instituições nacionais de fiscalização".*

que reúne, em cada ano, o presidente do Tribunal de Contas Europeu e os presidentes das Instituições Superiores de Controlo dos Estados-Membros é disso expressão clara. A descentralização da gestão do orçamento da UE para as autoridades nacionais dos Estados-Membros fez com que o centro de gravidade dos controlos dos fundos da UE se tenha deslocado para esses Estados, sendo igualmente relevante notar que a crescente interdependência das economias da UE reforça o valor da perspetiva comum que se pode obter através de uma cooperação estreita, designadamente através da partilha dos ensinamentos retirados dos resultados de auditorias e respetivo impacto; da identificação e divulgação de melhores práticas; bem como da identificação de lacunas e de potencialidades para novas tarefas de auditoria pública e novas parcerias.

Esta cooperação pode revestir-se de muitas formas e abranger qualquer tema ou domínio de interesse comum para o Tribunal e as Instituições Superiores de Controlo nacionais suscetível de ter um impacto na gestão dos fundos da UE[62]. No âmbito do Comité existem diversos grupos de trabalho que se ocupam do desenvolvimento de ações de cooperação em domínios particulares de interesse comum, como sejam os relativos ao controlo dos fundos estruturais e agrícolas e, mais recentemente, as redes

---

Trata-se, todavia, de um reconhecimento formal, pois o Comité de Contacto existia já em termos práticos: a primeira reunião dos presidentes das Instituições Superiores de Controlo da UE (então CEE) foi realizada em 1960, e o próprio Tribunal de Contas Europeu nelas participou desde 1978.

[62] Por exemplo, a reunião anual de 2011 do Comité de Contacto dos Presidentes das ISC da UE e do TCE decorreu no Tribunal de Contas Europeu no Luxemburgo. Uma parte desta reunião foi consagrada ao debate do impacto, para as Instituições Superiores de Controlo da UE e o Tribunal de Contas Europeu, do Semestre Europeu e de outros acontecimentos recentes registados na governação económica da UE, incluindo a regulação e a supervisão das instituições e sistemas financeiros, os auxílios estatais ao sector financeiro e a auditoria dos mecanismos de gestão da crise do euro. Na sequência desta reunião, o Comité adotou uma "Declaração dirigida ao Parlamento Europeu, ao Conselho Europeu, à Comissão Europeia e aos Parlamentos e Governos dos Estados-Membros da UE sobre o impacto do semestre europeu e de outros acontecimentos recentes registados na governação económica da UE para as Instituições Superiores de Controlo dos Estados-Membros da União Europeia e o Tribunal de Contas Europeu" na qual salienta *que os novos dispositivos e instrumentos instituídos ao nível nacional, da UE e intergovernamental (designadamente entre os países da zona euro) poderão ter implicações consideráveis para a utilização do erário público, incluindo um maior risco de ocorrência de lacunas em termos de prestação de contas e auditoria pública*", disponível em http://eca.europa.eu/portal/pls/portal/docs/1/6178725.PDF

dedicadas à auditoria dos programas associados à estratégia "Europa 2020" e à auditoria das políticas orçamentais.

O Tratado de Lisboa, através do seu *"Protocolo relativo ao papel dos parlamentos nacionais na União Europeia"*, veio introduzir um novo elemento nas relações institucionais entre o Tribunal de Contas e os Estados-Membros, ao estabelecer a obrigatoriedade de envio do seu relatório anual aos parlamentos nacionais[63]. Os membros do Tribunal têm sido convidados a fazer a respetiva apresentação junto das comissões parlamentares competentes.

Composição, estrutura e regras de funcionamento
Aquando da sua criação, o Tribunal era constituído por um número definido de membros. Além disso, os Tratados não previam qualquer repartição por nacionalidade. Tal fez com que, a cada alargamento das Comunidades, o número de membros tenha aumentado de acordo com uma prática que viria a ser expressamente acolhida pelo Tratado de Nice e confirmada pelo Tratado de Lisboa, segundo a qual *"o Tribunal de Contas é composto por um nacional de cada Estado-Membro"*.[64] Deste modo, o Tribunal (que era composto por nove membros em 1977) tem hoje um colégio constituído por vinte e sete membros[65].

Este *"processo de crescimento automático"* (Desmoulin, 2011) tem sido posto em causa, nomeadamente pelo Parlamento Europeu, que explicitamente defendeu em 2000, por ocasião da Conferência Intergovernamental que conduziria ao Tratado de Nice[66], que *"a composição do Tribunal de Contas deve ser determinada não com base no número de membros da União, mas em função de exigências de eficácia da actividade de controlo"*. Trata-se de matéria sensível, que vai para além do próprio Tribunal de Contas[67], já que põe em causa o princípio da igualdade dos Estados-Membros.

[63] Ver artigo 7º deste Protocolo.
[64] Ver artigo 285º TFUE.
[65] Com a assinatura do Tratado de Adesão da Croácia à União Europeia, o Tribunal contará com 28 membros a partir de 1 de Julho de 2013.
[66] Comissão dos Assuntos Constitucionais do Parlamento Europeu, 24.3.2000, *Relatório sobre as propostas do Parlamento Europeu para a Conferência Intergovernamental* (Doc. PE nº A5-0086/2000, final, p. 22).
[67] A composição de outras instituições suscita questões de natureza semelhante. Relativamente à Comissão, o artigo 17º, n.º 5, TUE estabelece que *"a partir de 1 de Novembro de 2014, a Comissão é composta por um número de membros (...) correspondente a dois terços do número de Estados-Membros (...) escolhidos com base num sistema de rotação rigorosamente igualitária (...)"*.

O artigo 286º do TFUE estabelece as regras relativas ao processo de nomeação dos membros do Tribunal e às condições do exercício das suas funções, das quais se retira a vontade clara de preservar (no interesse geral da União e contra qualquer ingerência externa, seja dos Estados-Membros ou de interesses particulares) a vocação de peritos independentes dos seus membros e da própria instituição. Os membros do Tribunal de Contas exercem as suas funções com total independência, no interesse geral da União. São escolhidos de entre personalidades que pertençam ou tenham pertencido, nos respetivos Estados, a instituições de fiscalização externa ou que possuam uma qualificação especial para essa função. Além disso, devem oferecer todas as garantias de independência.

Tais garantias são confortadas por um mandato relativamente longo[68], renovável, e sublinhadas pela natureza eminentemente europeia do processo de nomeação que é da exclusiva competência do Conselho, o qual decide por maioria qualificada, sob proposta dos Estados-Membros e após parecer (não vinculante) do Parlamento Europeu.

Esta instituição tem conduzido a avaliação dos candidatos a membros do Tribunal de acordo com um procedimento detalhado através do qual pretende assegurar-se que os mesmos oferecem todas as garantias relativamente às suas qualificações e independência. Se o Parlamento emitir um parecer desfavorável para um determinado candidato, o seu presidente deverá convidar o Conselho a retirar a candidatura e a submeter uma nova[69].

Os membros do Tribunal de Contas devem consagrar-se ao exercício do respetivo mandato de forma exclusiva e com toda a independência, em consequência do que devem respeitar um conjunto de regras e princípios deontológicos durante e após a cessação do respetivo mandato[70]. Assim,

---

[68] O mandato tem a duração de seis anos. O facto de ser renovável tem em vista assegurar a continuidade e a estabilidade necessárias ao desenvolvimento do trabalho da instituição.

[69] Sobre o processo de nomeação dos membros do Tribunal e o papel do Parlamento Europeu no mesmo, ver Sanchez Barrueco, *El Tribunal de Cuentas Europeo – la superación de sus limitaciones mediante la colaboración institucional*, 2008, pp. 16-35.

[70] O Regulamento Interno do Tribunal (JO, L 103, de 23.4.2010, p.1), o Código de Conduta aplicável aos membros do Tribunal de Contas (disponível em http://eca.europa.eu/portal/pls/portal/docs/1/13280732.PDF) e as "Orientações Deontológicas do Tribunal de Contas Europeu" (disponíveis em http://eca.europa.eu/portal/pls/portal/pls/docs/1/10614761.PDF) reforçam este dever de independência com obrigações em matéria de imparcialidade, integridade, compromisso, colegialidade, confidencialidade e responsabilidade.

não solicitarão nem aceitarão instruções de nenhum Governo ou qualquer entidade e abster-se-ão de praticar qualquer ato incompatível com a natureza das suas funções e, enquanto durarem as mesmas, não podem exercer qualquer outra atividade profissional, remunerada ou não. Além disso, assumirão, no momento da posse, o compromisso solene de respeitar, durante o exercício das suas funções e após a cessação destas, os deveres decorrentes do cargo, nomeadamente os de honestidade e discrição, relativamente à aceitação, após aquela cessação, de determinadas funções ou benefícios.

Salvo os casos de demissão voluntária ou morte, os membros do Tribunal de Contas só podem ser afastados das suas funções se o Tribunal de Justiça declarar verificado, a pedido do Tribunal de Contas, que deixaram de corresponder às condições exigidas ou de cumprir os deveres decorrentes do cargo. Os membros do Tribunal beneficiam dos mesmos privilégios e imunidades que os juízes do Tribunal de Justiça[71].

O Tribunal está organizado e delibera em colégio, nos termos do artigo 1º do seu Regulamento Interno. Os seus membros designam de entre si, por um período de três anos, o Presidente do Tribunal de Contas, que pode ser reeleito, competindo-lhe convocar e presidir às reuniões do colégio, assegurando a execução das decisões do Tribunal, bem como o bom funcionamento dos serviços e a boa gestão das diferentes atividades do Tribunal. O presidente representa o Tribunal nas suas relações com o exterior, nomeadamente nas suas relações com a autoridade de quitação, com as outras instituições da União e com as instituições superiores de controlo dos Estados-Membros.

O Tribunal está estruturado em Câmaras nos termos do nº 4 do artº 287º TFUE, sendo os respetivos domínios de responsabilidade decididos pelo Tribunal mediante proposta do Presidente[72], a quem compete igual-

---

[71] Ver Protocolo n.º 7, anexo ao Tratado de Lisboa, relativo aos Privilégios e Imunidades da União Europeia, artigo 20º.

[72] Foram instituídas cinco câmaras: quatro câmaras responsáveis por domínios específicos de despesas e pelas receitas (câmaras de carácter vertical) e uma câmara de carácter horizontal, designada por câmara CEAD (*Coordination, evaluation, assurance and development*). É a seguinte a atual repartição de responsabilidades pelas quatro Câmaras de natureza vertical: I – Conservação e Gestão dos Recursos Naturais; II – Políticas Estruturais, Energia e Transportes; III – Ações Externas; IV – Receitas, Investigação e Políticas Internas, Instituições e órgãos da União. As câmaras de carácter vertical são compostas por um mínimo de cinco Membros e a câmara

mente propor a afetação de cada um dos outros membros a uma Câmara. As Câmaras repartem as tarefas pelos respetivos Membros e elegem um dos seus Membros como Decano, a quem cabe assegurar a coordenação das tarefas e o eficaz funcionamento da Câmara. Cada Membro é, assim, responsável perante a respetiva Câmara e o Tribunal pela realização de tarefas específicas, sobretudo no domínio da auditoria, com o apoio dos respetivos gabinetes e da equipa de auditoria designada pela Câmara competente. Uma vez adotado o relatório, o "membro relator" assegura a sua apresentação às instituições relevantes, nomeadamente ao Parlamento Europeu.

Para além da adotarem relatórios e pareceres, as câmaras executam igualmente as tarefas preparatórias em relação a documentos que se destinam a ser adotados pelo Tribunal, nomeadamente projetos de observações e de pareceres, propostas de programas de trabalho e outros documentos no domínio da auditoria, exceto aqueles em relação aos quais sejam competentes o Comité Administrativo[73] ou o Comité de Auditoria Interna[74].

Tal como as outras instituições, o Tribunal dispõe de um orçamento de funcionamento e de recursos humanos qualificados[75] que lhe permitem realizar as missões que lhe são conferidas pelo Tratado e que abordamos de seguida.

CEAD é composta por um mínimo de três Membros titulares aos quais o Tribunal confiou a responsabilidade por uma tarefa de carácter horizontal, e por um Membro representando cada uma das quatro câmaras de carácter vertical. As câmaras repartem pelos Membros que as compõem as tarefas da sua competência. Ver, para mais detalhe, a decisão nº 26-2010, de 11.3.2010, do Tribunal de Contas, que estabelece normas de execução do Regulamento Interno do Tribunal, disponível em http://eca.europa.eu/portal/pls/portal/docs/1/10350759.PDF.

[73] O Comité Administrativo é presidido pelo Presidente do Tribunal e composto pelos Decanos das Câmaras. O Secretário-Geral do Tribunal (responsável pelos serviços administrativos e de apoio) participa nas reuniões sem direito a voto. O Comité desempenha uma função de coordenação e prepara as decisões do Tribunal sobre assuntos relativos ao planeamento estratégico, à governação administrativa e informática e, ainda, para a adoção de decisões em todas as questões de ética e de deontologia respeitantes ao pessoal (cf. artigos 19º e ss. da Decisão 26-2010, do Tribunal, cit. nota 70).

[74] O Comité de Auditoria é o órgão consultivo do Tribunal em questões da função de auditoria interna e acompanha o ambiente de controlo interno associado. É composto por quatro membros, designados pelo Tribunal, três dos quais são Membros do Tribunal e um perito externo (cf. artigos 32º e 33º da Decisão 26-2010, do Tribunal, cit. nota 70).

[75] O orçamento para 2011 foi fixado em 144 milhões de euros e o número de lugares autorizados de funcionários e agentes era de 889 no final de 2010 (ver Relatório Anual de Atividades 2010 do Tribunal de Contas Europeu, pp. 34 e 42).

Mandato – missão e valores

As missões e atribuições do Tribunal de Contas Europeu são definidas, a título principal, pelo artigo 287º, nºs 1 e 2, TFUE, nos seguintes termos: *"O Tribunal de Contas examina as contas da totalidade das receitas e despesas da União (...) examina igualmente as contas da totalidade das receitas e despesas de qualquer órgão ou organismo criado pela União, na medida em que o respetivo ato constitutivo não exclua esse exame. (...) O Tribunal de Contas examina a legalidade e a regularidade das receitas e despesas e garante a boa gestão financeira*[76]*. Ao fazê--lo, assinalará, em especial, quaisquer irregularidades."*

Enquanto auditor externo da União Europeia, o Tribunal interpreta o seu mandato no sentido de contribuir para melhorar a gestão financeira das finanças públicas da União, atuando como guardião independente dos interesses financeiros dos respetivos cidadãos, fomentando a prestação de contas e a transparência. Para tanto, o Tribunal presta serviços de auditoria no âmbito dos quais avalia a cobrança das receitas e a utilização dos fundos da UE. Neste sentido, examina se as operações financeiras foram registadas e apresentadas corretamente, executadas de forma legal e regular e geridas tendo em conta os princípios de economia, eficiência e eficácia. O Tribunal fomenta, assim, a prestação de contas e a transparência e assiste o Parlamento Europeu e o Conselho no controlo da execução do orçamento da UE. O Tribunal compromete-se ainda a ser uma organização eficiente na vanguarda do progresso no domínio da auditoria e da administração do setor público.

Tendo em vista a realização da sua missão, o Tribunal de Contas Europeu identificou um conjunto de valores e princípios definidos em termos da salvaguarda da independência e integridade em todos os aspetos que digam respeito à instituição, aos seus membros e ao seu pessoal; desempenhando a sua missão de forma imparcial; mantendo um nível de profissionalismo exemplar que maximize a excelência e a eficiência em todos os aspetos do seu trabalho; e tendo por objetivo acrescentar valor, nomeadamente através de relatórios de auditoria relevantes, oportunos, claros

---

[76] O conceito de "boa gestão financeira" exprime a preocupação crescente de que a gestão pública seja não apenas conforme à lei (legal e regular), mas sobretudo, sã e eficaz. Cada vez mais se acentuam outros aspetos da gestão pública ligados a este conceito, como sejam as questões relativas à transparência, à ética, ao ambiente e ao desenvolvimento sustentável.

e de qualidade e de pareceres e recomendações que contribuam para uma melhoria real da gestão do orçamento da UE[77].

Âmbito e formas de atuação

O Tribunal de Contas dispõe de um vasto âmbito de competências que abrange praticamente o conjunto das atividades desenvolvidas pela União Europeia, incluindo as desenvolvidas fora do quadro do orçamento da União, como é o caso dos Fundos Europeus de Desenvolvimento e dos organismos descentralizados, desde que os respetivos atos constitutivos prevejam o controlo pelo Tribunal. Apenas em relação às instituições ou órgãos vocacionados para a realização de operações de natureza bancária ou monetária, a atuação do Tribunal sofre algumas limitações, na medida em que as respetivas contas e atividades realizadas a partir dos seus próprios recursos são fiscalizadas ou por um comité de auditoria[78], ou por auditores externos independentes[79].

Assim, no que respeita ao Banco Europeu de Investimento, a competência do Tribunal é limitada às operações desenvolvidas pelo Banco por conta da União sobre recursos inscritos no orçamento desta última e cuja gestão lhe tenha sido delegada. A fiscalização do Tribunal realiza-se nos termos estabelecidos num acordo tripartido, subscrito entre o Tribunal, a Comissão e o Banco, de harmonia com o artigo 287º, n.º 3, TFUE. Por seu turno, a competência do Tribunal relativamente Banco Central Europeu é *"exclusivamente aplicável à análise da eficiência operacional da gestão do BCE"*[80], o que tem sido interpretado pelo Tribunal com uma alguma flexibilidade, num sentido próximo do conceito de boa gestão financeira (Gabolde, Perron, 2010).

O Tratado de Lisboa, ao abandonar a estrutura em pilares[81], conduziu ao alargamento automático das competências das instituições da União

---

[77] Ver, para mais detalhe, *Tribunal de Contas Europeu – Missão, Visão, Valores e objetivos estratégicos*, disponível em http://eca.europa.eu/portal/pls/portal/docs/1/10612725.PDF.
[78] Ver Protocolo n.º 5, anexo ao Tratado de Lisboa, relativo aos Estatutos do Banco Europeu de Investimento, artigo 12º.
[79] Ver Protocolo n.º 4, anexo ao Tratado de Lisboa, relativo aos Estatutos do Sistema Europeu de Bancos Centrais e do Banco Central Europeu, artigo 27º, n.º 1.
[80] Idem, artigo 27º, n.º 2.
[81] As políticas comunitárias clássicas eram tratadas no primeiro pilar, enquanto que a política externa e de segurança comum e a cooperação em matéria de justiça e assuntos internos constituíam os segundo e terceiro pilares.

Europeia para além do quadro tradicional do direito comunitário[82]. Neste sentido, o Tribunal de Contas viu também o respetivo âmbito de atuação alargado, na medida em que as despesas operacionais correspondentes passaram, em princípio, a integrar o orçamento geral. No que respeita a novos domínios de ação executados designadamente através de *"cooperações reforçadas"*, e que se inscrevem num quadro de atuação intergovernamental, as competências do Tribunal não são universais, uma vez que as respetivas despesas (que não sejam de natureza administrativa das instituições) ficam a cargo dos Estados-Membros participantes[83].

Os controlos promovidos pelo Tribunal revestem a natureza de controlos *a posteriori*, ainda que o Tratado admita que *"as fiscalizações podem ser efetuadas antes do encerramento das contas do exercício orçamental em causa"*[84]. O alcance e as modalidades destes controlos são detalhados pelo Regulamento Financeiro[85] de forma muito abrangente, garantido um direito quase ilimitado no acesso à informação detida pelas outras instituições, administrações nacionais e beneficiários, a qualquer título, de fundos provenientes do orçamento da União. Por outro lado, o Tribunal desenvolve as suas ações de controlo no local *"nas próprias instalações das outras instituições da União, nas instalações de qualquer órgão ou organismo que efetue a gestão de receitas ou despesas em nome da União, e nos Estados-Membros, inclusivamente nas instalações de qualquer pessoa singular ou coletiva beneficiária de pagamentos provenientes do orçamento"*[86].

A difusão dos resultados das auditorias realizadas pelo Tribunal realiza-se de diferentes formas. Em cada ano, o Tribunal deve apresentar ao Parlamento Europeu uma declaração[87] sobre a fiabilidade das contas e a regularidade e legalidade das operações a que elas se referem, a qual constitui atualmente o núcleo central do relatório anual do Tribunal. Para além deste relatório anual, o Tribunal publica relatórios anuais sobre as contas de cada organismo (agências) e sobre a eficiência operacional do Banco Central Europeu. O Tribunal realiza ainda auditorias com vista a emitir observações sob a forma de relatórios especiais, cujos temas são selecionados

---

[82] Artigos 2º a 6º TFUE.
[83] Artigo 332º TFUE.
[84] Artigo 287º, n.º 2, TFUE.
[85] Artigos 140º a 142º.
[86] Artigo 287º, n.º 3, TFUE.
[87] Normalmente referida por DAS (déclaration d'assurance).

tendo em conta as áreas suscetíveis de conduzir a potenciais melhorias na economia, eficiência e eficácia das despesas comunitárias[88]. O Tribunal emite igualmente pareceres, que realiza a pedido de uma das outras instituições da União ou de sua própria iniciativa. Todos os relatórios que são objeto de publicação devem conter a reação das entidades auditadas às observações do Tribunal, o que traduz o resultado da aplicação do princípio do contraditório[89].

Perspetivas futuras

O Tribunal enfrenta importantes desafios decorrentes de reformas recentes ou em curso que se podem agrupar em duas categorias principais: a primeira diz respeito ao orçamento da UE; a segunda refere-se à crescente utilização de novos instrumentos financeiros (Caldeira, 2011).

A Comissão apresentou em 2011 diversas propostas tendo um vista a adoção de um novo regulamento financeiro, um quadro financeiro plurianual (2014-2020) e um novo sistema de recursos próprios[90]. Pese embora uma certa continuidade, as propostas em discussão incluem novos elementos e prioridades que poderão ter implicações significativas quer no que respeita à transparência e *accountability* da gestão financeira das finanças públicas da União, quer para o trabalho do próprio Tribunal.

A perspetiva de uma relação "contratual" entre a União e os Estados-Membros no domínio dos fundos geridos de forma partilhada e a criação de um quadro de controlo interno integrado, baseado numa "pirâmide de garantias" a nível comunitário e nacional, terão certamente implicações importantes para a "rede de controlo" comum e para o desenvolvimento futuro da cooperação entre as Instituições Superiores de Controlo dos Estados-Membros e o Tribunal de Contas Europeu.

---

[88] O programa de trabalho para 2011 do Tribunal fornece uma indicação do universo das atividades desenvolvidas pelo Tribunal. Disponível em http://eca.europa.eu/portal/pls/portal/docs/1/7060723.PDF

[89] Artigos 143º e 144º do Regulamento financeiro e artigos 60º a 63º das modalidades de aplicação do Regulamento Interno do Tribunal de Contas Europeu.

[90] Proposta de Regulamento do Parlamento Europeu e do Conselho que institui o Regulamento financeiro aplicável ao orçamento geral da União Europeia, COM (2010) 260 final, de 28.5.2010; Proposta de regulamento do Conselho para um quadro financeiro plurianual para os anos de 2014-2020, COM (2011) 398 final, de 29.6.2011; Proposta para uma decisão do Conselho sobre o sistema de recursos próprios da União Europeia, COM (2011) 510 final, de 29.6.2011.

Mas o orçamento da UE é apenas um instrumento para atingir os objetivos da União Europeia. Na verdade, cada vez mais se recorre a medidas de regulação e a ações coordenadas dos Estados-Membros (tanto dentro como fora do âmbito do Tratado) para alcançar aqueles objetivos. Isto conduz-nos à segunda categoria de desafios e que se relacionam com o papel do Tribunal de Contas Europeu em relação a instrumentos não financeiros, bem como a instrumentos financeiros envolvendo o uso de fundos públicos dos Estados-Membros fora do âmbito do orçamento da UE.

A estratégia Europa 2020 para o crescimento inteligente, sustentável e inclusivo ilustra a importância de instrumentos não orçamentais para a realização dos objetivos da União, do mesmo modo que aponta para a crescente necessidade de monitorização e avaliação eficazes por parte das autoridades nacionais e da Comissão, a fim de garantir que os objetivos sejam cumpridos. Esta situação apresenta um desafio especial para o Tribunal e para as Instituições Superiores de Controlo dos Estados-Membros, nomeadamente no que respeita à coordenação das respetivas auditorias tendo em vista assegurar a efetiva prestação de contas pelas entidades de natureza pública responsáveis por contribuir para a consecução dos objetivos da União.

A ação intergovernamental pelos Estados-Membros fora do Tratado representa também um sério desafio para a prestação de contas e para a auditoria pública no contexto da União Europeia, com impacto também sobre o Tribunal de Contas Europeu. Sempre que sejam utilizados ou estejam em causa fundos públicos, deve ser observado o princípio da existência de uma adequada prestação de contas e correspondente auditoria pública[91].

Conclusão

Desde a criação da Comunidade Europeia do Carvão e do Aço que foram instituídos sistemas de controlo financeiro e orçamental. Com efeito, as comunidades europeias foram dotadas desde a sua origem de diferentes mecanismos de controlo interno e externo, assegurando a respetiva

---

[91] Por exemplo, no caso do Fundo Europeu de Estabilização Financeira e do Mecanismo Europeu de Estabilização que lhe sucederá. A este propósito, o Tribunal de Contas Europeu publicou uma "posição escrita" em 25.5.2011, sobre as *"consequências para a prestação de contas e a auditoria públicas na UE e o papel do Tribunal de Contas Europeu no contexto da atual crise financeira e económica"*, disponível em http://eca.europa.eu/portal/pls/portal/docs/1/8224723.PDF

assembleia parlamentar, ainda que de forma limitada, o controlo político. Estes sistemas foram sendo progressivamente aperfeiçoados e reforçados, de forma a acompanhar a própria evolução das comunidades europeias e da União Europeia que lhes sucedeu.

A União Europeia é hoje uma organização única se olharmos ao seu contexto constitucional e político, à sua dimensão e complexidade. A respetiva gestão financeira e orçamental desenvolve-se mediante diferentes níveis e procedimentos, tanto nas instituições europeias como nos Estados-Membros, envolvendo milhões de beneficiários, pelo que a gestão e o controlo do orçamento comunitário se tornam cada vez mais complexos (Caldeira, 2005).

Pode dizer-se que o controlo interno constitui, na sequência da reforma de 2001, a base de todos os outros controlos e que o controlo externo, realizado pelo Tribunal de Contas da União Europeia, tende a afirmar-se cada vez com maior impacto. Por seu turno, o controlo político assegurado pelo Parlamento Europeu, nomeadamente através da respetiva Comissão de Controlo Orçamental, ganha peso crescente face à Comissão Europeia e ao reforço do papel do Conselho (Desmoulin, 2011).

A eficácia dos sistemas de controlo das finanças públicas da União Europeia pode naturalmente ser melhorada, em particular no que respeita ao aprofundamento do controlo democrático. *"A problemática do controlo é também e sobretudo, talvez, um desafio central da relação de confiança que deve ligar a União Europeia aos seus cidadãos"* (Saurel, 2011).

Bibliografia

L'argent publique en Europe – quelle contrôle?, Paris, Fondation Robert Schuman, 2007

CALDEIRA, Vítor, "The coordination of internal controls: the single audit – towards an European Union internal control framework", in *Public Expenditure Control in Europe – Coordinating Audit Functions in the European Union*, Milagros Garcia Crespo (ed.), Cheltenham (UK), Northampton (MA, USA), Edward Elgar Publishing, 2005, pp.184-210

CALDEIRA, Vítor, "The European Court of Auditors' perspective on the management and control of EU funds – An overview of the current situation and the prospects for the EU budget reform", in *Tékhne – Revista de Estudos Politécnicos*, Instituto Politécnico do Cávado e do Ave, vol. VI, n.º 10, Dez. 2008, pp 7-27

CALDEIRA, Vítor, "The European Court of Auditors and the cooperation with the Supreme Audit Institutions in the European Union", in *Public Finance Quarterly – Journal of Public Finance*, Budapeste, vol. LIV, issue 2009-4, pp. 517-529

CALDEIRA, Vítor, *"The Future Role of the ECA: Challenges and Possible Reforms"*, Hearing of the Committee on Budgetary Control of the European Parliament, 19.09.2011, disponível em:
http://www.europarl.europa.eu/document/activities/cont/201109/20110913ATT26 477/20110913ATT26477EN.pdf

CIPRIANI, Gabriele, *The EU budget – responsibility without accountability?*, Brussels, Center for European Policy Studies, 2010

Compendium of the public internal control systems in the EU Member States 2012, Luxembourg, Publications Office of the European Union, 2011

DESMOULIN, Corinne Delon, *Droit budgétaire de l'Union Européenne*, Paris, L.G.D.J., Lextenso ed., 2011

Finances Publiques de l'Union Européenne, 4ème édition, Luxembourg, Office des Publications des Communautés Européennes, 2009

GABOLDE, Emmanuel, PERRON, Christophe, 'commentaires des articles 246-248 et 268-280', in *De Rome à Lisbonne, Commentaires article par article des Traités UE et CE*, 2e éd., Pingel (dir.), Helbing Lichtenhahn (Bâle), Dalloz (Paris), Bruylant (Bruxelles), 2010, pp 1581-1601; pp 1697-1746

HARLOW, Carol, *Accountability in the European Union*, Academy of European Law – European University Institute, Oxford, Oxford University Press, 2002

LAFFAN, Brigid, "Auditing and accountability in the European Union", in *Journal of European Public Policy*, vol. 10, issue 5, 2003, pp 762-777

LAFFAN, Brigid, "Becaming a 'living institution': the evolution of the European Court of Auditors", in *Journal of Common Market Studies*, vol. 37, issue 2, June 1999, pp 251-268

RABRENOVIC, Aleksandra, *Financial Accountability as a Condition for EU Membership*, Belgrade, Institute of Comparative Law, 2009, disponível em: www.comparativelaw.info/ar09.pdf

TRIBUNAL DE CONTAS EUROPEU, *Relatório Anual de Actividades de 2010*, Luxemburgo, Serviço de Publicações da União Europeia, 2011, disponível em http://eca.europa.eu/portal/page/portal/publications/AnnualActivityReports

SÁNCHEZ BARRUECO, Ma. Luisa, *El Tribunal de Cuentas Europeo – la superación de sus limitaciones mediante la colaboración institucional*, Madrid, Dykinson, 2008

SAUREL, Stéphan, *Le budget de l'Union Européenne*, Paris, La Documentation Française, 2011

STRASSER, Daniel, *As Finanças da Europa*, Comissão das Comunidades Europeias, Luxembourg, 1981

UK National Audit Office, *State Audit in the European Union*, Dec. 2005, disponível em: http://www.nao.org.uk/publications/0506/state_audit_in_the_eu.aspx

Capítulo 9
As Responsabilidades Inerentes à Atividade Financeira

HELENA MARIA MATEUS
DE VASCONCELOS ABREU LOPES[1]

Sumário: 1. Introdução; 2. Noção e tipos de responsabilidade; 3. Quem é responsável; 4. A responsabilidade política pela execução do orçamento; 5. A responsabilidade "disciplinar" dos Membros da Comissão Europeia; 6. A responsabilidade administrativa dos gestores orçamentais; 7. A responsabilidade individual dos intervenientes financeiros e dos funcionários e agentes da União: responsabilidade disciplinar e pecuniária; 8. A responsabilidade dos Estados Membros e das respetivas entidades nacionais no âmbito da gestão partilhada: as responsabilidades de gestão e controlo, a recuperação e reintegração de fundos, a notificação de irregularidades, as correções financeiras e a responsabilidade por incumprimento; 9. As sanções administrativas pela prática de irregularidades que lesem os interesses financeiros da União; 10. A responsabilidade criminal; 11. Nota Final. Bibliografia.

---

[1] Licenciada em Direito (Ciências Jurídico-Políticas) pela Faculdade de Direito de Lisboa. Diplomada com o Curso de Alta Direção em Administração Pública pelo Instituto Nacional de Administração.
Juíza Conselheira do Tribunal de Contas de Portugal desde 2007. Consultora da OCDE/SIGMA para a área do controlo financeiro externo. Participou em várias ações de cooperação europeia e internacional na área do controlo financeiro, designadamente no âmbito do Comité de Contacto das Instituições Superiores de Controlo Externo da União Europeia.

1. Introdução

Nos termos do artigo 317º do *Tratado sobre o Funcionamento da União Europeia* (TFUE), a gestão financeira da União deve, por um lado, *obedecer à regulamentação aplicável*, por outro *conter-se no limite das dotações aprovadas* e, ainda, observar os princípios da *boa gestão financeira*.

Estes padrões de legalidade, regularidade e boa gestão são reafirmados e detalhados no Regulamento Financeiro aplicável ao orçamento da União[2] e noutra legislação secundária.

A rigorosa observância destes padrões é devida aos titulares dos fundos geridos. Os dinheiros e valores da União Europeia provêm dos contribuintes europeus, que têm todo o direito de pedir contas a quem os administrou e de ver responsabilizado quem não o fez adequadamente. Este é um princípio naturalmente reconhecido nas relações entre as pessoas, essencial às democracias e que aparece hoje aflorado no artigo 41º da própria *Carta dos Direitos Fundamentais da União Europeia*, onde se afirma que o cidadão europeu tem o direito a uma *"boa administração"*.

Na linha destas preocupações, o que vamos analisar neste capítulo é, então, *quem* e *como* responde pelo cumprimento dos padrões de legalidade e boa gestão na atividade financeira da União Europeia.

2. Noção e tipos de responsabilidade

Quando se fala em responsabilidades na gestão financeira, podemos estar a referir-nos a diversos níveis e tipos de responsabilidade, todos eles relevantes.

Em primeiro lugar, há que assinalar o conjunto de objetivos, tarefas, poderes e regras que um gestor ou agente deve realizar e observar. Nisso consistem as suas *responsabilidades*, que, como acima referimos, incluem o dever de observar a legislação aplicável e os princípios de boa gestão. Não deixaremos de nos referir a elas, embora não sejam o objetivo principal deste capítulo.

Por outro lado, deve referir-se o dever de *prestação de contas*. Ele significa que alguém deve ser *responsável* por prestar informação pública sobre

---

[2] Cf. nº 1 do artigo 53º-B do Regulamento Financeiro aplicável ao orçamento da União Europeia. Este Regulamento é o que foi aprovado pelo Regulamento (CE, Euratom) nº 1605/2002, de 25 de Junho de 2002, e respetivas alterações, introduzidas pelos Regulamentos do Conselho (CE,Euratom) nº 1995/2006, de 13 de Dezembro, (CE) nº 1525/2007, de 17 de Dezembro e (EU, Euratom) nº 1081/2010, do Parlamento Europeu e do Conselho, de 24 de Novembro.

a gestão desenvolvida, sobre a efetiva observância dos princípios e regras aplicáveis e sobre a realização dos objetivos estabelecidos, fornecendo todas as justificações necessárias. A esse dever foi dedicado um outro capítulo deste livro.

Mas, a esse dever de informação e justificação pode e deve associar-se também a possibilidade de enfrentar julgamentos e consequências.

O conceito de *"accountability"* abrange o complexo de relações entre as responsabilidades e decisões de gestão, o dever de prestação de contas pelas mesmas, a apreciação que delas é feita e as consequências que daí são retiradas (tanto em termos de ajustamentos como de sancionamentos).

A *"accountability"* na gestão financeira da União Europeia suscita imensos desafios, sobretudo em virtude da multiplicidade de objetivos prosseguidos e da existência de várias modalidades de execução orçamental, no âmbito das quais as responsabilidades se distribuem e diluem.

Como as matérias são indissociáveis, referiremos questões gerais de *"accountability"*, mas procuraremos sempre identificar os julgamentos que podem ser feitos relativamente a atos de execução financeira e as consequências que deles podem derivar. Ou seja, embora contextualizando-os, vamos tratar sobretudo de identificar os mecanismos de *responsabilização* existentes, na vertente das consequências que podem advir da inobservância dos deveres aplicáveis.

Analisaremos esses mecanismos de responsabilização ao nível político, administrativo, disciplinar, financeiro, jurisdicional e criminal.

3. Quem é responsável

De acordo com os artigos 17º, nº 1, do *Tratado da União Europeia* (TUE), e 317º do TFUE, é à *Comissão Europeia* que cabe a responsabilidade de executar o orçamento da União.

Consequentemente, nos termos dos artigos 318º e 319º do TFUE, é a Comissão que apresenta anualmente contas ao Parlamento Europeu e ao Conselho e que daquele recebe quitação quanto à execução do orçamento.

Mas, como veremos, a esta aparentemente clara definição da responsabilidade orçamental corresponde uma realidade muito mais complexa, em que vários outros atores intervêm.

CIPRIANI, 2010, elaborando sobre a especificidade da União Europeia e alertando para que ela assenta no equilíbrio entre várias instituições e interesses e que, em grande parte, atua através de uma cadeia de administrações nacionais, refere que a Comissão Europeia não é um típico Governo da União Europeia mas um órgão colegial *sui generis* com um conjunto bem delineado de tarefas, cuja implementação, no entanto, é, *na sua maior parte*, delegada noutras estruturas. Quanto ao orçamento da União Europeia, Cipriani designa-o como um pássaro exótico, tanto em termos de financiamento, como de execução e de responsabilidade, que classifica com a expressão *"many hands, many eyes"*.

Efetivamente, uma das especificidades da União Europeia, designadamente por aplicação dos princípios da cooperação, da subsidiariedade e da proporcionalidade[3], é a de que os programas orçamentais da União são implementados de acordo com diversas *modalidades de execução*, que podem ser de *gestão centralizada* pela Comissão Europeia, de *gestão conjunta* com organizações internacionais, de *gestão descentralizada* com países terceiros e, na maior parte dos casos, de *gestão partilhada* com os Estados Membros[4].

A Comissão gere a execução orçamental de forma centralizada essencialmente nas áreas da Investigação, Sociedade da Informação, Educação e Cultura, Transportes e Energia e nalgumas ações externas. Mas, mesmo nestes casos, é frequente a Comissão socorrer-se de agências executivas, em quem delega tarefas de execução, tendo aí lugar o que é designado por *gestão centralizada indireta*. A gestão conjunta com organizações internacionais (designadamente, Nações Unidas, Banco Mundial, Cruz Vermelha) ocorre em programas de ajuda humanitária e ao desenvolvimento. A gestão descentralizada com países terceiros ocorre no âmbito da assistência financeira ao desenvolvimento e a países candidatos à União Europeia. Já o modelo da gestão partilhada é utilizado no grosso dos programas orçamentais: cerca de 80%[5] do orçamento europeu é executado desta forma,

---

[3] Cf. artigos 4º, nº 3, e 5º, nºs 3 e 4 do TUE: *"Em virtude do **princípio da cooperação leal**, a União e os Estados-Membros respeitam-se e assistem-se mutuamente no cumprimento das missões decorrentes dos Tratados"*, *"Em virtude do **princípio da subsidiariedade**, nos domínios que não sejam da sua competência exclusiva, a União intervém apenas se e na medida em que os objetivos da ação considerada não possam ser suficientemente alcançados pelos Estados-Membros, tanto ao nível central como ao nível regional e local, podendo contudo, devido às dimensões ou aos efeitos da ação considerada, ser mais bem alcançados ao nível da União"* e *"Em virtude do **princípio da proporcionalidade**, o conteúdo e a forma da ação da União não devem exceder o necessário para alcançar os objetivos dos Tratados"*.

[4] Cf. artigos 53º a 57º do Regulamento Financeiro.

[5] Cf., designadamente, comunicação da Comissão contendo a síntese dos resultados da gestão da Comissão em 2010, em http://ec.europa.eu/atwork/synthesis/doc/synthesis_report_2010_pt.pdf.

designadamente no âmbito dos programas agrícolas e dos fundos estruturais e de coesão.

Ora, se é certo que nas modalidades de gestão centralizada indireta, gestão conjunta e gestão descentralizada existirão responsabilidades financeiras a apurar junto de outros atores que não apenas a Comissão, a verdade é que a definição dos papéis a desenvolver pelas entidades ou países em quem são delegadas tarefas de execução é, ainda assim, objeto de decisão e controlo pela Comissão Europeia, através de acordos e de procedimentos de supervisão e controlo, que permitem que a Comissão responda, a final, por todo o processo.

Ao invés, no âmbito da gestão partilhada com os Estados Membros (que, como já referimos, abrange a maior parte das operações orçamentais) a Comissão dispõe de uma reduzida margem de intervenção.

Desde logo, as tarefas a desenvolver pelos Estados Membros, embora formalmente neles *delegadas*[6], não são definidas pela Comissão. Resultam do Regulamento Financeiro e são usualmente estabelecidas, pelo legislador, na regulamentação sectorial básica de cada programa orçamental.

Observa-se, por outro lado, que a divisão de tarefas na gestão partilhada aponta, em regra, para a atribuição aos Estados Membros da maioria das decisões e atos de implementação dos programas orçamentais. Embora a Comissão deva decidir das atribuições de fundos, são os Estados Membros, e os seus órgãos nacionais, que asseguram a sua gestão e controlo. Cabe-lhes, designadamente, definir os sistemas de gestão, desencadear e selecionar os processos de candidatura a financiamento, realizar os pagamentos e definir e aplicar os procedimentos de controlo.

Por outro lado, o Protocolo nº 25 anexo ao Tratado de Lisboa[7], relativo ao exercício das competências partilhadas, estabelece que quando a União toma medidas num determinado domínio, o âmbito desse exercício de competências apenas abrange os elementos regidos pelo ato da União em causa e, por conseguinte, não abrange o domínio na sua totalidade.

Acresce que na gestão partilhada as responsabilidades são atribuídas aos próprios Estados Membros e não a órgãos ou entidades concretas. Assim, a forma como esses Estados Membros organizam e concretizam a sua intervenção neste domínio é um assunto interno seu, sobre o qual a Comissão Europeia não tem competência nem primazia.

---

[6] Cf. nº 1 do artigo 53º-B do Regulamento Financeiro.
[7] Publicado no JOUE de 30 de Março de 2010.

Assim sendo, e no que respeita à maior parte do orçamento, a responsabilidade formalmente atribuída à Comissão Europeia pela execução orçamental não inclui a competência para decidir e praticar a maioria dos atos envolvidos nessa execução nem a possibilidade de condicionar ou corrigir os sistemas de modo a assegurar a respetiva conformidade com as regras comunitárias aplicáveis.

Mas não é tudo.

De acordo com um sistema há muito existente na Europa comunitária[8], os poderes de execução da Comissão são permanentemente escrutinados por Comités compostos por representantes dos Estados Membros. Embora presididos pela Comissão Europeia e nalguns casos com um papel formalmente consultivo, a verdade é que as opiniões desses Comités, existentes em praticamente todas as áreas de intervenção da União, condiciona efetivamente a viabilidade das propostas apresentadas pela Comissão e pode mesmo inviabilizá-las. Refira-se que os referidos Comités são um veículo de afirmação das posições dos Estados Membros, de controlo desses Estados sobre o exercício das prerrogativas transferidas para a União e, frequentemente, de divisão de fundos e benefícios entre os Estados.

A Comissão tem-se manifestado contra a forma decisiva como a ação desses Comités condiciona o exercício dos seus poderes e, consequentemente, lhe retira responsabilidade[9]. O Comité de Peritos Independentes nomeado pelo Parlamento Europeu em 1999 para analisar os sistemas de gestão da Comissão pronunciava-se a este respeito, no seu segundo relatório, nos seguintes termos: "*A gestão dos programas comunitários, e, em particular, todas as questões de gestão financeira, são da exclusiva responsabilidade da Comissão. Comités compostos por representantes dos Estados Membros não deveriam poder decidir no âmbito da gestão de programas orçamentais em curso. Deveria ser excluído qualquer risco de que interesses nacionais possam prejudicar a obediência estrita da execução orçamental a princípios de boa gestão financeira.*"

Em suma, a execução orçamental da União Europeia, embora seja da responsabilidade última da Comissão Europeia, depende, em grande medida, da ação de múltiplos outros atores.

"*Many hands, many eyes*", como refere Cipriani.

---

[8] Vulgarmente apelidado de *Comitologia*.
[9] Cf., designadamente, Comunicação COM (2001) 428.

4. A responsabilidade política pela execução do orçamento

A prestação de contas pela execução do orçamento da União Europeia, feita anualmente pela Comissão Europeia junto do Parlamento Europeu e do Conselho, o controlo financeiro independente do Tribunal de Contas Europeu[10], o seu relatório anual sobre a fiabilidade das contas e a regularidade e legalidade das operações a que elas se referem e o procedimento de quitação pelo Parlamento, sob recomendação do Conselho, constituem o principal mecanismo de *"accountability"* instituído no âmbito da atividade financeira da União Europeia.

Este procedimento visa concretizar o dever de prestação de contas, fechar as contas, declarar os responsáveis quites e livres de responsabilidades por uma dada execução orçamental, identificar problemas de gestão e controlo e assegurar que a Comissão Europeia toma as medidas necessárias a corrigi-los. Está, pois, orientado sobretudo para a apreciação do cumprimento das regras de legalidade e regularidade e dos princípios de boa administração[11].

O Tratado de Lisboa introduziu a obrigação de a Comissão apresentar também anualmente um relatório de avaliação das finanças da União baseado nos resultados obtidos[12], o qual poderá vir a suportar um juízo sobre a boa gestão financeira e, designadamente, sobre a eficácia da atuação financeira. No entanto, este relatório é uma realidade nova e não está ainda bem definido o perfil da sua apreciação.

No procedimento de prestação de contas e quitação[13] há lugar a audições, questionamentos e justificações, que culminam em decisão de quitação, de adiamento da mesma ou da sua recusa. Este procedimento é conduzido pela Comissão de Controlo Orçamental do Parlamento[14].

O TFUE prevê que tanto as recomendações de quitação aprovadas pelo Conselho como as decisões de quitação do Parlamento Europeu possam ser acompanhadas de comentários e observações. Mais prevê que a Comissão deva tomar todas as medidas necessárias para dar seguimento a esses comentários e observações e que apresente um relatório sobre as medidas

---

[10] Cf. artigo 287º do TFUE.
[11] Cf. artigo 146º do Regulamento Financeiro.
[12] Cf. artigo 318º do TFUE.
[13] Cf. artigo 76º e Anexo VI do Regimento do Parlamento Europeu.
[14] Cf. Anexo VII, ponto V, do Regimento do Parlamento Europeu e artigo 145º do Regulamento Financeiro.

tomadas e, nomeadamente, sobre as instruções dadas aos serviços encarregados da execução do orçamento[15].

A identificação de deficiências ou irregularidades na gestão financeira conduzirá assim, em regra, à formulação de recomendações, que deverão ser implementadas pela Comissão e acompanhadas pela autoridade orçamental.

Em última análise, a natureza ou volume das deficiências ou irregularidades ou a não implementação das recomendações poderá conduzir à negação da quitação. Esta é uma decisão grave, que, embora não constitua ela própria uma moção de censura à Comissão, pode eventualmente fundamentar a apresentação de tal moção. Nos termos do artigo 234º do TFUE, a aprovação de uma moção de censura conduziria à demissão *coletiva* da Comissão.

A responsabilização no âmbito deste procedimento processa-se, assim, através de mecanismos de *responsabilidade institucional e política*.

No entanto, e como sublinha o nº 3 do artigo 6º do Anexo VI do Regimento do Parlamento Europeu, as observações e recomendações constantes das decisões de quitação ou de demais resoluções relativas à execução de despesas são consideradas *convites para agir* para os efeitos do artigo 265º do TFUE. Isto significa que, caso não lhes seja dado seguimento, pode aplicar-se o mecanismo *jurisdicional* previsto nesse artigo do Tratado, através do qual o Parlamento Europeu, outra instituição da União ou os próprios Estados Membros poderão recorrer ao Tribunal de Justiça da União Europeia para que declare a omissão contrária aos Tratados e a obrigatoriedade de adoção das medidas necessárias.

Deve dizer-se que o caso mais significativo em termos de recusa de quitação foi o da apreciação em finais de 1998 das contas do exercício orçamental de 1996[16], cuja quitação não foi aprovada por alegações de má gestão, fraude e corrupção no âmbito dos serviços da Comissão e por recusa desta em responder e justificar essas situações, a par da não justificação do incumprimento de recomendações anteriores. A partidarização do caso no Parlamento Europeu levou a que, apesar de a quitação não ter sido aprovada, também não fosse aprovada moção de censura. Um Comité de Peritos

---

[15] Cf. artigo 319º do TFUE. Vide também artigos 147º do Regulamento Financeiro e 3º e 6º do Anexo VI do Regimento do Parlamento Europeu.

[16] Houve também recusa de quitação quanto às contas de 1982 e quanto às contas do Colégio Europeu de Polícia relativas a 2008.

Independentes analisou a situação a pedido do Parlamento e identificou responsabilidades concretas por parte de uma Comissária, que, no entanto, nunca as admitiu. Tendo sido reconhecido que nem o Parlamento Europeu nem o Presidente da Comissão poderiam forçar a demissão individual de Comissários, a crise só foi superada pela apresentação de uma demissão coletiva da Comissão Jacques Santer, em Março de 1999.

No entanto, ao longo de muitos anos e independentemente das questões mais concretas que motivaram a crise da Comissão Santer, a certificação das contas da União e a respetiva quitação têm suscitado sérias dificuldades, inclusive com adiamentos ou não aprovações, devido, designadamente, à recorrente constatação pelo Tribunal de Contas Europeu da ineficácia dos sistemas de gestão financeira e de controlo para garantir, de forma satisfatória, a regularidade e legalidade das operações financeiras.

Não vamos aqui abordar esta interessante e relevante questão, mas tão só referir que ela tem motivado inúmeros relatórios, pareceres, conferências, convenções, comunicações e propostas bem como alterações na regulamentação financeira e nos sistemas de gestão e controlo dos vários fundos.

Como acima referimos, o modelo de gestão partilhada leva a que uma percentagem muito elevada das operações financeiras da União seja, na realidade, executada pelos Estados Membros, sem que a Comissão possa supervisionar, alterar ou interferir nos respectivos sistemas de gestão e controlo. No entender da Comissão, essa circunstância está na base do relevante nível de erros identificado e simultaneamente dificulta a alteração da situação.

Conhecendo bem a temática[17], o Tratado de Lisboa alterou a redação do anterior artigo 274º do Tratado da Comunidade Europeia, e atual artigo 317º do TFUE, afirmando agora que a Comissão executa o orçamento *"em cooperação com os Estados Membros nos termos da regulamentação adotada em execução do artigo 322º*[18]*"* mas continuando a afirmar que o faz *"sob a sua própria*

---

[17] A Convenção Europeia de 2002/2003 abordou uma proposta da Comissão do seguinte teor: *"a Convenção deveria examinar as condições para uma partilha de responsabilidades em matéria de execução orçamental sempre que os Estados-Membros assumam uma parte essencial da gestão dos fundos"* – cf. Comunicação COM (2002) 247 final. No fundo, o que a Comissão reclama é que a uma gestão partilhada corresponda também uma responsabilidade partilhada.
[18] Regulamentação sobre as regras financeiras e sobre a responsabilidade dos intervenientes financeiros.

responsabilidade" e referindo, no artigo 17º, nº 1, do TUE, que é a ela que compete *gerir* os programas orçamentais.

No referido artigo 317º do TFUE estabelece-se que "*a regulamentação deverá prever as obrigações de controlo e de auditoria dos Estados Membros na execução do orçamento, bem como as responsabilidades que delas decorrem*".

Está neste momento em curso uma revisão do Regulamento Financeiro, que, entre outros aspetos, visa adaptá-lo às modificações introduzidas pelo Tratado de Lisboa. A proposta formulada pela Comissão[19], pretende, além do mais, definir obrigações e *responsabilidades* para os Estados Membros no quadro da gestão partilhada e no âmbito dos seus sistemas de controlo e auditoria.

Tal proposta prevê a apresentação de declarações nacionais sobre a fiabilidade desses sistemas e das operações subjacentes e a auditoria externa dessas declarações. O Parlamento tem insistido para que essas declarações sejam feitas ao nível governativo, por entender que os Estados Membros devem assumir, ao mais alto nível, a sua parcela de responsabilidade, na medida em que são eles que gerem 4 em cada 5 euros do orçamento europeu[20]. No entanto, a maioria dos Estados Membros tem rejeitado esta solução, por se considerarem responsáveis apenas perante os seus Parlamentos nacionais e perante os seus cidadãos e não perante a União Europeia[21].

Veremos, pois, em que termos as propostas terão seguimento. Por ora, mantém-se a situação de ser apenas a Comissão Europeia a dever responder pela execução total do orçamento.

Para além do procedimento de quitação, a responsabilidade política da Comissão Europeia em matéria financeira pode ainda exercer-se por força dos mecanismos previstos nos artigos 230º e 233º do TFUE (apresentação e discussão de relatórios, designadamente o relatório anual da Comissão, audições e resposta a questões colocadas no Parlamento Europeu) e no artigo 226º do mesmo Tratado. De acordo com este artigo, o Parlamento Europeu pode, a pedido de um quarto dos seus membros, constituir comissões de inquérito temporárias para analisar alegações de infração ou de má administração, as quais podem ter origem, designadamente, em

---

[19] Proposta COM (2010) 815 final.
[20] Vejam-se as declarações constantes das sucessivas decisões de quitação do Parlamento Europeu.
[21] O que, de resto, tem fundamento no disposto no próprio artigo 10º, nº 2, do TUE.

relatórios do Provedor de Justiça[22] ou em petições apresentadas por cidadãos europeus ou outras pessoas singulares ou coletivas com residência ou sede estatutária num Estado Membro[23].

O artigo 228º do TFUE estabelece que sempre que o Provedor de Justiça constatar uma situação de má administração deve enviar, após contraditório, um relatório ao Parlamento Europeu, ao qual também apresenta um relatório anual sobre os resultados dos inquéritos que tenha efetuado.

A respeito da responsabilidade política importa ainda abordar a questão da *responsabilidade dos Comissários*.

O artigo 17º, nº 8, do TUE refere que a Comissão Europeia é responsável perante o Parlamento Europeu, *enquanto colégio*.

A crise da Comissão Santer evidenciou bem que a responsabilidade política de cada um dos Comissários não poderia, na altura, ser sancionada nem pelo Parlamento nem pelo Presidente da Comissão.

O Comité de Peritos Independentes foi muito crítico a este respeito nos relatórios apresentados ao Parlamento em 1999. Depois de assinalar no primeiro relatório que constatara uma crescente relutância dos membros da hierarquia em reconhecer as suas responsabilidades e de considerar que tinha sido difícil encontrar alguém que tivesse um mínimo sentido de responsabilidade, referiu no segundo relatório que a falta de responsabilidade política individual dos Comissários era inconsistente com a necessidade de reforçar o sentido de responsabilidade de todas as pessoas trabalhando para a Comissão. E sublinhou que a responsabilidade dos Comissários deveria cobrir a totalidade das competências a seu cargo, designadamente as suas falhas pessoais, gestionárias e operacionais a par das falhas dos seus departamentos, mesmo quando estas não lhes fossem pessoalmente imputáveis. Preconizava, para este efeito, que fossem atribuídos poderes ao Presidente da Comissão que lhe permitissem acionar a responsabilidade política individual dos Comissários.

O Tratado de Nice, subscrito em 2000, e vigente a partir de 2003, veio corrigir esta situação. Estabelece-se hoje, na senda desse Tratado, que o Presidente da Comissão tem o poder de estruturar e distribuir as responsabilidades da Comissão pelos seus Membros e de alterar essa distribuição[24].

---

[22] Cf. artigo 228º do TFUE.
[23] Cf. artigo 227º do TFUE.
[24] Cf. artigo 248º do TFUE.

Estabelece-se ainda que os Comissários exercem as funções que lhes foram atribuídas pelo Presidente sob a responsabilidade deste e que qualquer um deles deve apresentar a sua demissão se o Presidente lho pedir[25].

Em 20 de Outubro de 2010, o Parlamento Europeu e a Comissão Europeia assinaram um novo acordo-quadro interinstitucional[26] que regula, entre outras matérias, as suas relações em termos de responsabilidade política e que estabelece, no seu nº 4, que *"sem prejuízo do princípio de colegialidade da Comissão, cada comissário assume a responsabilidade política pela ação no domínio a seu cargo"* e no seu nº 5 que *"caso o Parlamento solicite ao Presidente da Comissão que retire a confiança a um comissário, o Presidente da Comissão pondera seriamente a possibilidade de pedir ao comissário em causa que se demita, nos termos do nº 6 do artigo 17º do TUE. O Presidente exige a demissão desse comissário ou explica ao Parlamento, no período de sessões seguinte, os motivos pelos quais se recusa a fazê-lo"*.

Refira-se, por último, que o Parlamento Europeu dá quitação, não apenas à Comissão Europeia pela execução do orçamento da União, mas também à mesma Comissão, pela execução do orçamento do Fundo Europeu de Desenvolvimento, aos responsáveis pela execução dos orçamentos de outras instituições e organismos da União Europeia, tais como o próprio Parlamento Europeu, o Conselho (na parte relativa à sua atividade enquanto órgão executivo), o Tribunal de Justiça, o Tribunal de Contas, o Comité Económico e Social Europeu e o Comité das Regiões, e ainda aos órgãos responsáveis pela execução do orçamento dos organismos com autonomia jurídica que realizam tarefas da União (caso de várias agências), na medida em que as disposições aplicáveis à sua atividade prevejam a quitação pelo Parlamento Europeu. Nos termos do artigo 77º do Regimento do Parlamento Europeu, nesses casos seguir-se-á um procedimento idêntico ao estabelecido para a quitação da Comissão.

5. A responsabilidade "disciplinar" dos Membros da Comissão Europeia

Nos termos dos artigos 245º e 247º do TFUE, o Tribunal de Justiça da União Europeia pode, a pedido do Conselho ou da Comissão, demitir qualquer membro da Comissão Europeia quando ele não respeite os deveres

---

[25] Cf. artigo 17º, nº 6, do TUE.
[26] Publicado no JOUE de 20 de Novembro de 2010 e constituindo o Anexo XIV ao Regimento do Parlamento Europeu.

decorrentes do seu cargo, tenha cometido falta grave ou deixe de preencher os requisitos necessários ao exercício das suas funções.

O Tribunal de Justiça pode ainda, em caso de violação dos deveres decorrentes do cargo de membro da Comissão, aplicar uma sanção de perda do direito a pensão ou de quaisquer outros benefícios que a substituam, mesmo que a infração tenha sido praticada durante o mandato. Essa perda pode ser total ou parcial, consoante o grau de gravidade da infração.

No acórdão proferido no processo C- 432/04, o Tribunal de Justiça afirmou que o conceito de violação dos deveres decorrentes do cargo para efeitos deste procedimento de responsabilização deve ser interpretado em termos latos e que um Comissário, atentas as suas elevadas responsabilidades, não deve refugiar-se na alegada ignorância de factos ou na sua não intervenção formal nos mesmos.

Considerando as responsabilidades que lhes estão atribuídas pela execução orçamental, que envolvem, designadamente, a formulação e execução de políticas, a organização dos serviços e dos sistemas, a supervisão da implementação, o controlo, a implementação de recomendações, a adequada prestação de contas e informação ao Conselho e ao Parlamento, bem como a superior proteção dos interesses financeiros da União, afigura-se que a eventual violação de deveres do cargo ou o cometimento de falta grave por parte dos Comissários podem ocorrer no âmbito das suas responsabilidades de natureza financeira e, desse modo, podem ser sancionadas pela via referida.

Embora tenhamos designado esta modalidade de responsabilização como "disciplinar", importa precisar que os Membros da Comissão são titulares de cargos políticos e não funcionários da União, pelo que não estão submetidos ao Estatuto desses funcionários.

Isto significa, designadamente, que não se lhes aplica o estatuto disciplinar aí contido nem a possibilidade de deles obter ressarcimento por prejuízos financeiros, tal como prevista no artigo 340º do TFUE, em conjugação com o artigo 22º do Estatuto dos funcionários[27].

Ainda assim, parece-nos que, caso a União entenda que tem direitos de indemnização ou regresso junto de um Membro da Comissão, por prejuízos causados em resultado da sua ação, poderá a mesma intentar uma ação nos tribunais nacionais para obter a respetiva compensação.

[27] Vide ponto 7.

6. A responsabilidade administrativa dos gestores orçamentais

Ao longo das várias reformas introduzidas desde 1999, a União Europeia e, em particular, a Comissão têm procurado reforçar os mecanismos de gestão, controlo e responsabilização no âmbito da execução orçamental, incluindo no sentido de dar mais garantias à Comissão Europeia quanto à responsabilidade política que assume.

Um dos aspetos relevantes da reforma foi o de delegar todas as tarefas de concreta execução orçamental (como é o caso das decisões de autorizar e comprometer despesas e os atos de outorgar contratos) nos serviços da Comissão. Essas tarefas não são asseguradas por Membros da Comissão mas, antes, delegadas em gestores orçamentais, sujeitos aos regulamentos financeiros e de pessoal, que apresentam relatórios anuais e estão sujeitos a uma responsabilidade individual pela gestão da sua área.

Nos termos dos artigos 59º e 60º do Regulamento Financeiro, em cada instituição haverá um *gestor orçamental* encarregado de executar as operações de receita e despesa, em conformidade com o princípio da boa gestão financeira, e de assegurar a respetiva legalidade e regularidade. As suas funções, que podem ser subdelegadas, incluem as autorizações orçamentais, a assunção de compromissos jurídicos, a liquidação de despesas, a emissão de ordens de cobrança e de pagamento, a renúncia a créditos, a recuperação de fundos, a estruturação organizativa e a instituição dos sistemas e procedimentos de controlo interno e de verificação adequados (tanto *ex ante* como *ex post*).

Nos termos do nº 7 do artigo 60º, o gestor orçamental *"presta contas, perante a sua instituição, do exercício das suas funções, através de um relatório anual de atividades, acompanhado das informações financeiras e de gestão que confirmem que a informação contida no seu relatório apresenta uma imagem fiel da situação, salvo disposição em contrário em eventuais reservas formuladas em relação com áreas definidas das receitas e de despesas. Este relatório deve indicar os resultados das operações em confronto com os objetivos que lhe foram atribuídos, a descrição dos riscos associados a estas operações, a utilização dos recursos postos à sua disposição e a eficiência e eficácia do sistema de controlo interno."*

No âmbito da Comissão Europeia estes relatórios são apresentados pelos vários Diretores Gerais e pelos Diretores das Agências Executivas[28], contendo os aspetos acima referidos, assinalando as reservas que os

---

[28] Cf. http://ec.europa.eu/atwork/synthesis/aar/index_en.htm

signatários identificam e culminando com a assinatura de uma declaração de fiabilidade.

Nesta declaração aqueles diretores, na qualidade de gestores orçamentais, asseguram que os recursos à sua responsabilidade foram utilizados para os objetivos estabelecidos e de acordo com os princípios de boa gestão financeira e que os procedimentos de controlo aplicados dão as necessárias garantias de legalidade e regularidade das operações subjacentes, confirmando que nada que possa prejudicar os interesses da instituição é omitido. Cada gestor orçamental identifica os motivos principais das suas reservas e propõe medidas corretivas a fim de resolver os problemas.

A Comissão Europeia deve elaborar uma síntese dessas declarações anuais e transmiti-la à autoridade orçamental, assim se assegurando a ligação entre a responsabilidade política da Comissão e as concretas responsabilidades e atividades de execução orçamental[29]. Nesta síntese, a Comissão analisa os resultados em cada uma das áreas de despesa e identifica e aborda questões de natureza horizontal.

Ao contrário do que vem sendo pretendido pelo Parlamento Europeu[30], na referida síntese a Comissão não confirma nem assume as garantias dadas pelos responsáveis dos seus serviços, por entender que isso os desresponsabilizaria[31]. CIPRIANI, 2010, considera que este é mais um elemento que contribui para a diluição de responsabilidade na execução orçamental europeia.

Os relatórios anuais dos gestores orçamentais são uma fonte de elementos probatórios para a análise do Tribunal de Contas Europeu, para a declaração anual de fiabilidade (DAS) e para as autoridades de quitação. Nesse sentido, o Tribunal de Contas pronuncia-se sobre as mesmas no seu relatório anual.

---

[29] Cf. http://ec.europa.eu/atwork/synthesis/doc/synthesis_report_2010_pt.pdf
[30] Vide observações dos vários procedimentos de quitação.
[31] Vide resposta da Comissão às observações de quitação de 2004, em COM (2006) 641: "*Nos termos da atual estrutura de prestação de contas estabelecida pela reforma, a aplicação das medidas propostas pelo Parlamento no que se refere às garantias a nível dos Comissários, Secretário-Geral, Auditor Interno e Director-Geral do Orçamento poriam em causa a responsabilidade individual dos Diretores--Gerais e tornariam menos clara a distinção entre as responsabilidades/prestação de contas de natureza política (Colégio) e de gestão (Director-Geral). A adoção do relatório de síntese constitui o principal ato através do qual a Comissão assume plenamente a sua responsabilidade política relativamente à execução do orçamento em conformidade com o Tratado e em que fica expressa a responsabilização política da Comissão face à autoridade de quitação.*"

Esta responsabilidade administrativa dos gestores orçamentais está naturalmente ligada à possibilidade do seu afastamento de funções. De acordo com o artigo 64º do Regulamento Financeiro, e sem prejuízo de eventuais medidas disciplinares, a delegação ou subdelegação conferida aos gestores orçamentais delegados ou subdelegados pode, em qualquer momento, ser temporária ou definitivamente revogada pela autoridade que os nomeou.

7. A responsabilidade individual dos intervenientes financeiros e dos funcionários e agentes da União: responsabilidade disciplinar e pecuniária
O artigo 74º do Regulamento (CE, Euratom) nº 2342/2002, da Comissão, que contém as normas de execução do Regulamento Financeiro[32] estabelece que qualquer violação de uma disposição do Regulamento Financeiro ou de qualquer outra disposição relativa à gestão financeira e ao controlo das operações e resultante de um ato ou omissão por parte de um funcionário ou agente constitui uma *irregularidade financeira*.

O artigo 66º, nº 4, do Regulamento Financeiro determina que cada instituição criará uma instância especializada em matéria de irregularidades financeiras, funcionalmente independente e cuja função é detetar a existência de irregularidades financeiras e avaliar as suas eventuais consequências.

Nos termos da mesma norma, as irregularidades financeiras podem dar origem a responsabilidade *disciplinar* e/ ou *pecuniária*, através de um processo instaurado pela instituição, com base no parecer daquela instância especializada.

O Regulamento Financeiro estabelece ainda que os denominados *intervenientes financeiros* (gestores orçamentais, contabilistas e gestores de fundos para adiantamentos[33]) podem ser especial e individualmente

---

[32] Cf. versão consolidada no JOUE de 1 de Maio de 2007.

[33] Cf. artigos 58º e seguintes: os *gestores orçamentais* executam as operações relativas às receitas e às despesas, procedendo a autorizações, liquidações e ordens de pagamento e assumindo compromissos jurídicos, estruturam e gerem os serviços e são responsáveis pelos sistemas de controlo e de verificação, o *contabilista* de cada instituição executa pagamentos, recebe receitas e cobra créditos, gere a tesouraria, movimenta o dinheiro e valores equiparáveis, define as regras, métodos e sistemas contabilísticos, procede aos registos contabilísticos e elabora e apresenta as contas e os *gestores de fundos para adiantamentos* gerem fundos especiais provisionados pelo contabilista.

responsabilizados pelos atos praticados no âmbito das suas funções de execução financeira[34].

Para além de poderem ser, a qualquer momento, temporária ou definitivamente afastados do exercício dos poderes delegados ou suspensos das suas funções pela autoridade que os nomeou[35], e para além da responsabilidade criminal a que possa haver lugar[36], os referidos gestores e contabilistas estão sujeitos à aplicação de *sanções disciplinares* e *pecuniárias*, nas condições previstas pelo Estatuto dos funcionários da União Europeia[37].

Verifica-se, assim, que quer a responsabilidade disciplinar quer a responsabilidade pecuniária que podem ter lugar estão previstas e aplicam-se nos termos previstos no Estatuto do pessoal, o qual abrange qualquer funcionário ou agente. Nas justificações fornecidas pela Comissão Europeia para as soluções a consagrar no Regulamento Financeiro, ela afirmou considerar conveniente submeter todos os funcionários ou agentes a um sistema único de responsabilidade pecuniária, definido no Estatuto dos Funcionários das Comunidades Europeias, não aceitando a posição das instituições que preconizavam a introdução de uma responsabilidade pecuniária específica a nível do Regulamento Financeiro[38]. Ainda assim, este Regulamento, sem criar uma forma específica de responsabilidade para os intervenientes financeiros, e ainda que remetendo para os termos gerais do Estatuto, elencou um conjunto de infrações típicas destes intervenientes, ligadas à especificidade das suas funções[39].

Isto significa que a responsabilidade disciplinar e/ou pecuniária por atos ilegais de execução orçamental poderá, consoante a identificação dos factos, dos agentes desses factos e das culpas envolvidas, recair em funcionários ou agentes neles envolvidos ou nos designados intervenientes financeiros.

---

[34] Cf. artigos 64º e seguintes do Regulamento Financeiro.
[35] Cf. artigo 64º do Regulamento Financeiro.
[36] Cf. artigo 65º do mesmo Regulamento.
[37] Regulamento nº 31º (CEE) 11º (CEEA) que fixa o Estatuto dos funcionários e o regime aplicável aos outros agentes da Comunidade Económica Europeia e da Comunidade Europeia da Energia Atómica, de 14 de Junho de 1962, e respetivas alterações: vide versão consolidada publicada no JOUE de 1 de Janeiro de 2010.
[38] Cf. proposta COM(2001) 691 final/2.
[39] O artigo 322º do TFUE veio a referir especificamente a responsabilização dos intervenientes financeiros, nomeadamente gestores orçamentais e contabilistas, o que, no estádio atual, corresponde tão só à tipificação de infrações próprias.

No entanto, importa reter que, de acordo com o Regulamento Financeiro, em caso de subdelegação no âmbito dos seus serviços, o gestor orçamental delegado continua a ser responsável pela eficácia dos sistemas de gestão e de controlo interno instituídos e pela escolha do gestor subdelegado. Também nos termos do Estatuto dos funcionários, o funcionário encarregado de assegurar o funcionamento de um serviço é responsável, perante os seus superiores, pelos poderes que lhe tiverem sido conferidos e pela execução das ordens que tiver dado. A responsabilidade própria dos seus subordinados não o isenta, pois, de nenhuma das responsabilidades que lhe incumbem.

Deve referir-se ainda que sempre que um gestor orçamental delegado ou subdelegado considere que uma decisão que lhe incumbe está ferida de irregularidade ou infringe os princípios da boa gestão financeira, deve assinalar tal facto à autoridade delegante por escrito. Se a autoridade delegante emitir uma instrução fundamentada por escrito dirigida ao gestor orçamental delegado ou subdelegado, no sentido de tomar a decisão acima referida, este último fica eximido da sua responsabilidade. O mesmo princípio se aplica aos funcionários.

Por outro lado, se a instância especializada em matéria de irregularidades financeiras tiver detetado problemas sistémicos, transmitirá ao gestor orçamental e ao gestor orçamental delegado, caso este não esteja em causa, bem como ao auditor interno, um relatório acompanhado de recomendações.

Por último, refira-se que a responsabilização disciplinar e pecuniária não prejudica a eventual responsabilização criminal, nomeadamente em casos de fraude ou corrupção[40].

a. Responsabilidade disciplinar

Nos termos do Estatuto, o incumprimento *voluntário ou negligente* dos deveres funcionais sujeita os responsáveis, os funcionários ou os agentes a *sanções disciplinares*. Refiram-se especificamente os deveres de submissão exclusiva aos interesses da União, com salvaguarda de quaisquer eventuais conflitos com outros interesses, de objetividade, de imparcialidade, de lealdade, de exclusividade, de honestidade e discrição, de confidencialidade, de

---

[40] Cf. artigo 65º do Regulamento Financeiro.

responsabilidade pelo exercício dos poderes confiados e o dever de reportar irregularidades, fraudes ou atos de corrupção[41].

Por seu lado, e como já referimos, o Regulamento Financeiro identifica algumas infrações específicas associadas à natureza das funções financeiras que os intervenientes financeiros exercem, que darão, em regra, lugar ao apuramento da referida responsabilidade disciplinar e/ou pecuniária. No caso dos intervenientes financeiros, constituem, em especial, faltas suscetíveis de implicar a sua responsabilidade, quando praticadas *intencionalmente ou com negligência grave*[42]:

- Para os gestores orçamentais, o apuramento de direitos de cobrança ou a emissão de ordens de cobrança, a autorização de despesas ou a assinatura de ordens de pagamento em violação das regras aplicáveis;
- Para os gestores orçamentais, a omissão de atos que deem origem a créditos, negligência ou retardamento de ordens de cobrança ou o retardamento de ordens de pagamento de que possa resultar para a instituição responsabilidade civil em relação a terceiros;
- Para os contabilistas e para os gestores de fundos para adiantamentos, a perda ou deterioração de fundos, valores ou documentos à sua guarda;
- Para os contabilistas, a alteração indevida de contas bancárias ou contas postais à sua ordem;
- Para os contabilistas, a realização de cobranças ou pagamentos que não estejam em conformidade com as ordens correspondentes;
- Para os contabilistas e gestores de fundos para adiantamentos, a não cobrança de receitas devidas;
- Para os gestores de fundos para adiantamentos, o não conseguir justificar, por meio de documentos adequados, os pagamentos por si efetuados;
- Para os gestores de fundos para adiantamentos, o pagamento a terceiros que não os beneficiários.

A aplicação de sanções disciplinares é precedida de um processo regulado no Anexo IX do Estatuto, que, designadamente, consagra direitos de audição e é conduzido por órgão colegial (com um elemento do exterior e restante composição paritária).

---

[41] Cf. artigos 11º e seguintes do referido Estatuto.
[42] Cf. artigos 66º a 68º do Regulamento Financeiro.

As sanções disciplinares possíveis são, em função da gravidade da falta, a advertência, a repreensão, a suspensão de subida de escalão, a descida de escalão, a descida temporária ou definitiva para grau ou grupo de funções inferior, a demissão, a redução da pensão ou a retenção temporária de uma parte da pensão ou do subsídio de invalidez[43].

A severidade da sanção disciplinar imposta deve ser proporcional à gravidade da falta cometida. Para determinar a gravidade da falta e tomar uma decisão quanto à sanção a aplicar, serão tidos em conta, em especial: a natureza da falta e as circunstâncias em que ocorreu, a importância do prejuízo causado à integridade, à reputação ou aos interesses da instituição, o grau de dolo ou negligência envolvida, os motivos que levaram o funcionário a cometer a falta, o grau e antiguidade do funcionário, o seu grau de responsabilidade pessoal, o nível das suas funções e responsabilidades, a repetição dos atos ou comportamentos faltosos e a conduta do funcionário ao longo da sua carreira[44].

b. Responsabilidade pecuniária

O artigo 340º do TFUE estabelece que a União deve *indemnizar*, de acordo com os princípios gerais comuns aos direitos dos Estados Membros, os *danos* causados pelos seus agentes no exercício das suas funções, sendo a responsabilidade pessoal dos agentes perante a União regulada pelas disposições do respetivo Estatuto ou do Regime que lhes seja aplicável.

Precisamente de acordo com o artigo 22º do Estatuto, um funcionário pode ser obrigado a *reparar*, na totalidade ou em parte, *o prejuízo* sofrido pela União, em consequência de *culpa grave* em que tiver incorrido no exercício ou por causa do exercício das suas funções.

Como acima referimos, a prática de uma irregularidade financeira por um funcionário pode levar à responsabilização pecuniária, a efetivar nos termos do referido artigo 22º do Estatuto e, por seu turno, os intervenientes financeiros estão sujeitos à aplicação de sanções pecuniárias, pelas infrações já elencadas em a), a aplicar também nos termos do mesmo artigo 22º.

Uma vez que as "sanções pecuniárias" possíveis se reconduzem sempre ao mecanismo previsto no referido artigo 22º, importa concluir que estamos sempre perante uma *responsabilidade indemnizatória ou reintegratória* e não verdadeiramente sancionatória.

---

[43] Cf. artigo 9º do Anexo IX do Estatuto.
[44] Cf. artigo 10º do Anexo IX do Estatuto.

Este tipo de responsabilidade tem a particularidade de não se bastar com a verificação da ilicitude, exigindo a verificação e a avaliação do dano sofrido pela União. Assim, e como resulta das próprias normas, a Comissão Europeia só deve desencadear este tipo de processos quando seja identificado um prejuízo financeiro, cujo montante deverá ser a medida da designada *"sanção pecuniária"*[45].

A avaliação do referido prejuízo poderá, em muitos casos, ser problemática, designadamente no que respeita às infrações previstas no artigo 66º, nº 1-a, alínea a), do Regulamento Financeiro (por exemplo, a autorização de despesas ou a emissão de ordens de pagamento com violação das regras aplicáveis). De facto, as despesas em causa, apesar de ilegais, poderão ter contrapartidas e não se identifica um padrão legal para o dano de violação da ordem jurídica.

Por outro lado, e como resulta do artigo 22º do Estatuto e do artigo 66º do Regulamento Financeiro, a responsabilização só deverá ocorrer quando se verifique *culpa pessoal grave*, o que exclui as situações de mero erro.

Aplicando também a este tipo de responsabilidade o disposto no artigo 10º do Anexo IX do Estatuto (uma vez que se devem aplicar as regras estabelecidas para o processo disciplinar) e os princípios de avaliação da culpa, parece que a proporção da reparação deverá corresponder à gravidade da falta e à graduação da culpa. Nesta linha, e conforme orientações internas da própria Comissão Europeia, preconiza-se que nos casos de dolo possa ser exigida a indemnização da totalidade do prejuízo sofrido e, quando se verifiquem culpas por negligência grosseira, se procure uma solução proporcional à falta do funcionário, definindo-se o montante da reparação em conformidade.

Os processos de apuramento de responsabilidade pecuniária devem observar as formalidades prescritas em matéria disciplinar e a respetiva decisão, fundamentada, é tomada pela entidade competente para proceder a nomeações. O Tribunal de Justiça da União Europeia tem competência de plena jurisdição para decidir sobre os litígios suscitados nestes processos.

---

[45] Que repete-se, sendo estritamente indemnizatória, e apesar da designação, não tem verdadeira natureza sancionatória.

8. A responsabilidade dos Estados Membros e das respetivas entidades nacionais no âmbito da gestão partilhada: as responsabilidades de gestão e controlo, a recuperação e reintegração de fundos, a notificação de irregularidades, as correções financeiras e a responsabilidade por incumprimento

Como já referimos, a execução orçamental no âmbito da gestão partilhada, que abrange cerca de 80% do orçamento da União, aponta, em regra, para a atribuição aos Estados Membros da maioria das decisões e dos atos de execução e controlo dos programas orçamentais, sendo difícil à Comissão interferir ou controlar a ação desses Estados.

No entanto, de acordo com o próprio Tratado[46], os Estados Membros devem organizar e concretizar a sua intervenção de modo a assegurar uma boa gestão financeira, a implementar sistemas de controlo e auditoria eficazes e a salvaguardar os interesses financeiros da União.

a. Responsabilidades de gestão e controlo

Na linha do estabelecido nos referidos artigos do TFUE, o nº 2 do artigo 53º-B do Regulamento Financeiro dispõe, a este respeito, o seguinte:

"2. Sem prejuízo de disposições complementares incluídas na regulamentação sectorial pertinente e a fim de garantir, no quadro da gestão partilhada, a utilização dos fundos em conformidade com a regulamentação e os princípios aplicáveis, os Estados-Membros devem tomar as medidas legislativas, regulamentares, administrativas ou de outro tipo necessárias para a proteção dos interesses financeiros das Comunidades.

Para o efeito, devem designadamente:

a) Certificar-se de que as ações financiadas pelo orçamento são efetivamente realizadas e garantir que estas sejam corretamente executadas;

b) Evitar e reprimir as irregularidades e as fraudes;

c) Recuperar os fundos pagos indevidamente ou utilizados incorretamente e as importâncias perdidas em consequência de irregularidades ou erros;

d) Garantir, através de regulamentação sectorial específica e em conformidade com o nº 3 do artigo 30º, a publicação anual ex post dos beneficiários de fundos provenientes do orçamento.

---

[46] Cf. artigos 310º, nº 6, 317º e 325º do TFUE.

Para o efeito, os Estados-Membros devem realizar verificações e instituir um sistema de controlo interno eficaz e eficiente, de acordo com as disposições estabelecidas no artigo 28º-A. Se for caso disso, instaurarão os processos judiciais necessários e adequados."

Se tomarmos o exemplo de Portugal, vemos que a concretização deste normativo tem sido assegurada pela instituição de um sistema nacional específico de governação e controlo interno dos financiamentos comunitários.

Veja-se, designadamente para a utilização nacional dos fundos comunitários com carácter estrutural no período de 2007-2013, o Decreto-Lei nº 312/2007, republicado pelo Decreto-Lei nº 74/2008, de 22 de Abril, que estabelece o modelo de governação do QREN[47] e respetivos Planos Operacionais. Este diploma regula a coordenação política e técnica da utilização dos fundos, a respetiva gestão e monitorização, bem como os mecanismos de auditoria, controlo, certificação e avaliação.

Neste quadro compete, designadamente, ao Instituto Financeiro para o Desenvolvimento Regional, I. P. (IFDR, I. P.) e ao Instituto de Gestão do Fundo Social Europeu, I. P. (IGFSE, I. P), o reembolso ao orçamento geral da União Europeia dos montantes indevidamente pagos que sejam recuperados e, bem assim, dos que não sejam recuperados e sejam resultantes de erro ou negligência das autoridades de gestão e/ou de certificação[48].

Compete, por outro lado, à Inspeção Geral de Finanças, enquanto autoridade de auditoria do QREN[49]:

- Assegurar que são realizadas auditorias para verificação do funcionamento do sistema de gestão e de controlo e para verificação das despesas declaradas;
- Apresentar à Comissão Europeia uma estratégia de auditoria, incluindo os respetivos métodos e planificação;
- Apresentar à mesma Comissão um relatório anual de controlo que espelhe os resultados das auditorias realizadas;
- Emitir um parecer anual sobre se o sistema de gestão e controlo funciona de forma eficaz, de modo a dar garantias razoáveis de que

---

[47] Quadro de Referência Estratégico Nacional.
[48] Cf. artigo 16º do referido diploma legal.
[49] Cf. artigo 21º do mesmo Decreto-Lei.

as declarações de despesas apresentadas à Comissão são corretas e, consequentemente, dar garantias razoáveis de que as transações subjacentes respeitam a legalidade e a regularidade;
- Apresentar, se necessário nos termos do artigo 88º do Regulamento (CE) nº 1083/2006, do Conselho, de 31 de Julho, uma declaração de encerramento parcial que avalie a legalidade e a regularidade das despesas em causa;
- Apresentar à Comissão Europeia, até 31 de Março de 2017, uma declaração de encerramento que avalie a validade do pedido de pagamento do saldo final e a legalidade e regularidade das transações subjacentes abrangidas pela declaração final de despesas, acompanhada de um relatório de controlo final.

Acresce que, em Portugal, os atos de execução financeira do orçamento europeu estão sujeitos aos mesmos mecanismos de responsabilização que se aplicam à atividade financeira nacional, designadamente à efetivação de responsabilidades financeiras reintegratórias e sancionatórias nos termos da Lei de Organização e Processo do Tribunal de Contas[50].

Este, é, no entanto, um domínio em que as assimetrias entre as várias políticas e os vários Estados Membros são assinaláveis e em que as taxas de erro se continuam a apresentar relevantes, havendo ainda significativos esforços a fazer no sentido de obter melhorias globais e uniformes nos sistemas de gestão, controlo e responsabilização.

O mecanismo dos "Contratos de Confiança", introduzido no quadro das políticas de coesão, que permitia aos Estados Membros comprometer-se voluntariamente com requisitos de controlo, em termos de sistemas, de estratégias e de implementação, dispensando a realização de auditorias por parte da Comissão, teve um grau de adesão bastante reduzido (menos de 10% dos fundos estruturais).

Nos instrumentos legislativos sectoriais já existentes, designadamente nos domínios da agricultura e da coesão, nas propostas de regulamentos para o novo período financeiro[51] e na proposta apresentada de revisão do

---

[50] Lei nº 98/97, de 26 de Agosto, com as alterações introduzidas pelas Leis nºs 87-B/98, de 31 de Dezembro, 1/2001, de 4 de Janeiro, 55-B/2004, de 30 de Dezembro, 48/2006, de 29 de Agosto, 35/2007, de 13 de Agosto, 3-B/2010, de 28 de Abril, 61/2011, de 7 de Dezembro, e 2/2012, de 6 de Janeiro.

[51] Cf., designadamente, a proposta COM (2011) 615 final.

Regulamento Financeiro, relativamente a todos os programas executados no quadro da gestão partilhada, procura-se delimitar as responsabilidades da Comissão e as dos Estados Membros e prevê-se a apresentação de declarações anuais de fiabilidade da gestão por parte das entidades nacionais.

Ao contrário do pretendido pelo Parlamento Europeu e pela Comissão, não foi ainda consagrada a apresentação dessas declarações pelas autoridades políticas máximas dos Estados Membros ou sequer por organismos centrais responsáveis por sectores de política. Mesmo nas propostas apresentadas para o novo período financeiro estão apenas consagradas declarações prestadas por autoridades operacionais[52].

Por outro lado, o conteúdo dessas declarações está ainda longe de certificar a eficácia dos sistemas e a prevenção dos erros. Nalguns casos, limita-se a conter uma listagem das auditorias realizadas ou uma descrição dos sistemas de controlo instituídos, sem verificação do seu efetivo funcionamento. No âmbito das propostas apresentadas para o novo período financeiro, caso sejam aprovadas, estabelecer-se-á com maior clareza que as declarações devem atestar a eficácia dos respetivos sistemas de controlo, a legalidade e regularidade das operações subjacentes e o apuramento anual de contas.

Os projetos de novos regulamentos apontam também para um sistema de acreditação nacional, com vista a reforçar o compromisso dos Estados Membros.

b. A recuperação e reintegração de fundos

O sistema de proteção dos interesses financeiros da União no quadro da execução orçamental está sobretudo orientado para a *manutenção da integridade e reintegração* dos fundos, afirmando-se o princípio fundamental de que *os montantes indevidamente pagos devem ser recuperados*.

É esse princípio que subjaz à natureza indemnizatória das sanções pecuniárias aplicáveis aos intervenientes financeiros, que analisámos atrás, é

---

[52] No documento de trabalho dos serviços da Comissão «*Adding value to Declarations: increasing assurance on execution in shared management*», SEC(2011) 250 de 23.2.2011, e na *Síntese dos resultados da gestão da Comissão em 2010*, a Comissão elabora sobre o valor destas declarações e conclui que a proposta de as declarações de gestão anuais serem assinadas pelos organismos autorizados poderá constituir uma primeira etapa mais prática e útil. Isto não obstante enaltecer o facto de a Dinamarca, Holanda, Reino Unido e Suécia terem já optado voluntariamente por apresentarem declarações *nacionais* subscritas ao mais alto nível.

uma das obrigações fundamentais dos Estados Membros no quadro da gestão partilhada e preside aos instrumentos de responsabilização aplicáveis a esses Estados no âmbito do processo de execução orçamental.

O disposto no artigo 4º do Regulamento (CE, Euratom) nº 2988/95, do Conselho, de 18 de Dezembro de 1995, relativo à *proteção dos interesses financeiros* da União, estabelece que *"qualquer irregularidade tem como consequência, regra geral, a retirada da vantagem indevidamente obtida"*, nomeadamente *"através da obrigação de pagar os montantes em dívida ou de reembolsar os montantes indevidamente recebidos"*. Nos termos do nº 2 do artigo 53º-B do Regulamento Financeiro, já acima transcrito, compete em primeira linha aos Estados Membros *"recuperar os fundos pagos indevidamente ou utilizados incorretamente e as importâncias perdidas em consequência de irregularidades ou erros"*. Esta responsabilidade dos Estados Membros é reafirmada no âmbito dos regulamentos sectoriais[53].

Nos termos do artigo 4º do Regulamento (CE, Euratom) nº 2988/95, as medidas administrativas comunitárias de recuperação dos montantes não são consideradas sanções, visando tão só a reintegração dos fundos, podendo, de acordo com o artigo 7º do mesmo Regulamento, ser aplicadas às pessoas singulares ou coletivas que tenham cometido uma irregularidade, que tenham participado na execução da irregularidade ou que tenham que responder pela irregularidade ou evitar que ela seja praticada.

Em articulação com estas medidas, quer o artigo 325º do TFUE quer a regulamentação geral e sectorial preconizam que os Estados Membros usem de todos os meios disponíveis de acordo com o seu direito nacional para recuperar os montantes em dívida ou indevidamente pagos.

c. A notificação de irregularidades

No âmbito da gestão e proteção dos interesses financeiros da União, e em aplicação do princípio da cooperação leal entre a União Europeia e os seus Estados Membros[54], foram estabelecidas obrigações de os Estados Membros notificarem a Comissão Europeia das irregularidades

---

[53] Cf. artigos 70º, nº 1, alínea b) do Regulamento (CE) Nº 1083/2006 do Conselho, de 11 de Julho de 2006 e 9º do Regulamento (CE) nº 1290/2005 do Conselho, de 21 de Junho.
[54] Cf. artigo 4º TUE.

financeiras que identifiquem[55] e foram criados sistemas para o tratamento dessa informação[56].

De acordo com essas obrigações, os Estados Membros deverão comunicar num dado prazo à Comissão as irregularidades que identifiquem e sejam objeto de processos administrativos ou judiciais, fornecendo informações circunstanciadas nomeadamente a respeito da sua tipificação, dos valores envolvidos, das práticas utilizadas para as cometer, das autoridades responsáveis pelo seu seguimento administrativo ou judicial, das pessoas singulares e coletivas implicadas e da eventual suspensão de pagamentos e possibilidades de recuperação. Os Estados Membros devem ainda identificar as irregularidades comunicadas relativamente às quais existam suspeitas de fraude.

Quando estiverem em causa irregularidades detetadas ou suspeitas que se considere possam rapidamente ter repercussões fora do território nacional ou revelem o emprego de uma nova prática irregular, a comunicação à Comissão e, se for caso disso, a outros Estados Membros interessados, deve ser imediata.

Os Estados Membros devem regularmente atualizar a informação sobre as irregularidades comunicadas, com referência, nomeadamente, aos montantes das recuperações efetuadas ou esperadas, às providências cautelares por si adotadas para salvaguardar a recuperação dos montantes pagos indevidamente, aos processos administrativos e judiciais instaurados com vista à recuperação dos montantes indevidamente pagos e à aplicação de sanções, às razões do eventual abandono de processos de recuperação e à eventual extinção de ações penais.

Deve referir-se que as irregularidades que devem ser notificadas são aquelas que correspondem à definição constante do artigo 1º do Regulamento (EC, Euratom) nº 2988/95: *"Constitui irregularidade qualquer violação de uma disposição de direito comunitário que resulte de um ato ou omissão de um agente económico que tenha ou possa ter por efeito lesar o orçamento geral das*

---

[55] Cf., designadamente, Regulamento (CE) nº 1848/2006, da Comissão, de 14 de Dezembro, Regulamento (CE) nº 1828/2006, da Comissão, de 8 de Dezembro, e Regulamento (CE, Euratom) nº 2028/2004, do Conselho, de 16 de Novembro.
[56] Existem dois sistemas informáticos de comunicação de irregularidades: a base de dados dos recursos próprios (OWNRES), que abrange os recursos próprios tradicionais, e o sistema de gestão de irregularidades (SGI), que abrange parte das despesas do orçamento que são objeto de gestão partilhada entre a Comissão e os Estados-Membros.

Comunidades ou orçamentos geridos pelas Comunidades, quer pela diminuição ou supressão de receitas provenientes de recursos próprios cobradas diretamente por conta das Comunidades, quer por uma despesa indevida". Por um lado, estão abrangidas quaisquer irregularidades e não apenas os casos de fraude, por outro devem considerar-se abrangidas as violações de legislação nacional que aplique ou complemente legislação comunitária e que se deva considerar parte do sistema de proteção dos interesses financeiros da União[57].

O objetivo destas notificações é o de permitir à Comissão identificar as áreas de maior risco, aperceber-se da fiabilidade dos sistemas de controlo, conhecer, investigar e antecipar eventuais situações de fraude, avaliar as medidas adotadas pelos Estados Membros para as prevenir e sancionar, quantificar os montantes recuperados e os fundos por reintegrar, implementar dispositivos de alerta e adotar estratégias e medidas corretivas[58]. Pretende-se também que a Comissão mantenha os contactos necessários com os Estados Membros, nomeadamente para os informar quando a natureza das irregularidades seja de molde a sugerir que práticas idênticas ou similares possam ocorrer noutros Estados Membros.

A responsabilidade dos Estados Membros pela recuperação de fundos tem uma especial expressão na regra, constante dos vários regulamentos sectoriais, de que sempre que os montantes indevidamente pagos a um beneficiário não possam ser recuperados e se prove que o prejuízo sofrido resultou de erro ou negligência da parte do Estado Membro ou de algum dos seus serviços, *o Estado-Membro é ele próprio responsável pelo reembolso dos montantes perdidos ao orçamento da União*[59].

Na prática, quando sejam inativos nos procedimentos de recuperação, quando enfrentem problemas no respetivo processo junto dos beneficiários, quando haja prescrições do procedimento de recuperação, quando estejam em causa problemas sistémicos ou quando haja dificuldades de cálculo do montante das irregularidades, serão efetivamente os Estados

---

[57] Cf. Documento de Trabalho *"Obrigação de comunicação das irregularidades: Modalidades práticas"*19º CoCoLaF, 11 de Abril de 2002.

[58] Vide, designadamente, relatórios anuais da Comissão sobre proteção dos interesses financeiros da União.

[59] Cf. artigos 70º, nº 2, do Regulamento (CE) Nº 1083/2006 do Conselho, de 11 de Julho de 2006 e 32º do Regulamento (CE) nº 1290/2005 do Conselho, de 21 de Junho.

Membros a suportar o custo dos valores que não conseguem ser recuperados, sempre na perspetiva de reintegração dos fundos europeus[60].

d. A interrupção e suspensão de pagamentos e as correções financeiras
Face às dificuldades em ter efetivas garantias quanto à eficácia dos sistemas de controlo nacionais para prevenir as irregularidades, considerando o carácter plurianual de muitos dos programas orçamentais, dispondo da informação sobre as irregularidades identificadas e dando sequência ao disposto no artigo 53º-B, nº 4, do Regulamento Financeiro[61], a Comissão tem posto grande ênfase na aplicação dos mecanismos de *interrupção e suspensão de pagamentos* e de *correção financeira*.

Na legislação sectorial[62] prevê-se que:

- O *gestor orçamental* possa *interromper* o prazo de pagamento dos fundos por um período máximo de 6 meses se algum relatório de um organismo de auditoria nacional ou comunitário indicar deficiências significativas no funcionamento dos sistemas de gestão e controlo ou se receber informações de que despesas constantes de declarações de despesas certificadas estão ligadas a irregularidades graves não corrigidas;
- A *Comissão* possa *reduzir* ou *suspender* a totalidade ou parte de pagamentos se se verificar incumprimento da regulamentação ou utilização abusiva dos fundos comunitários, se o sistema de gestão e controlo do programa apresentar uma deficiência grave que afete a fiabilidade do processo de certificação dos pagamentos relativamente à qual não foi tomada nenhuma medida corretiva, se as despesas constantes da declaração de despesas certificada estiverem relacionadas com uma irregularidade grave que não foi corrigida

---

[60] Cf. COM (2011) 595 final: em 2010 as taxas de recuperação por sector variaram entre 30 e 67%, verificando-se a taxa mais baixa no âmbito dos fundos de pré-adesão e a mais elevada no âmbito da política de coesão.

[61] *"A fim de garantir a utilização dos fundos em conformidade com a regulamentação aplicável, a Comissão instaurará procedimentos de apuramento das contas ou mecanismos de correção financeira que lhe permitam assumir a responsabilidade final pela execução do orçamento."*

[62] Cf., designadamente, os artigos 27º e 31º do Regulamentos (CE) nº 1290/2005, do Conselho, de 21 de Junho, o Regulamento (CE) nº 885/2006, da Comissão, de 21 de Junho, e os artigos 91º, 92º e 98º e seguintes do Regulamento (CE) nº 1083/2006, do Conselho, de 11 de Julho.

ou se tiver havido uma grave violação por um Estado-Membro das obrigações que lhe incumbem de criar e manter sistemas de gestão e controlo eficazes e de prevenir, detetar e corrigir irregularidades e recuperar montantes indevidamente pagos;
- Os *Estados Membros* devam *anular* total ou parcialmente a participação pública em programas em que se verifiquem irregularidades pontuais ou sistémicas, em função da natureza e da gravidade dessas irregularidades e dos prejuízos financeiros daí resultantes para o fundo. Os recursos libertados por estas *correções financeiras* podem, em determinadas condições, ser reutilizados pelo Estado Membro;
- A *Comissão* possa efetuar *correções financeiras*, mediante a anulação da totalidade ou de parte da participação comunitária num programa orçamental, quando conclua que determinadas despesas não foram efetuadas de acordo com as regras comunitárias, que o sistema de gestão e controlo do programa apresenta uma deficiência grave que pôs em risco a participação comunitária já paga ao programa, que as despesas que constam de uma declaração de despesas certificada estão incorretas e não foram retificadas pelo Estado-Membro ou que um Estado-Membro não procedeu às correções financeiras a que deveria ter procedido por sua iniciativa. Estas correções financeiras devem respeitar o princípio da proporcionalidade, tendo em conta a natureza e gravidade das irregularidades, a extensão e as consequências financeiras das deficiências detetadas. As correções podem ser determinadas por referência ao montante das irregularidades, a uma base fixa, a uma base extrapolada ou ser mesmo alargadas quando estejam em causa debilidades gerais dos sistemas de controlo. Nos casos em que o Estado Membro aceite as correções propostas, ele poderá vir a voltar a usar os fundos comunitários em questão. Nos casos em que as correções sejam impostas pela Comissão, o seu montante volta ao orçamento da União.

Ora, é na perspetiva da aplicação destes mecanismos que os Diretores Gerais da Comissão têm declarado confiar na eficácia dos sistemas de controlo e na legalidade e regularidade das operações subjacentes, por considerar que, mais cedo ou mais tarde ao longo do período plurianual dos programas, e tendo em conta as correções financeiras, só as despesas que cumprem com os requisitos comunitários serão pagas.

Os relatórios síntese da Comissão Europeia evidenciam bem que ela se apoia bastante nestes instrumentos, encorajando a sua aplicação sistemática e oportuna, sempre que sejam identificadas deficiências ou irregularidades graves nos controlos, e fazendo-os assinalar sistematicamente nos relatórios. Na Comunicação da Comissão *"Impacto do plano de ação para reforçar o papel de supervisão da Comissão no âmbito da gestão partilhada de ações estruturais"*[63], a Comissão afirma que o impacto do reforço na aplicação das correções financeiras é muito positivo, em termos de prevenção da ocorrência de irregularidades e de reforço dos sistemas de controlo dos Estados Membros. O Parlamento e o Tribunal de Contas são bastante mais céticos quanto à eficácia das correções financeiras para prevenir as irregularidades e a fraude, invocando, designadamente, os seus efeitos perversos e o crescente aumento dessas correções[64].

De qualquer modo, importa clarificar que, ainda que estes mecanismos possam contribuir para melhorar o funcionamento do sistema de gestão e controlo da execução orçamental europeia e a *"accountability"* dos Estados Membros neste domínio, eles nem sempre constituirão um verdadeiro instrumento de *responsabilização*, na aceção que nos propusemos tratar neste capítulo.

Efetivamente, as interrupções e suspensões de pagamentos e as correções financeiras sendo, essencialmente, instrumentos de gestão aplicados durante a execução orçamental que visam reduzir os riscos de má utilização ou perda dos fundos, e consistindo basicamente na sua *não entrega* aos Estados Membros, são supríveis e, inclusivamente, as correções financeiras, se aceites, podem mesmo ser reutilizadas noutras despesas ou programas, perdendo aí o seu efeito preventivo e penalizador.

e. Responsabilidade por incumprimento dos Tratados

Os artigos 310º, nº 6, 317º e 325º do TFUE estabelecem explicitamente responsabilidades para os Estados Membros no âmbito da execução orçamental e da implementação de sistemas de controlo e auditoria e no quadro da proteção dos interesses financeiros da União e de combate à fraude, prevendo que essas matérias sejam detalhadas em regulamentos.

---

[63] COM (2010) 52 final.
[64] Cf. observações das decisões de quitação, designadamente dos anos de 2000 e 2008, e Parecer 2/2005 do Tribunal de Contas Europeu.

Vimos já atrás que vários regulamentos, gerais e sectoriais, discriminam responsabilidades que, com esses objetivos, os Estados devem assegurar no âmbito da gestão partilhada.

Se forem identificadas situações em que determinados Estados Membros não cumprem as obrigações decorrentes daquelas normas dos Tratados, afigura-se-nos que poderá haver lugar às *ações por incumprimento* previstas nos artigos 258º, 259º e 260º do TFUE, embora não nos conste que isso tenha alguma vez sucedido com este fundamento.

De acordo com esses preceitos, a Comissão Europeia ou qualquer Estado Membro podem recorrer ao Tribunal de Justiça da União Europeia para que este declare verificado que um Estado Membro não cumpriu obrigações que lhe incumbem por força dos Tratados. Se o Tribunal fizer essa declaração, esse Estado deve tomar as medidas necessárias à execução do acórdão do Tribunal.

Se a Comissão Europeia[65] vier a considerar que esse Estado Membro não tomou as medidas necessárias para se conformar com o acórdão do Tribunal, é-lhe possível iniciar uma nova ação por incumprimento, em 2º grau, na qual pode pedir ao Tribunal que condene esse Estado no pagamento de uma multa (quantia fixa) ou de uma sanção pecuniária compulsória (quantia progressiva), na medida que considerar adequada às circunstâncias, o que deve ter em conta o dano causado, a gravidade da infração cometida, a duração da mesma e o efeito dissuasivo necessário.

9. As sanções administrativas pela prática de irregularidades que lesem os interesses financeiros da União.

Para além das medidas administrativas com vista à retirada das vantagens indevidamente obtidas[66], a prática de irregularidades que lesem os orçamentos geridos pela União Europeia pode implicar também a aplicação de verdadeiras *sanções administrativas* aos agentes económicos nelas envolvidos.

O artigo 5º do Regulamento (EC, Euratom) nº 2988/95 prevê que essas sanções possam ser do seguinte tipo:

- Pagamento de multa administrativa;
- Pagamento de montante superior às quantias indevidamente recebidas ou elididas, eventualmente acrescidas de juros;

---

[65] Nos termos do artigo 17º do TUE, a Comissão vela pela aplicação dos Tratados e controla a aplicação do direito da União, sob a fiscalização do Tribunal de Justiça.

[66] Cf. artigo 4º do Regulamento (EC, Euratom) nº 2988/95.

- Privação total ou parcial da vantagem concedida pela regulamentação comunitária, mesmo que o agente tenha beneficiado indevidamente de apenas parte dessa vantagem;
- Exclusão ou retirada do benefício ou vantagem durante um período posterior ao da irregularidade;
- Retirada temporária da aprovação ou do reconhecimento necessário à participação num regime de auxílio comunitário;
- Perda da garantia ou caução constituída para efeitos de cumprimento das condições de uma regulamentação ou reconstituição do montante de uma garantia indevidamente liberada;
- Outras sanções de carácter exclusivamente económico, de natureza e âmbito equivalentes.

Estas sanções são, em regra, definidas nas regulamentações sectoriais, em função das necessidades específicas do sector em causa, e apenas devem ser aplicadas quando indispensáveis para a aplicação correta da regulamentação.

Refiram-se, por exemplo, os mecanismos previstos nos artigos 93º e seguintes do Regulamento Financeiro, que preveem a aplicação de sanções aos contratantes ou beneficiários de contratos financiados pelo orçamento comunitário, em caso de prestação de falsas declarações ou de falta grave na execução das suas obrigações contratuais, sanções que podem consistir na exclusão do candidato, proponente ou contratante dos contratos e subvenções financiados pelo orçamento durante um período máximo de dez anos ou na aplicação de sanções pecuniárias até ao limite do valor do contrato em causa.

A aplicação das sanções administrativas comunitárias só pode ter lugar se as irregularidades tiverem sido praticadas com culpa, a título de dolo ou negligência, devendo ainda obedecer ao princípio da proporcionalidade, por referência à gravidade das faltas e ao risco financeiro correspondente.

Tratando-se de sanções criadas pela União, mas que em regra se destinam a ser aplicadas pelas autoridades nacionais, que agem em primeira linha de acordo com o seu direito próprio, a sua aplicação deve ser articulada e ter em conta a aplicação de outras eventuais sanções à mesma pessoa pelos mesmos factos, designadamente de natureza penal[67].

---

[67] Cf. artigos 5º e 6º do referido Regulamento.

10. A responsabilidade criminal

As atividades ilegais lesivas dos interesses financeiros da União podem constituir comportamento criminoso, em especial de fraude ou de corrupção.

Nos termos dos artigos 28º-A e 60º, nº 4, do Regulamento Financeiro, e do artigo 48º das respetivas normas de execução, os sistemas de controlo interno estabelecidos para gerir os riscos relativos à legalidade e regularidade das operações subjacentes à execução orçamental devem igualmente permitir prevenir e detetar as irregularidades e as fraudes.

As fraudes e outros atos de relevância criminal tanto podem ser praticados pelos beneficiários dos fundos como pelos responsáveis e funcionários que os atribuem e gerem[68].

Conforme fomos assinalando ao longo do texto, a efetivação de responsabilidades políticas, administrativas, disciplinares ou pecuniárias, e das respetivas sanções, por atos que violem disposições aplicáveis à execução orçamental não afasta a eventual responsabilidade penal que derive desses mesmos atos.

A questão do combate à fraude lesiva dos interesses financeiros da União tem conhecido significativas dificuldades, embora se deva assinalar uma recente e relevante evolução.

A posição tradicional, constante do Tratado sobre a União Europeia, era a de que a tutela dos interesses financeiros da Comunidade não tinha lugar ao nível comunitário, mas apenas através dos Estados Membros, a quem se confiava em exclusivo essa missão, através das medidas adequadas, embora se preconizasse uma cooperação interestadual, entre os serviços das administrações estaduais, com a ajuda da Comissão. Esta posição refletia a resistência dos Estados Membros ao estabelecimento de um poder sancionatório comunitário centralizado e à própria imposição aos Estados da adoção de medidas penais nacionais.

Ao longo das últimas duas décadas foram-se verificando alguns progressos nesta matéria, que, não obstante, a Comissão considerou sempre modestos.

---

[68] De acordo com dados da Comissão Europeia, em 2009 os Estados Membros assinalaram casos de fraude presumida no valor de 279,8 milhões de euros – cf. COM (2010) 382. Ver também relatórios anuais da Comissão Europeia sobre Proteção dos interesses financeiros da União Europeia – Luta contra a fraude – Quanto ao ano de 2010 ver COM (2011) 595 final.

Em 26 de Julho de 1995 foi estabelecida a *Convenção relativa à proteção dos interesses financeiros das Comunidades Europeias*, que consagrou:

- Que a fraude (tanto em matéria de despesas como de receitas[69]) deve ser objeto de sanções penais eficazes, proporcionais e dissuasoras em todos os países da União Europeia;
- Que cada país da União deve tomar as medidas necessárias para assegurar o estabelecimento dessas sanções;
- Que as sanções, em caso de fraude grave, devem incluir penas privativas de liberdade suscetíveis de implicar a extradição;
- Que cada país deve tomar as medidas necessárias para permitir que os dirigentes de empresas ou quaisquer outras pessoas que exercem o poder de decisão ou de controlo numa empresa possam ser responsabilizados penalmente, de acordo com os princípios definidos no respetivo direito interno em caso de atos fraudulentos que lesem os interesses financeiros da União;
- Que cada país deve tomar as medidas necessárias para definir a sua competência relativamente às infrações que tiver tipificado;
- Que se uma fraude que constitua uma infração penal disser respeito a, pelo menos, dois países da UE, estes devem cooperar de forma eficaz na investigação, nos processos judiciais e na execução da sanção imposta, através, por exemplo, da assistência judiciária mútua, da extradição, da transmissão de processos ou da execução das sentenças proferidas noutro país da União.

---

[69] De acordo com o artigo 1º da referida Convenção, constitui *fraude lesiva dos interesses financeiros da União*: a)Em matéria de *despesas*, qualquer ato ou omissão intencionais relativos à – utilização ou apresentação de declarações ou de documentos falsos, inexatos ou incompletos, que tenha por efeito o recebimento ou a retenção indevida de fundos provenientes do orçamento geral ou dos orçamentos geridos pela União ou por sua conta, – à não comunicação de uma informação em violação de uma obrigação específica, com o mesmo efeito – ou ao desvio desses fundos para fins diferentes daqueles para que foram inicialmente concedidos; b) em matéria de *receitas*, qualquer ato ou omissão intencionais relativos – à utilização ou apresentação de declarações ou de documentos falsos, inexatos ou incompletos, que tenha como efeito a diminuição ilegal de recursos do orçamento geral ou de orçamentos geridos pela União ou por sua conta, – à não comunicação de uma informação em violação de uma obrigação específica, com o mesmo efeito, – ou ao desvio de um benefício legalmente obtido, que produza o mesmo efeito.

Esta convenção foi seguida de vários protocolos, para a definição de noções relativas a corrupção, para a harmonização das respetivas sanções, para a regulação da responsabilidade penal das pessoas coletivas, para a penalização do branqueamento de capitais, para estabelecer a possibilidade de intervenção do Tribunal de Justiça da União Europeia e para regular a cooperação entre os países.

A Convenção e os primeiros protocolos só entraram em vigor em Outubro de 2002 e o segundo protocolo só entrou em vigor em Outubro de 2009. A Comissão, na sua comunicação de 26 de Maio de 2011[70], afirma o seguinte: *"Apesar das tentativas com vista a estabelecer normas mínimas neste domínio, a situação pouco tem evoluído: a Convenção de 1995 relativa à proteção dos interesses financeiros da UE e seus protocolos, que contém disposições (incompletas) em matéria de sanções penais, só foi plenamente aplicada por cinco Estados Membros".*

Importa sublinhar que, embora os Estados Membros estejam hoje legalmente vinculados a combater os atos ilegais lesivos dos interesses financeiros da União e a considerar qualquer fraude contra o respetivo orçamento como uma infração penal, os inquéritos penais e os respetivos julgamentos e penalizações são da exclusiva competência dos Estados Membros e decorrem de acordo com as respetivas legislações nacionais.

Ora, na citada comunicação de 2011, a Comissão salienta que as tipificações e sanções estabelecidas nos Estados Membros em matéria de fraude são bastante díspares, sendo também bastante diferenciadas as regras em matéria de jurisdição, de elementos de prova e de tramitação processual. Tudo isto se traduz em níveis muito assimétricos de abertura de inquérito, de pronúncia, de arquivamento, de morosidade dos processos e de condenação[71]. Como se refere no documento, *"esta situação impede que o direito penal assegure uma proteção equivalente em toda a UE, sendo bastante provável que casos individuais semelhantes se traduzam em resultados divergentes, consoante as disposições nacionais aplicáveis em matéria de direito penal".*

---

[70] COM (2011) 293 final, sobre a proteção dos interesses financeiros da União Europeia pelo direito penal e os inquéritos administrativos.

[71] Cf. estatísticas e exemplos comparativos na COM (2011) 293 final e no documento SEC (2011) 621 final, que lhe está anexo, onde se assinala, relativamente aos casos remetidos às autoridades judiciárias nacionais pelo OLAF, uma taxa média de arquivamentos de 43,9%, mas que varia, em termos de cada país, entre 0% e 100%, e uma taxa média de condenação dos casos julgados de 41,4%, mas que varia, em termos nacionais, também entre 0% e 100%.

Refira-se que a situação é agravada pela ocorrência de casos que abrangem atos praticados em vários países, autores de várias nacionalidades e, inclusivamente, atos ocorridos no seio das instituições comunitárias, que levantam problemas de determinação das jurisdições nacionais competentes, da própria competência dos tribunais nacionais para julgar atos praticados no âmbito de uma organização internacional e da compatibilização entre as possibilidades de investigação e julgamento e as imunidades estabelecidas.

A morosidade e eventual arquivamento dos processos penais pode, por seu lado, prejudicar a imposição de sanções disciplinares a funcionários da União ou de sanções administrativas nos Estados Membros, dada a necessidade de aguardar a conclusão dos processos crime para prosseguimento dos outros processos[72].

O Tratado de Lisboa veio consagrar competências reforçadas para a União Europeia nos domínios da proteção dos respetivos interesses financeiros e da cooperação judiciária em matéria penal.

Os artigos 310º, nº 6, e 325º do TFUE são, hoje, claros no sentido de que o combate à fraude e a outras atividades ilegais lesivas dos interesses financeiros da União é responsabilidade tanto dos Estados Membros como da União, os quais devem colaborar estreita e regularmente nesta matéria. Está também claramente atribuída ao Parlamento Europeu e ao Conselho competência para legislar na matéria, *"tendo em vista proporcionar uma proteção efetiva e equivalente nos Estados Membros, bem como nas instituições, órgãos e organismos da União"*.

O artigo 82º do TFUE reforça as medidas de cooperação judiciária em matéria penal e o artigo 83º consagra a possibilidade de emissão de diretivas para estabelecer regras mínimas relativas à definição das infrações penais e das sanções.

Nas comunicações COM (2011) 293 final e COM (2011) 376 final[73], a Comissão Europeia preconiza que sejam adotadas no futuro diversas medidas legislativas tendentes, designadamente, à aproximação das legislações nacionais em matéria penal de proteção dos interesses financeiros da União, ao reforço dos processos penais e administrativos, à recuperação

---

[72] Cf. artigos 25º do Anexo IX ao Estatuto do pessoal da União e 6º do Regulamento (CE, Euratom) nº 2988/95.
[73] Esta última sobre a estratégia antifraude da Comissão Europeia.

e confisco dos bens obtidos de forma ilícita, ao reconhecimento mútuo dos elementos de prova recolhidos, à definição de infrações graves adicionais, nomeadamente peculato e abuso de poder, à aproximação das regras em matéria de competência e prazos de prescrição e ao estabelecimento de regras mais claras de responsabilização penal dos titulares de cargos públicos e das pessoas coletivas no quadro da proteção dos interesses financeiros.

No que respeita ao quadro institucional, estão também previstas alterações.

O Organismo de Luta Antifraude (OLAF)[74] tem a missão de proteger os interesses financeiros da União Europeia, mediante a investigação de fraudes, corrupção e de qualquer outra atividade ilegal lesiva desses interesses, incluindo faltas praticadas no interior dos organismos da União. O OLAF realiza inquéritos administrativos internos e externos independentes, com o objetivo de recolher as provas necessárias para determinar se ocorreram irregularidades, fraudes, atos de corrupção ou falta lesiva dos interesses financeiros da União Europeia suscetíveis de conduzir a processos disciplinares ou penais[75]. O objetivo das operações consiste em prestar assistência tanto às autoridades comunitárias como às nacionais na luta contra a fraude, apoiando ou coordenando autoridades administrativas e judiciárias nos seus inquéritos e ações conexas, assim dando corpo à colaboração preconizada no artigo 325º, nº 3, do TFUE.

Através da proposta COM (2011) 135 final, a Comissão Europeia propôs agora alterações ao regime do OLAF, que se dirigem principalmente a aumentar a eficiência dos inquéritos, a reforçar e melhorar a sua cooperação e intercâmbio com as outras instituições, serviços, organismos e agências da União Europeia e com os Estados-Membros, com vista a obter uma efetiva aceleração das diligências de inquérito, a reforçar as garantias processuais e a melhorar a sua governação.

Outro organismo relevante da União Europeia é a EUROJUST, composta por 27 membros, um por cada EstadoMembro. A EUROJUST foi

---

[74] Cf. Regulamento (CE) nº 1073/1999 do Parlamento Europeu e do Conselho, Regulamento (Euratom) n.º 1074/1999 do Conselho, de 25 de Maio, e Decisão 1999/352/CE, CECA, Euratom, da Comissão, de 28 de Abril de 1999.

[75] Para o efeito devem-lhe ser encaminhados os casos em que se identifiquem suspeitas. Cf., designadamente, os regulamentos referidos na nota anterior e o artigo 75º das normas de execução do Regulamento Financeiro.

criada com o objetivo de incentivar e melhorar a coordenação das investigações e dos procedimentos penais entre as autoridades competentes da União Europeia no quadro da luta contra formas graves de criminalidade transnacional e organizada, melhorando a cooperação entre as autoridades competentes dos Estados-Membros, facilitando, em particular, a prestação de auxílio judiciário mútuo em matéria penal no plano internacional e a execução de mandados de detenção europeus, dando apoio às autoridades competentes para reforçar a eficácia das suas investigações e procedimentos penais e apoiando investigações e procedimentos penais entre um Estado-Membro e um Estado terceiro ou um Estado Membro e a Comissão no que respeita a infrações penais que lesem os interesses financeiros da União.

O artigo 85º do TFUE veio agora prever a possibilidade de se atribuírem competências de investigação à EUROJUST, que podem incluir a abertura de investigações criminais e a proposta de instauração de ações penais relativas a infrações lesivas dos interesses financeiros da União, bem como a coordenação dessas investigações e ações, a realizar pelas autoridades nacionais competentes. A efetiva atribuição destas competências terá de ser feita por regulamento.

Por último, o artigo 86º do TFUE admite a instituição, por regulamento, de uma Procuradoria Europeia, a partir da EUROJUST, igualmente a fim de combater as infrações lesivas dos interesses financeiros da União. A Procuradoria seria competente para investigar, processar judicialmente e levar a julgamento os autores e cúmplices daquelas infrações, exercendo, perante os órgãos jurisdicionais competentes dos Estados Membros, a ação pública relativa a tais infrações. Esta Procuradoria disporia de regras próprias sobre o processo e sobre a admissibilidade dos meios de prova, favorecendo ainda a uniformidade das regras e critérios de apuramento e efetivação das infrações penais.

Deve dizer-se que a criação desta entidade não é muito consensual entre os Estados Membros, que continuam, em geral, muito resistentes ao fortalecimento dos poderes da União em matéria criminal.

Nota Final
A determinação da responsabilidade e os mecanismos de responsabilização pela execução financeira da União Europeia estão longe de estar estabilizados.

Existem desconfortos significativos com a gestão global dos orçamentos europeus, que anualmente se expressam por ocasião do procedimento de quitação das contas, e existem inúmeros estudos e propostas, bem como observações do Tribunal de Contas Europeu, do Parlamento Europeu e do Conselho sobre a necessidade de melhorar os sistemas de gestão e controlo, de clarificar as responsabilidades e de aperfeiçoar e tornar mais eficaz o combate às irregularidades e à fraude.

A responsabilização dos Estados Membros no âmbito da gestão partilhada de 80% do orçamento comunitário e o reforço da proteção penal dos interesses financeiros da União são as áreas em que se verificam maiores desacordos e em que se impõem e anteveem maiores mudanças.

Bibliografia

AMADOR, Olívio Mota, *A Reforma das Finanças Europeias e a Crise Económica, Desafios aos trabalhos de reforma orçamental promovidos pela Comissão Europeia em 2008/2009*. Revista de Estudos Europeus, Ano III, nº 5. Coimbra: Almedina, 2009.

CIPRIANI, Gabriele, *Rethinking the EU Budget: Three Unavoidable Reforms*, Bruxelas: Centre for European Policy Studies, 2007

CIPRIANI, Gabriele, *The EU Budget, Responsibility without Accountability?* Bruxelas: Centre for European Policy Studies, 2010

COMISSÃO EUROPEIA,
– COM (2001) 428 (*Governança Europeia, Um Livro Branco*)
– COM (2002) 247 final (*Um Projeto para a União Europeia*)
– 19º CoCoLaf, 2002, (*Obrigação de comunicação das irregularidades: modalidades práticas*)
– COM (2010) 52 final (*Impacto do plano de ação para reforçar o papel de supervisão da Comissão no âmbito da gestão partilhada de ações estruturais*)
– COM (2010) 815 (*Proposal for a Regulation of the European Parliament and of the Council on the financial rules applicable to the annual budget of the Union*)
– COM (2011) 135 final (*Proposta de Regulamento relativo aos inquéritos efetuados pelo Organismo Europeu de Luta Antifraude (OLAF)*)
– COM (2011) 293 final (*Proteção dos interesses financeiros da União Europeia pelo direito penal e os inquéritos administrativos*)
– COM (2011) 376 final (*Estratégia Antifraude da Comissão*)
– COM (2011) 595 final (*Proteção dos interesses financeiros da União Europeia – Luta contra a fraude – Relatório anual de 2010*)
– SEC (2011) 250 (*Adding value to declarations: increasing assurance on execution in shared management*)

COMMITTEE OF INDEPENDENT EXPERTS
– *First Report on Allegations regarding Fraud, Mismanagement and Nepotism in the European Commission*, Bruxelas, 1999
– *Second Report on Reform of the Commission, Analysis of current practice and proposals for tackling mismanagement, irregularities and fraud*, Bruxelas, 1999

MACHADO, E. M. Jónatas, *Direito da União Europeia.* Coimbra: Coimbra Editora, 2010.
MESQUITA, Maria José Rangel de, *O Poder Sancionatório da União e das Comunidades Europeias sobre os Estados Membros.* Coimbra: Almedina, 2006
QUADROS, Fausto de, *Direito da União Europeia.* Coimbra: Almedina, 2004
VAN GERVEN, Walter, *Political, Ethical and Financial and Legal Responsibility of EU Commissioners,* Leuven, 2007

Capítulo 10
As Finanças Públicas Europeias na Encruzilhada entre a Integração Orçamental e a Plurilocalização da Execução e do Controlo Orçamental

MARIA D'OLIVEIRA MARTINS[1]

Sumário: Introdução: O Orçamento da União Europeia como instrumento de integração; 1. A execução orçamental plurilocalizada; a. Execução orçamental centralizada; b. Execução orçamental descentralizada i. Por gestão partilhada no âmbito dos Estados-Membros da União Europeia; ii. Execução relativa a ações externas da União Europeia; d. Execução em gestão conjunta; 2. A plurilocalização do controlo da execução do Orçamento da União Europeia; a. O controlo comunitário; b. O controlo estadual. Bibliografia.

Introdução: O Orçamento da União Europeia como instrumento de integração

Não existe um critério objetivo que nos permita com rigor traçar uma fronteira para saber aquilo que deve ser considerado como despesa do domínio

---

[1] Maria d'Oliveira Martins (n. 1978) é Licenciada em Direito (2001) e Mestre em Ciências Jurídico-Políticas (2005) pela Faculdade de Direito da Universidade Católica Portuguesa. Exerce as funções de Assistente na Escola de Lisboa da Faculdade de Direito da Universidade Católica Portuguesa, onde está a preparar o doutoramento. Rege atualmente a cadeira de Finanças Públicas e Direito Financeiro, tendo já lecionado, entre outras disciplinas, a de Direito Constitucional e a de Direitos Fundamentais. Exerce ainda a atividade de jurisconsulta. É autora do "Contributo para a Compreensão das Garantias Institucionais" (2007) e das "Lições de Finanças Públicas e Direito Financeiro" (2010) e coautora da "Lei de Enquadramento Orçamental – Anotada e Comentada" (2007 e 2009).

comunitário. Embora a sua formulação tenha já sido tentada, com critérios como "economias de escala" ou "a necessidade de uma abordagem global com as outras políticas financiadas" ou ainda "a redução dos encargos dos orçamentos nacionais" (CIPRIANI, 2010, p. 98, nota 49), nunca se chegou a um critério final de decisão em matéria de despesa.

Nem sequer se pode falar de uma verdadeira repartição de despesa entre a União Europeia e os Estados-Membros, uma vez que, na prática, o Orçamento da União Europeia pode intervir em qualquer setor. A decisão de despesa comunitária é, pois, essencialmente política[2].

Não obstante o carácter eminentemente político das decisões de despesa comunitária, é de reconhecer a existência de limites à liberdade de decisão neste domínio. Estamos a pensar, nomeadamente, nos princípios da subsidiariedade e da proporcionalidade (v. artigos 69º e 352º do TFUE) e no facto de o orçamento comunitário ser diminuto. De acordo com o princípio da subsidiariedade a decisão de despesa apenas deve "passar para o âmbito comunitário o que não pode ser melhor desempenhado num âmbito mais próximo dos cidadãos, no âmbito nacional ou mesmo nos âmbitos regional e local" (PORTO, 2006, p. 9). E de acordo com o princípio da proporcionalidade não devem exceder-se os objetivos para que a União Europeia foi criada. Depois do Tratado de Lisboa, a aplicação deste princípio está sujeita a controlo por parte dos Parlamentos nacionais (MESQUITA, 2011, pp. 82 e 83[3]). Em termos quantitativos, o orçamento da União Europeia dificilmente ultrapassa, em termos de dimensão, 1% do PIB do conjunto dos países que a integram (BOURRINET E VIGNERON: 2010, p. 102). Isto cria também uma limitação em termos de decisão de despesa, uma vez que este não pode comportar uma componente anti-cíclica (PORTO, 2006, p. 15). Ou seja, pela sua dimensão, o Orçamento da União Europeia não pode acorrer aos choques assimétricos verificados entre Estados-Membros.

A consideração da prioridade em relação a determinadas despesas em detrimento de outras é concretizada por meio de negociação entre os Estados. Esta negociação consubstancia-se no orçamento da União Europeia.

---

[2] Embora vozes críticas se levantem sugerindo que o Orçamento da UE contenha apenas despesa indispensável para a salvaguarda do bem público europeu (promoção da convergência económica) (GROS, 2008, p. 7).

[3] V. a este respeito o Protocolo relativo ao papel dos Parlamentos nacionais na União Europeia e o Protocolo relativo à aplicação do princípio da subsidiariedade e da proporcionalidade.

O orçamento é, pois, um dos muitos instrumentos de que a União Europeia dispõe para cumprir os propósitos comuns.

No orçamento comunitário, encontramos espelhadas tanto as despesas ligadas com o funcionamento da União Europeia quanto as que visam o desenvolvimento harmonioso dos países que a compõem. Entre as despesas comunitárias encontramos despesas administrativas; despesas internas (com cidadania, segurança e justiça); despesas com agricultura, desenvolvimento rural, ambiente e pescas; despesas de coesão; e despesas com investigação.

Mas mais: a despesa da União Europeia não se cinge às suas necessidades ou dos seus Estados-Membros. Também encontramos no seu orçamento espelhadas despesas com ajuda a países (ou organizações) não membros da União Europeia. Entre estas, encontramos, por um lado, as que se referem ao auxílio em reformas estruturais e investimentos infraestruturais a países-candidatos à União Europeia e, por outro, à cooperação da União Europeia quer com organizações internacionais, quer com países vizinhos, tendo em vista a defesa de valores comuns, a cooperação transfronteiriça e o desenvolvimento regional integrado e sustentável (MESQUITA, 2011, pp. 112-121).

Todavia, mesmo reconhecendo a dispersão da despesa da União Europeia, não há dúvida de que a maior fatia da sua despesa corresponde às despesas com os seus Estados-Membros. Cerca de 80% do tal gasto pela União Europeia equivale à soma das despesas de agricultura, desenvolvimento rural, ambiente e pescas (cerca de 40%) com as despesas com educação, investigação e infraestruturas (mais ou menos um terço das despesas totais). Ou seja, o Orçamento da União Europeia aposta essencialmente no prosseguimento de políticas de desenvolvimento e crescimento sustentável, de forma a reduzir as disparidades entre os níveis de desenvolvimento das diversas regiões que integram a União Europeia. O Orçamento da União Europeia acaba, por isso, por funcionar como meio de redistribuição da riqueza entre os seus Estados-Membros (GROS vai ao ponto de entender que esta função de redistribuição do Orçamento da União Europeia – pela negociação entre os Estados que sempre o antecede – chega a sobrepor-se à da prossecução de interesses comuns – 2008, p. 2).

The structure of expenditure 2007-13

Fonte: Comissão Europeia, 2008, p. 254.

Para que a decisão de despesa seja controlada, o Orçamento está sujeito a um quadro plurianual de despesa (nos termos do artigo 312º do TFUE). Este é aprovado por unanimidade pelo Conselho (após aprovação do Parlamento Europeu).

O limite anual da decisão comunitária em relação à despesa encontra-se no princípio do equilíbrio orçamental[4], o qual impede às instituições comunitárias assunção de despesa não coberta pelos seus recursos próprios: direitos aduaneiros cobrados nas fronteiras exteriores da União Europeia; direitos niveladores agrícolas; quotizações sobre os isoglúcidos; recurso baseado no IVA e o recurso baseado no Rendimento Nacional Bruto dos Estados-Membros (artigos 310º, nº 1 e 311º do Tratado sobre o funcionamento da União Europeia).

---

[4] Como explica MANUEL PORTO, "a possibilidade de o orçamento aparecer equilibrado resulta [...] do próprio sistema de recursos próprios, adequável, em particular através do quarto recurso (o recurso PNB, agora RNB), à cobertura da totalidade das despesas" (PORTO, 2006, p. 25).

O orçamento da União Europeia não visa o estabelecimento de uma relação direta com os cidadãos europeus. Este atua junto dos Estados-Membros. Até porque as receitas que o financiam são fruto de transferências por parte dos Estados-Membros. Isto traz dois problemas. Por um lado, os cidadãos não têm perceção dos gastos comunitários e da contribuição que fazem para os financiar. Para lhe responder, alguns Autores defendem a implementação de um imposto europeu diretamente coletado aos cidadãos. Mas esta ideia depara-se com uma oposição forte. Alguns dizem que isso levaria a uma distribuição desigual do ónus contributivo dos Estados-Membros, dada a disparidade existente no que toca à definição nacional dos rendimentos tributáveis (GROS, 2008, p. 8). Outros dizem que isso teria um impacto negativo na opinião pública europeia. Por um lado, porque seria considerado um luxo desnecessário. Por outro, porque poderia gerar hostilidade por parte dos cidadãos, fazendo soçobrar o seu apoio ao processo de integração europeia (CIPRIANI, 2010, p. 16).

Por outro, o facto de as despesas comunitárias serem pagas por receitas transferidas pelos Estados-Membros acaba por condicionar a negociação entre os Estados-Membros tendo em vista apurar a despesa que é realizada ao nível da União Europeia. Segundo alguns Autores, nas negociações que fixam o nível de despesa da União Europeia, os Estados tendem a concentrar-se na diferença que resulta das contribuições nacionais para o orçamento da União Europeia e dos fundos recebidos por cada um dos países sob os vários programas de despesa (GROS, 2008, p. 2).

Relacionando-se exclusivamente com os Estado-Membros, o orçamento da União Europeia nunca se substitui às políticas de cada um deles, limitando-se a ser um complemento da sua ação. Nas palavras de GABRIELE CIPRIANI, este orçamento representa "um instrumento adicional na constelação das finanças públicas da União Europeia, cujos protagonistas são os orçamentos nacionais (2010, p. 11).

1. A execução orçamental plurilocalizada

A execução do Orçamento da União Europeia é assegurada pela Comissão (artigo 317º da TFUE), pelos seus próprios serviços ou, nos termos do artigo 51º do Regulamento Financeiro, pelos chefes das delegações da União, na qualidade de executores subdelegados.

No seu papel de executor orçamental, a Comissão visa dar cumprimento às regras de gasto comunitário em vigor, observar estritamente o quadro plurianual de despesa em vigor e pautar a sua atuação promovendo uma boa gestão financeira (o que significa que terá de atuar em conformidade com os princípios da economia, eficiência e eficácia).

No exercício desta função de executor orçamental, a Comissão pode atuar de várias formas, nos termos do artigo 53º do Regulamento Financeiro[5]: ou chamando a si de forma centralizada a execução ou convocando a ação de outras entidades.

Quando convoca a ação de outras entidades, poderá fazê-lo numa lógica de descentralização – gestão partilhada com Estados-Membros ou com terceiros Estados – ou numa lógica de gestão conjunta com organizações internacionais.

Na definição do modelo de execução centralizada direta ou indireta, a Comissão tem um limite: não pode confiar a terceiros poderes de execução que se traduzam em opções políticas (artigo 54º, nº 1 do Regulamento Financeiro).

Para garantir a boa gestão financeira – mesmo quando atua conjuntamente com instituições de outros países –, a Comissão dispõe, como veremos, de alguns instrumentos (como o Sistema de Alerta Rápido[6] e a Base de dados Central sobre as Exclusões[7]) e de poder de controlo sobre as organizações e indivíduos que com ela colaboram. Com efeito, como quer que atue – só ou em conjunto com outras entidades –, a Comissão assume por inteiro a responsabilidade pela execução do orçamento da União Europeia (artigo 317º do TFUE).

---

[5] Regulamento (CE) nº 1605/2002, alterado pelo Regulamento (CE, Euratom) nº 1995/2006 do Conselho, de 13 de dezembro, pelo Regulamento (CE, Euratom) nº 1525/2007 do Conselho, de 17 de dezembro e pelo Regulamento (UE, Euratom) nº 1081/2010 do Parlamento Europeu e do Conselho, de 24 de novembro. "Although shared management has been a long-established practice, it was governed for a long time only by rules laid down in secondary legislation which stipulate, for each sector, the respective roles of the Commission and the national authorities. The same applied to management decentralised to non-member countries, where the respective roles of the Commission and the beneficiary countries and the various types of control applicable depend on the agreements signed by the Commission and these countries" (COMISSÃO EUROPEIA, 2008, pp. 290 e 291).

[6] Decisão da Comissão de 16 de dezembro de 2008 relativa ao sistema de alerta rápido para uso por parte dos gestores orçamentais da Comissão e das agências de execução (2008/969/CE, Euratom).

[7] Regulamento (CE, Euratom) nº 1302/2008 da Comissão, de 17 de dezembro de 2008.

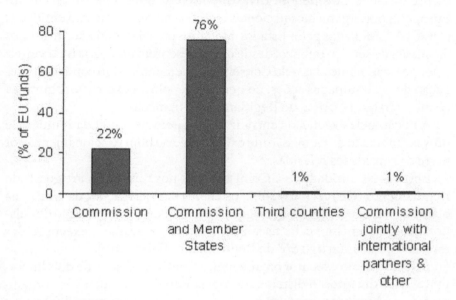

Fonte: União Europeia[8]

a. Execução orçamental centralizada

Quando se fala em execução centralizada podemos estar a falar de execução operada diretamente ou de execução indireta.

Quando atua diretamente, a Comissão fá-lo pelos seus próprios serviços ou por delegações da União (artigo 51º e 53º-A do Regulamento Financeiro).

Nos casos de administração centralizada indireta, a execução do Orçamento da União Europeia pode ser feita por agências de direito comunitário (agências executivas[9]) que levam a cabo programas ou projetos

---

[8] http://ec.europa.eu/budget/explained/management/managt_who/who_en.cfm consultado em 07.12.2011.

[9] "Executive agencies are legal persons under Community law, created by Commission Decision, to which powers may be delegated to implement all or part of a Community programme or project on behalf of the Commission and under its responsibility in accordance with a statute adopted by the Council. The originality of the executive agency concept lies in the combination of the autonomy of the agency (with a legal personality), which allows more flexible management, and supervision by the Commission (of the Steering Committee and

comunitários; por instituições criadas pela União Europeia (nomeadamente o Banco Europeu de Investimento e o Fundo de Investimento Europeu); por organismos nacionais ou internacionais (mesmo entidades privadas), designados pelos Estados-Membros ou pela Comissão, investidos da missão de serviço público, desde que apresentem garantias financeiras; e por pessoas, nomeadas pelo Conselho, a quem tenha sido confiada a execução de determinadas ações, no que toca à política externa e segurança comum (artigo 54º, nº 2, do Regulamento Financeiro).

A opção pela execução centralizada indireta depende da reunião de provas, por parte da Comissão, de existência e de bom funcionamento por parte das entidades referidas.

Entre estas entidades e a Comissão (ou, nos termos do artigo 51º do Regulamento (CE) nº 1605/2002, os chefes das delegações da União, na qualidade de executores subdelegados) estabelece-se uma relação de colaboração. À Comissão cabe fiscalizar, controlar e avaliar a execução das tarefas confiadas (artigo 56º do Regulamento Financeiro).

Atuando como executor orçamental, a Comissão dispõe de dois importantes instrumentos: o Sistema de Alerta Rápido, que identifica organizações e indivíduos representando risco financeiro (ou outro risco) para a União Europeia, permitindo-lhe a tomada de medidas preventivas e a Base de dados Central sobre as Exclusões, que é uma base de dados de todos os organismos ou indivíduos excluídos da gestão de fundos europeus, por serem insolventes, por condenação por fraude, corrupção ou por violação grave dos deveres profissionais ou ainda por conflito de interesses (artigo 95º do Regulamento Financeiro).

Às entidades a quem são confiadas tarefas de execução exige-se a adoção de um sistema de controlo interno eficaz; a utilização de um sistema de contabilidade que permita verificar a boa utilização dos fundos e identificar a sua utilização efetiva; o acesso público à informação; a permissão de uma auditoria pela instituição nacional de auditoria competente; a obrigação de verificação se as ações que beneficiam de financiamento comunitário foram executadas corretamente; a tomada de medidas para prevenir irregularidades e fraudes; e a instauração de procedimentos judiciais com vista a recuperar fundos indevidamente pagos.

the performance of the tasks), which guarantees the protection of Community interests" (COMISSÃO EUROPEIA, 2008, p. 294). V. Regulamento (CE) nº 58/2003 de 19 de dezembro de 2002.

Em concreto, a Comissão executa o Orçamento de forma centralizada no que toca às despesas de investigação, sociedade de informação, educação e cultura, transportes e energia e algumas ações externas (CIPRIANI, 2010, p. 106, nota 87).

b. Execução descentralizada
i. No âmbito dos Estados-Membros da União Europeia

De acordo com o artigo 317º do TFUE, a Comissão – utilizando os seus serviços ou por meio de delegações da União – pode executar o orçamento em cooperação com os Estados-Membros. Quando o faz, a Comissão atua numa lógica de gestão partilhada.

Esta gestão partilhada aplica-se em relação às despesas com agricultura, desenvolvimento rural, ambiente e pescas (FEAGA, FEADER e Fundo Europeu das pescas) e com coesão política (fundos estruturais e fundo de coesão).

Atuando numa lógica descentralizadora, a Comissão confere aos Estados-Membros, nalguns domínios, verdadeiros poderes de execução do orçamento da União Europeia. A lógica na atribuição destes poderes não é a de os Estados-Membros ficarem subordinados a um poder de direção da Comissão. Mas a de lhes conferir poderes delegados (artigo 53º-B, nº 1 do Regulamento Financeiro).

Em que se consubstanciam, na prática, estes poderes? Na possibilidade de selecionar os candidatos a subsídios comunitários e de tomar decisões finais na atribuição dos mesmos[10]. Ou seja, estes poderes consubstanciam-se na atribuição aos Estados-Membros de poderes de microgestão dos financiamentos comunitários (o relacionamento com os candidatos e o tratamento dos seus processos). Nesta relação, a Comissão assume o papel de fazer com que, dentro dos limites orçamentais e ditados pela programação financeira plurianual, haja condições financeiras para estes fundos poderem ser efetivamente atribuídos. "Por exemplo, no que respeita à política de coesão, a Comissão só é informada globalmente dos projetos propostos e não se espera que venha a fazer a sua microgestão" (CIPRIANI, 2010, pp. 19 e 20). O controlo que a Comissão faz é à distância, sem saber

---

[10] "Financially and politically, direct payments are the most important element of the CAP. A national envelope is defined for each Member State and these envelopes in effect represent historical rights to funds for direct payments" (ERJAVEC *et alli*, 2011,)

efetivamente como os sistemas nacionais estão a utilizar o dinheiro do orçamento comunitário.

Nesta tarefa de execução orçamental partilhada, a relação que se estabelece entre os Estados-Membros e a Comissão obriga a uma colaboração.

A Comissão assume poderes de controlo e auditoria em relação à execução, promovendo a utilização das dotações de acordo com princípios de boa gestão financeira (artigo 317º TFUE). Com efeito, é esta quem tem, como já foi referido, a responsabilidade final pela execução do Orçamento da UE.

Mesmo antes de estabelecer uma relação com uma determinada entidade[11], a Comissão deve verificar, de acordo com os critérios do artigo 56º do Regulamento Financeiro, a existência de bom funcionamento da entidade do Estado-Membro que com ele colabora (controlo *ex ante*). A Comissão pode aqui contar com a Base de dados Central sobre as Exclusões, no sentido de saber que organismos ou indivíduos estão excluídos da gestão de fundos europeus.

Já no decurso da execução orçamental também dispõe de poderes de controlo. Entre eles incluem-se o de apuramento de contas das instituições que com ele colaboram e a utilização de mecanismos de correção financeira (controlo *ex post*). A Comissão pode mesmo suspender a transferência de fundos quando não existe uma garantia absoluta da fiabilidade do sistema de execução e controlo do Estado-Membro.

O poder de controlo da Comissão será tanto mais efetivo quanto mais precisa e clara for a definição das competências delegadas.

Das entidades públicas que colaboram com a Comissão espera-se:

- a adoção de medidas legais, regulamentares, administrativas ou outras tendo em vista a certificação de que a ações financiadas são realizadas; a repressão das irregularidades ou fraudes; a recuperação de fundos indevidamente pagos ou incorretamente utilizados; e a publicação anual dos beneficiários de fundos provenientes do orçamento da UE (artigo 53º-B, nº 2 do Regulamento Financeiro);
- a implementação de um controlo interno eficaz e eficiente, tendo em vista a verificação da economia, eficiência e eficácia das operações; da fiabilidade das informações financeiras; da preservação de ativos

---

[11] Nos termos do artigo 57º Regulamento (CE) nº 1605/2002, as entidades que colaboram com a Comissão devem ser entidades públicas.

e de informação; da prevenção e deteção de fraudes e irregularidades; e da gestão adequada dos riscos relativos à legalidade e regularidade das operações subjacentes (artigos 53º-B, nº 2 e 28º-A do Regulamento Financeiro).

– a apresentação à Comissão de relatórios anuais de execução, contendo a síntese das auditorias e as declarações disponíveis (artigos 53º-B, nº 3 do Regulamento Financeiro).

O Parlamento Europeu tem detetado alguns problemas quanto a esta colaboração que se estabelece entre a Comissão e as entidades dos Estados-Membros, encarregues da execução do Orçamento da União Europeia[12]. O que acaba por comprometer quer a declaração de fiabilidade das contas (conhecida pela expressão francesa Déclaration d'Assurance – DAS) por parte do Tribunal de Contas Europeu, quer os próprios objetivos a atingir pela UE. Em concreto, na quitação das contas de 2008 e de 2009, o Parlamento Europeu assinalou, a apresentação de altas taxas de erro nos pagamentos (mais de 5% das despesas de coesão[13]); uma lenta recuperação dos fundos indevidamente pagos; e um crescente número de casos de transição de transferências de fundos para os anos subsequentes, por atraso no arranque dos programas e mau planeamento (Resolução de 5 de maio de 2010 sobre as contas de 2008, capítulo 7 e Resolução de 10 de maio de 2011 sobre as contas de 2009, capítulo 9).

Tendo em vista a resolução dos problemas detetados, o Parlamento Europeu já em 2010 convidara a Comissão a apresentar medidas que contrariassem estas observações, para serem aplicadas de 2010 em diante, e a informar o Parlamento Europeu acerca de como pode operar de modo mais coordenado com os Estados-Membros. O Parlamento Europeu, nessa altura, instou ainda a Comissão a adotar medidas corretivas efetivas de suspensão/remoção de financiamento em relação a despesa que não seja executada de acordo com a legislação da União Europeia.

---

[12] Embora a Comissão tenha vindo a desenvolver um trabalho de melhoria no que toca ao reforço do seu poder de supervisão no que toca à execução descentralizada ou em gestão partilhada – v. Report on the implementation of the action plan to strengthen the Commission's supervisory role under shared management of structural actions – COM (2009) 42, de 03/02/2009.

[13] Embora o PE reconheça que já foram feitos esforços significativos de redução destas taxas de erro para as despesas de "agricultura e recursos naturais", "investigação, energia e transportes" e "educação e cidadania" (ponto 11 do capítulo 7).

O Parlamento "believes that, in the case of recurrent reserves for expenditure programmes in a particular Member State, suspension of payments, as a means of pressure, will contribute to greater involvement of the Member States in the correct use of EU funds received" (Resolução de 5 de maio de 2010 sobre as contas de 2008, capítulo 7, ponto 38).

O Parlamento Europeu convida a melhorias. Em primeiro lugar, no que toca aos relatórios anuais apresentados pelos Estados-Membros, de forma a melhorarem a transparência e a possibilidade de escrutínio. Em segundo, aconselhando a padronização destes relatórios de forma a permitirem a comparabilidade dos elementos providenciados. Em terceiro, convidando a uma reavaliação do sistema de controlo da Comissão. Em quarto lugar, chamando a Comissão a analisar os pontos fortes e fracos da execução levada a cabo por cada um dos Estados-Membros, tendo em vista a avaliação da sua administração e controlo e ainda a, com base nesta informação a identificar os problemas comuns, soluções possíveis e boas práticas. Ou seja, a fazer uso da informação que colhe no seu papel supervisor. Em quinto e último lugar, sugere ainda um estreitamento da colaboração entre a Comissão e o Gabinete Europeu Anti-Fraude (OLAF), no sentido de um maior controlo dos gastos da União Europeia.

Tendo ainda em vista o aperfeiçoamento do papel de supervisão da Comissão, o Parlamento Europeu convida todos os Estados-Membros a seguirem o exemplo da Dinamarca (RIGSREVISIONEN, 2010), Holanda, Suécia e Reino Unido que apresentam, de modo voluntário, anualmente um relatório de execução (embora – num reconhecimento da disparidade destes relatórios – inste a Comissão a fornecer orientações para a sua realização).

ii. Execução relativa a ações externas da União Europeia

A Comissão pode também conferir poderes de execução do Orçamento da União Europeia a países que não sejam Estados-Membros da União Europeia. Poderá fazê-lo no quadro de uma ajuda concedida a título autónomo; no quadro de (um) acordo(s) concluídos com Estados terceiros ou de acordo com organizações internacionais.

Estas ajudas consubstanciam-se em contratos de financiamento ou contratos ou convenções de subvenção, os quais definem as condições de concessão de ajuda externa (artigo 166º, nº 1 do Regulamento Financeiro)[14].

---

[14] Sobre estes acordos, v. artigos 162º e ss. do Regulamento do Regulamento (CE) nº 1605/2002.

Quando falamos em ações externas da União Europeia falamos, por um lado, na assistência que a União Europeia presta a países candidatos à União Europeia. Esta assistência visa, nomeadamente, o reforço das instituições democráticas e do Estado de Direito; o alinhamento progressivo com as normas e políticas da União Europeia; e a adoção e aplicação do acervo comunitário. Esta assistência é concedida de acordo com um quadro coerente, definido pelo Regulamento (CE) nº 1085/2006 do Conselho, de 17 de julho. Falamos também, e por outro lado, na cooperação da União Europeia com países vizinhos tendo em vista a defesa de valores comuns, a cooperação transfronteiriça e o desenvolvimento regional integrado e sustentável. A União Europeia colabora, por exemplo, com países do Mediterrâneo, do Médio Oriente, com a Rússia, Noruega e Islândia só para dar alguns exemplos[15]. Esta cooperação está regulada pelo Regulamento (CE) nº 1638/2006, de 9 de novembro.

Notamos, neste ponto, que a celebração de um destes acordos não implica necessariamente a conferência de poderes de execução orçamental. Nada impede que esses acordos prevejam por exemplo a execução centralizada por parte da Comissão (artigo 163º do Regulamento Financeiro).

Nos casos em que se opte por uma execução descentralizada, e à semelhança do que sucede nos demais casos de execução descentralizada, também aqui a Comissão (ou, nos termos do artigo 51º do Regulamento Financeiro, os chefes das delegações da União, na qualidade de executores subdelegados) é a responsável final pela execução do Orçamento da União Europeia. Nestes termos, cabem-lhe poderes de controlo *ex ante* das entidades com as quais se vai relacionar. Deste modo, poderá verificar, de acordo com os critérios do artigo 56º, nº 1, do Regulamento (CE) nº 1605/2002, a existência de bom funcionamento da entidade do país terceiro que com ele colabora. No âmbito desta verificação, a Comissão deverá assegurar-se de que a entidade colaboradora do país terceiro garante o acesso público à informação, ao nível previsto pela regulamentação comunitária.

Cabe ainda à Comissão a instauração de procedimentos de apuramento de contas e/ou de correção financeira, à semelhança do que sucede nos casos de execução descentralizada no âmbito dos seus Estados-Membros (controlo *ex post*).

---

[15] Ilustrando a literatura sobre este tema e as questões que levanta, v. MICHAEL EMERSON, KRISTINA KAUSCH E RICHARD YOUNG, 2009; MICHAEL EMERSON, 2005; MICHAEL EMERSON, 2009; MICHAEL EMERSON E RICHARD YOUNG, 2009.

No seu trabalho de controlo, a Comissão conta também, a este nível, com o Sistema de Alerta Rápido, identificando organizações e indivíduos representando risco financeiro para a União Europeia e com a Base de dados Central sobre as Exclusões já mencionada.

Os países terceiros que colaboram coma Comissão na execução orçamental devem, para além da manutenção das condições que apresentam em sede de fiscalização *ex ante* à Comissão, verificar regularmente se as ações de que beneficiam de financiamento pelo orçamento comunitário foram executadas corretamente; tomar medidas adequadas para prevenir irregularidades e fraudes; e instaurar processos, se necessário, para recuperar os fundos pagos indevidamente (artigo 56º, nº 2, do Regulamento Financeiro).

c. Execução em gestão conjunta

A Comissão pode atuar ainda, no exercício das suas competências de execução orçamental, numa lógica de gestão conjunta com organizações internacionais.

Isto sucede ao abrigo de acordos-quadro de longo prazo ou ao abrigo de projetos ou programas assumidos em conjunto. A União Europeia, ao abrigo destes acordos pode surgir como única ou como mais uma das entidades doadoras (ações com pluralidade doadores).

Pelo facto de poder estar em causa a contribuição para fundos comuns este procedimento deve ser excecional. Com efeito, este *modus operandi* pode pôr em causa o seguimento do rasto do dinheiro empregue por parte da Comissão.

Estamos a falar dos casos de programas humanitários (com a ONU, Banco Mundial e Cruz Vermelha). A execução em gestão conjunta também se aplica aos fundos de desmantelamento nuclear. Nestes fundos, a Comissão executa o orçamento em ação conjugada com o Banco Europeu de Reconstrução e Desenvolvimento.

Na relação que se estabelece com organizações internacionais, as tarefas de execução orçamental devem estar circunstanciadamente descritas nos acordos de financiamento. As organizações internacionais devem aplicar normas equivalentes às internacionalmente aceites em matéria de contabilidade, auditoria, controlo interno e adjudicação de contratos. Ao abrigo deste poder de execução do Orçamento da União Europeia, estas devem, de forma a facilitarem o escrutínio da sua atividade, publicar os nomes dos beneficiários dos fundos (artigo 53º-D do Regulamento Financeiro).

2. A plurilocalização do controlo da execução do Orçamento da União Europeia

A execução orçamental descentralizada ou conjunta leva a que o controlo do Orçamento da União Europeia se opere de forma plurilocalizada nesses casos. Com efeito, se em primeira linha a responsabilidade pela execução cabe à Comissão, a verdade é que esta exclusividade da responsabilidade da Comissão não afasta a responsabilidade daqueles em quem essa tarefa é delegada. Em relação aos Estados-Membros, o TFUE é cristalino quando dispõe que "os Estados-Membros cooperarão com a Comissão a fim de assegurar que as dotações sejam utilizadas de acordo com os princípios da boa gestão financeira" (artigo 317º TFUE). Com efeito,

Assim sendo aos controlos orçamentais da União Europeia somam-se os controlos próprios dos Estados (Membros ou terceiros) que se relacionam com a Comissão.

a. Controlos comunitários

Do lado dos controlos comunitários, temos, em primeiro lugar, aquele que é operado pela Comissão na relação que estabelece com os organismos que com ela colaboram (controlo interno). Em concreto, este controlo é feito pelos Diretores-Gerais da Comissão ou pelos os chefes das delegações da União, na qualidade de executores subdelegados, relativamente à sua área de responsabilidade.

Nos casos de execução descentralizada, esta incide sobre as entidades dos Estados-Membros ou Estados-terceiros que colaboram com a Comissão. Normalmente, as regras relativas ao controlo que aqui se aplicam estão intimamente relacionadas com o apuramento final de contas e a aplicação de mecanismos de correção financeira levados a cabo pela Comissão.

Os procedimentos de controlo são plurianuais por natureza (COMISSÃO EUROPEIA, 2008, p. 328).

O controlo deve promovido em cumprimento das regras do Regulamento Financeiro e de acordo com os parâmetros de controlo interno para a execução efetiva, estabelecidos pela Comissão[16]. Estes parâmetros visam

---

[16] "These Standards constitute the basic internal control principles and practices to be applied across the whole Commission" (COMISSÃO EUROPEIA, 2008, p. 330). V. parâmetros de controlo interno para uma execução orçamental efetiva anexos à Comunicação SEC (2007) 1341 de 16/10/2007. Sobre o tema v. ainda Relatório da Comissão para o Parlamento Europeu sobre o quadro do controlo interno integrado – COM (2008) 110 final de 27/02/2008;

assegurar que "as atividades operacionais são efetivas e eficientes, que as transações são legais e regulares, que o reporte financeiro e de execução é fiável, que a fraude e as irregularidades são prevenidas ou detetadas e, finalmente, que os recursos e informação são salvaguardados" (COMISSÃO EUROPEIA, 2008, p. 331).

Uma das preocupações no que toca a este controlo prende-se com razoabilidade do seu custo, de forma a que este não se torne demasiado oneroso. Esta preocupação é visível, nomeadamente, quando se definem as margens de erro razoáveis no que toca à atribuição de fundos (no âmbito da execução descentralizada ou gestão partilhada), de forma a não reforçar o controlo quando os erros na atribuição de fundos não são muito numerosos[17]. "The need of striking a reasonable balance between the administrative costs of control and the risk of reimbursing irregular expenditure has led to the concept of 'tolerable risk of error'. This is a recognition of how unrealistic it is to strive for a 'zero irregularity' system, due to the disproportionate cost of controls" (CIPRIANI, 2010, p. 32).

Desta atividade de controlo resulta um relatório anual por parte de cada um dos Diretores-Gerais, dando conta da execução orçamental operada e do controlo interno feito. Com base nestes relatórios é elaborada uma síntese da execução orçamental. É com base nesta síntese que a Comissão "assume a sua responsabilidade política" (COMISSÃO EUROPEIA, 2008, p. 331).

As correções sugeridas pelo Parlamento Europeu, atrás mencionadas em relação à execução descentralizada, e a urgência sugerida para a sua aplicação mostram a necessidade de um controlo fiável e efetivo. Sem um controlo fiável e efetivo a Comissão fica impossibilitada de assumir a responsabilidade final pela execução do orçamento.

Os organismos que executam o orçamento estão ainda sujeitos à jurisdição do Tribunal de Contas Europeu. Estamos neste caso perante o controlo externo.

Sendo certo que não tem funções jurisdicionais, é o Tribunal de Contas Europeu que fiscaliza todas as receitas e despesas da União, tendo em vista

e Relatório de impacto sobre o plano da Comissão tendo em vista um quadro integrado de controlo interno – COM (2009) 43 de 04/02/2009.

[17] V. Communication from the Commission to the European Parliament, the Council and the Court of Auditors: "More or less controls? Striking the right balance between the administrative costs of control and the risk of error" (COM(2010)261 final de 26/05/2010).

a legalidade e regularidade das contas e a promoção da boa gestão financeira (artigos 285º e 287º do TFUE). A sua fiscalização consubstancia-se na realização de auditorias (realizadas de acordo com as normas internacionais de auditoria – ISA – publicadas pelo IFAC; as normas de auditoria da INTOSAI; e o referencial COSO). Estas visam não só um controlo de legalidade das despesas efetuadas, mas também da economia, eficiência e eficácia com que foram dispendidos os recursos disponibilizados.

Estas auditoriais podem ter lugar quer antes, quer depois do encerramento das contas no exercício orçamental em causa (artigo 287º, nº 2, do TFUE). Incidindo tanto sobre instituições comunitárias quanto sobre instituições de Estados-Membros da União Europeia ou mesmo Estados-terceiros, as auditorias do Tribunal de Contas Europeu são exercícios de realização complexa.

No seu papel de controlo, o Tribunal de Contas Europeu não deve bastar-se com os relatórios dos Diretores-Gerais. Com efeito, estes não passam de uma tomada de posição da Comissão e servem apenas de elementos complementares no quadro da avaliação do controlo e vigilância feitos pelo próprio Tribunal de Contas Europeu. As relações entre o Tribunal de Contas Europeu e a Comissão devem ser de total abertura.

As auditorias feitas pelo Tribunal de Contas Europeu baseiam-se em vários elementos. Entre os principais temos, por um lado, o exame do funcionamento dos sistemas de controlo e vigilância no que toca à cobrança de receitas e realização de despesa e, por outro, testes de validação feitos relativamente a operações ligadas às receitas e às despesas (controlo direto de legalidade e regularidade por uma amostra significativa de pagamentos até ao beneficiário final).

No exercício do seu papel de controlo, o Tribunal de Contas Europeu pode fazer inspeções nas instalações de qualquer órgão (comunitário ou não) que efetue a gestão de receitas e despesas em nome do Estado (287º, nº 2 do TFUE).

Na sua ação, o Tribunal de Contas Europeu conta com a colaboração das instituições nacionais e de outros auditores.

Nos termos do artigo 287º do TFUE, "o Tribunal de Contas envia ao Parlamento Europeu e ao Conselho uma declaração sobre a fiabilidade das contas e a regularidade e legalidade das operações a que elas se referem" (conhecida pela expressão francesa Déclaration d'Assurance – DAS). Esta declaração é anual. Pode ser emitida com ou sem reservas. Será emitida sem reservas se o Tribunal de Contas Europeu considerar que tem uma imagem fiel da execução e se vê garantida a legalidade e regularidade das operações de receita e de despesa. A DAS serve para fornecer ao Parlamento Europeu e ao Conselho uma apreciação e opinião sobre a forma como os recursos comunitários foram geridos.

Pela sua posição privilegiada e pelo conhecimento detalhado sobre o modo como os orçamentos comunitários são executados, o Tribunal de Contas Europeu é, nos termos do artigo 325º do TFUE, ouvido pelo Parlamento Europeu e pelo Conselho tendo em vista a tomada de medidas de prevenção e combate das fraudes lesivas dos interesses financeiros da União Europeia.

Para além destes controlos, a avaliação da execução orçamental pela Comissão está também sujeita à apreciação política feita pelo Parlamento e pelo Conselho.

b. Controlos estaduais

Aos controlos comunitários, soma-se o controlo exercido pelas autoridades dos Estados cujos organismos promovem execução orçamental comunitária.

Os organismos públicos que executam o orçamento comunitário (normalmente em regime de cofinanciamento) estão sujeitos aos controlos orçamentais nacionais (administrativos, políticos e jurisdicionais).

Entre os controlos nacionais, destacamos o controlo interno, que se soma àquele que é feito de acordo com os parâmetros definidos pela Comissão, acima referidos. Destacamos ainda, no seio do controlo externo, aquele que é feito pela entidade nacional de auditoria, o qual também se soma ao que é feito pelo Tribunal de Contas Europeu. Veja-se por exemplo, no caso português, que a competência do Tribunal de Contas se estende à "aplicação dos recursos financeiros oriundos da União Europeia, de acordo com o direito aplicável, podendo, neste domínio, atuar em cooperação com os órgãos comunitários competentes" (artigo 5º, nº 1, al. h, da LOPTC).

Conclusões

1. O orçamento é um dos muitos instrumentos de que a União Europeia dispõe para cumprir os propósitos comuns.

2. A consideração da prioridade em relação a determinadas despesas em detrimento de outras é concretizada por meio de negociação entre os Estados e consubstancia-se no Orçamento comunitário.
3. A despesa da União Europeia não se cinge às suas necessidades ou dos seus Estados-Membros: também encontramos no seu orçamento espelhadas despesas com ajuda a países (ou organizações) não membros da União Europeia.
4. A execução do Orçamento da União Europeia é assegurada pela Comissão.
5. No exercício desta função de executor orçamental, a Comissão pode atuar de várias formas ou chamando a si de forma centralizada a execução ou convocando a ação de outras entidades.
6. Quando convoca a ação de outras entidades, poderá fazê-lo numa lógica de descentralização (gestão partilhada com Estados-Membros ou com terceiros Estados) ou numa lógica de gestão conjunta com organizações internacionais.
7. A Comissão assume, em todos os casos, por inteiro a responsabilidade pela execução do orçamento da União Europeia.
8. Quando se fala em execução centralizada podemos estar a falar de execução direta ou de execução indireta.
9. A opção pela execução centralizada indireta depende da reunião de provas, por parte da Comissão, de existência e de bom funcionamento por parte das entidades referidas; à Comissão cabe fiscalizar, controlar e avaliar a execução das tarefas confiadas às mesmas.
10. A gestão partilhada, no âmbito do espaço comunitário, aplica-se em relação às despesas com agricultura, desenvolvimento rural, ambiente e pescas e com coesão política.
11. Atuando em gestão partilhada, a Comissão confere aos Estados-Membros, nalguns domínios, verdadeiros poderes de execução do orçamento da União Europeia (microgestão).
12. Na execução orçamental partilhada, a relação que se estabelece entre os Estados-Membros e a Comissão obriga a uma colaboração.
13. A Comissão pode também conferir poderes de execução do Orçamento da União Europeia a países que não sejam Estados-Membros da União Europeia, no quadro de uma ajuda concedida a título autónomo; no quadro de (um) acordo(s) concluídos com Estados terceiros ou de acordo com organizações internacionais.

14. A relação que se estabelece entre os Estados terceiros e a Comissão obriga a uma colaboração estreita.
15. A Comissão pode atuar ainda, no exercício das suas competências de execução orçamental, numa lógica de gestão conjunta com organizações internacionais.
16. A gestão conjunta, pelo facto de supor a contribuição para fundos comuns, deve ser excecional para não pôr em causa o seguimento do rasto do dinheiro empregue por parte da Comissão.
17. A execução orçamental descentralizada ou conjunta leva a que o controlo do Orçamento da União Europeia se opere de forma plurilocalizada: aos controlos orçamentais da União Europeia somam-se os controlos orçamentais próprios dos Estados (Membros ou terceiros) que se relacionam com a Comissão.

Bibliografia

BOURRINET, Jacques e VIGNERON, Philippe – *Les paradoxes de la zone euro*. Bruxelles: Bruyant, 2010.

CIPRIANI, Gabriele – *The EU Budget: Responsibility without accountability*. Brussels: Centre for European Policy Studies, 2010.

COMISSÃO EUROPEIA – *European Union. Public Finance*. Luxemburgo, 2008 (disponível em http://ec.europa.eu/budget/library/biblio/publications/public_fin/EU_pub_fin_en.pdf em 07.12.2011 15:41)

CRESPO, Millagros García – *Public expenditure control in Europe : coordinating audit functions in the European Union*. Cheltenham : Edward Elgar, 2005.

EMERSON, Michael (ed.) – *Democratisation in the European Neighbourhood*. Bruxelas: Centre for European Policy Studies, 2005.

EMERSON, Michael, KAUSCH, Kristina E YOUNG, Richard (ed.) – *Islamist Radicalisation: The Challenge for Euro-Mediterranean Relations*. Bruxelas: Centre for European Policy Studies e Madrid: FRIDE, 2009.

EMERSON, Michael (com Arianna Checchi, Noriko Fujiwara, Ludmila Gajdosova, George Gavrilis e Elena Gnedina) – *Synergies vs. Spheres of influence in the pan-european Space*. Bruxelas: Centre for European Policy Studies, 2009.

EMERSON, Michael E YOUNG, Richard (ed.) – *Democracy's Plight in the European Neighbourhood*. Bruxelas: Centre for European Policy Studies, 2009.

ERJAVEC, Emi; CHANTREUIL, Frédéric ; HANRAHAN, Kevin; DONNELLAN, Trevor; SALPUTRA, Guna; KOŽAR, Maja; VAN LEEUWEN, Myrna – *Policy assessment of an EU wide flat area CAP payments system*. In Economic Modelling, Volume 28, Issue 4, July 2011, pp. 1550-1558.

GROS, Daniel – How to Achieve a Better Budget for the European Union, 2008 (disponível em http://ec.europa.eu/dgs/policy_advisers/conference_docs/gros_bepa_conference_final.pdf).

MESQUITA, Maria José Rangel de – *A Actuação externa da União Europeia depois do Tratado de Lisboa*. Coimbra: Almedina, 2011.

PARLAMENTO EUROPEU – European Parliament decision of 5 May 2010 on discharge in respect of the implementation of the European Union general budget for the financial year 2008, Section III – Commission (SEC(2009)1089 – C7-0172/2009 – 2009/2068(DEC)) (disponível em http://www.europarl.europa.eu/document/activities/cont/201005/20100511ATT74395/20100511ATT74395EN.pdf).

PORTO, Manuel – *O Orçamento da União Europeia*. Coimbra: Almedina, 2006.

RIGSREVISIONEN – *Memorandum to the Public Accounts Committee on the European Parliament's discharge resolution regarding the 2008 EU accounts*, 2010 (disponível em http://www.rigsrevisionen.dk/media(1594,1033)/SEKR02-10.pdf).

Capítulo 11
Sustentabilidade das Finanças Públicas na União Europeia

MANUEL HENRIQUE DE FREITAS PEREIRA[1]

Sumário: 1. Introdução; 2. Conceito e indicadores de sustentabilidade: 2.1. Conceito de sustentabilidade; 2.2. Indicadores de sustentabilidade; 3. A coordenação das políticas orçamentais nacionais na União Europeia: 3.1. Combate aos défices excessivos e Pacto de Estabilidade e Crescimento (PEC); 3.2. Da crise de 2008-2009 ao Tratado sobre Estabilidade, Coordenação e Governação na União Económica e Monetária; 4. Sustentabilidade das finanças públicas e envelhecimento demográfico. Bibliografia.

1. Introdução

Nas análises de finanças públicas, a sustentabilidade é cada vez mais encarada como uma condição prévia indispensável para a estabilidade e o crescimento, particularmente quando se está perante uma união monetária. É que, então, especialmente se a política orçamental é prosseguida com

---

[1] Licenciado em Economia pela Faculdade de Economia da Universidade do Porto e Mestre em Gestão pelo Instituto Superior de Economia e Gestão, da Universidade Técnica de Lisboa. Professor Catedrático Convidado do referido Instituto, onde leciona desde 1979.
Juiz Conselheiro Jubilado do Tribunal de Contas, onde, no âmbito da 2ª Secção, foi de 1998 a 2010 responsável pela área da segurança social e coordenador dos Pareceres sobre a Conta Geral do Estado de 2004, 2005 e 2006.
Antes foi Investigador Economista do Centro de Estudos Fiscais (Ministério das Finanças), tendo sido seu Director de 1993 a 1998.

autonomia ao nível de cada um dos membros dessa união, torna-se necessário compatibilizar os objetivos desta política com os objetivos visados a nível global, evitando que os riscos associados à vulnerabilidade que se verifique num desses membros se propaguem e comprometam a estabilidade do todo. Além disso, sendo a evolução demográfica no sentido de um envelhecimento populacional, a sustentabilidade das finanças públicas enfrenta novos desafios que importa ter em conta.

No quadro da União Europeia, a criação de uma moeda única e o estabelecimento de uma política monetária e cambial únicas teve como uma das suas consequências inevitáveis a necessidade de reforçar a coordenação das políticas orçamentais nacionais, o que levou à instituição do chamado Pacto de Estabilidade e Crescimento com imposição de limites a observar quanto ao défice orçamental e à dívida pública. A crise económico-financeira de 2008-2009 impôs novos constrangimentos a essa coordenação, bem visível no denominado Tratado sobre Estabilidade, Coordenação e Governação na União Económica e Monetária, onde a necessidade de assegurar a sustentabilidade das finanças públicas foi ainda mais reforçada, o que justifica a sua análise permanente, a vários níveis e a definição das políticas indispensáveis para a garantir.

2. Conceito e indicadores de sustentabilidade
2.1. Conceito de sustentabilidade

A noção de sustentabilidade pode ser assimilada ao entendimento corrente do que é sustentável e do que não é sustentável, ou seja do que pode manter-se ou do que não é possível continuar. O que, traduzido em termos de finanças públicas, pode referir-se à possibilidade de manutenção das políticas públicas atuais – serão sustentáveis aquelas que têm a garantia de poderem ser continuadas indefinidamente enquanto que não são sustentáveis aquelas em que isso não se verifica, tendo, por isso, que ser alteradas.

Se esta noção parece clara, quando se passa para uma definição mais precisa e com significado analítico, surgem diferentes perspetivas, fornecendo a literatura várias propostas.

E embora o debate teórico sobre esta questão tenha preocupado os economistas ao longo dos tempos[2], são duas as principais correntes que costumam invocar-se a este respeito, em ambos os casos procurando

---

[2] Para uma síntese veja-se BALASSONE e FRANCO (2001)

responder a uma questão central: há ou não limites para o crescimento da dívida pública?[3] Por isso, há também quem defina sustentabilidade das finanças públicas como a capacidade para honrar ao longo do tempo as obrigações decorrentes da dívida pública[4]. Ou seja, responder às questões essenciais *"Can the current course of fiscal policy be sustained, without exploding... or imploding... debt? Or will the government have to increase taxes, decrease spending, have recourse to monetisation, or even repudiation?"* (BLANCHARD, 1990; p. 10). Trata-se, assim, de um conceito de longo prazo, o que permite distinguir sustentabilidade de solvência, pois esta está ligada com a capacidade imediata (a curto prazo) de um país financiar as suas despesas[5].

Para uma primeira corrente teórica de sustentabilidade, cujos fundamentos têm sido atribuídos a DOMAR (1944), o rácio da dívida pública (relação entre dívida pública e PIB) deverá convergir para um valor finito de modo a evitar que o nível de fiscalidade (relação entre receitas públicas e PIB) cresça indefinidamente. Na mesma perspetiva está a noção apresentada por BLANCHARD *et al* (1990; p. 11) de que *"a sustainable fiscal policy can be defined as a policy such that the ratio of debt to GNP eventually converges back to its initial level"*. Esta convergência traduz uma condição necessária para a sustentabilidade das finanças públicas já avançada, de algum

---

[3] BALASSONE *et al* (2009).

[4] Nos relatórios sobre sustentabilidade, para ilustrar a questão, faz-se, por vezes, o exercício de projetar a evolução da dívida pública para o período em causa de modo a visualizar a sua dimensão se não fosse feito qualquer ajustamento. No *"Sustainability Report – 2009"* da Comissão Europeia (pág. 40) apresenta-se o resultado de um exercício deste tipo. Assim, considerando uma manutenção das políticas seguidas em 2009 sem qualquer alteração, a maior parte dos países registariam incrementos muito substanciais da sua dívida pública, o que demonstra a insustentabilidade dessas políticas e a dimensão do problema. Para a UE 27 na sua globalidade a dívida pública bruta passaria de uma média de 75,2 % do PIB em 2010 para 477,3 % do PIB em 2060 e na área euro evoluir-se-ia de uma média de 80 % do PIB em 2010 para 422.3 % do PIB. Em Portugal, de um valor aí considerado de 78,9 % do PIB em 2010 passar-se-ia para 389,9 % do PIB em 2060. Estas projeções, como aliás é demonstrado pela evolução da situação face à crise financeira de 2008-2009, não se situam, porém, num cenário realista já que nem os mercados financeiros continuariam a financiar um país em que a dívida pública apresentasse um padrão de crescimento desta grandeza nem os governos conservariam as suas políticas perante este aumento de dívidas em espiral, com os inerentes encargos financeiros a subir e os riscos de "solvência" a fazerem-se sentir.

[5] Há autores que, no entanto, preferem falar em solvabilidade no curto prazo e solvabilidade no longo prazo, esta última ligada à chamada "sustentabilidade dinâmica no longo prazo". Cf. BARBOSA (1997).

modo, por KEYNES em 1923 – a de que um nível de fiscalidade continuadamente crescente *("an ever-growing tax ratio")* não é sustentável a longo prazo. E isso, como lembra DOMAR (1944; p. 799), dado que "...*continuous government borrowing results in an ever- rising public debt, the servicing of which will require higher and higher taxes; and that the latter will eventually destroy our economy or result in outright repudiation of the debt*".

De acordo com uma segunda corrente teórica, que faz apelo à chamada "restrição orçamental intertemporal", a sustentabilidade das finanças públicas impõe que o valor atual de todos os futuros excedentes orçamentais primários (ou seja os saldos orçamentais sem juros) seja igual ao valor existente da dívida pública. Ou seja, em termos matemáticos, que:

$$d_{t_0} = \sum_{t=t_0+1}^{\infty} \frac{pb_t}{\left(\frac{1+r}{1+g}\right)^{t-t_0}}$$

em que t é o índice em relação ao ano considerado, d_t é o rácio entre a dívida pública e o PIB, pb_t é o saldo orçamental primário, r é a taxa de juros nominal e g é a taxa de crescimento do PIB nominal.

Esta igualdade significa que *"for a fiscal policy to be sustainable, a government which has debt outstanding must anticipate soon or later to run primary budget surpluses"* (BLANCHARD *et al*, 1990; pág. 12). Uma diferença positiva entre a taxa de juro média e a taxa de crescimento económico significa que, *ceteris paribus*, quanto mais elevado for o nível da dívida maiores serão os excedentes primários futuros necessários para assegurar a sustentabilidade das finanças públicas[6] (veja-se Caixa 1)

Em termos operacionais, um horizonte temporal ilimitado, como o implícito no conceito de sustentabilidade, ao admitir elevados níveis de dívida pública no presente eventualmente seguidos ainda de elevados défices orçamentais a curto prazo desde que existam perspetivas de que, num futuro distante indefinido, sejam cobertos pelos excedentes orçamentais necessários para satisfazer a referida igualdade, não é o adequado como instrumento para a definição de uma política. Daí que, normalmente, as

---

[6] A sustentabilidade exigirá, no longo prazo, que o rácio da dívida pública em relação ao produto cresça a uma taxa inferior à diferença entre a taxa de juro e a taxa de crescimento económico (BARBOSA, 1997; PEREIRA *et al*, 2012)

análises sejam reconduzidas a um horizonte temporal preciso, geralmente 20 ou 50 anos, para o qual se estima a evolução dos dados relevantes: dívida pública, taxa de juro, taxa de crescimento do PIB, saldo orçamental primário.

Na análise da sustentabilidade desempenha um papel central o conceito de dívida pública, que deve ser abrangente[7]. Assim, devem ser incluídas não só a chamada dívida explícita, derivada de obrigações contratuais e representada normalmente por títulos ou empréstimos bancários, mas também a dívida implícita, ou seja a que resulta de obrigações que, com grande probabilidade, os governos serão chamados a honrar em face das políticas em vigor, mesmo se tais obrigações não resultem propriamente de contratos, estabelecidos de forma legal. Entre estas últimas estão as obrigações ligadas ao pagamento de pensões de reforma, para mais num ambiente caracterizado por um acentuado envelhecimento demográfico. Obrigações semelhantes estão ligadas às despesas de saúde e de proteção social, pressupondo que as mesmas se mantêm de acordo com o seu enquadramento atual.

Caixa 1 – Enquadramento teórico da sustentabilidade das finanças públicas

Pode considerar-se que a variação da dívida pública em termos nominais de um período para outro $(D_t - D_{t-1})$ é dada pelo total dos juros relativos à dívida acumulada até ao fim do período imediatamente anterior $(r_t D_{t-1})$ menos o excedente orçamental primário (ou, sendo caso disso, mais o défice orçamental primário) do período (S_t), em que r representa a taxa de juro nominal média e o saldo primário S_t é dado pela diferença entre receitas e despesas públicas, estas últimas sem juros, ou seja:

$$D_t - D_{t-1} = r_t D_{t-1} - S_t \quad (1)$$
$$D_t = (1 + r_t) D_{t-1} - S_t \quad (2)$$

---

[7] Há também que optar entre usar para este efeito a dívida bruta ou a dívida líquida e bem assim se a mesma deve ser tomada ao seu valor nominal ou ao seu valor de mercado. Na União Europeia, para efeitos do procedimento do relativo aos défices excessivos, nos termos do artº 2º do respetivo Protocolo, a que se refere o artº 126º do Tratado sobre o Funcionamento da União Europeia, a dívida a considerar é a "dívida global bruta, em valor nominal, existente no final do exercício e consolidada pelo diferentes sectores do governo".

No entanto, de modo a que a análise se possa fazer em termos relativos, ou seja tomando como referência o PIB, representado por Y, o qual se pressupõe que apresenta um crescimento nominal a uma taxa g, ou seja $Y_t = (1 + g_t) Y_{t-1}$, dividindo os seus elementos pelo PIB, a restrição orçamental passa a ser dada por:

$$d_t = \frac{(1+r)}{(1+g)} d_{t-1} - s_t \quad (3)$$

Onde $d_t = D_t/Y_t$ e $s_t = S_t/Y_t$, considerando que a taxa de juro nominal e a taxa de crescimento nominal do PIB permanecem constantes ao longo do tempo.

Verifica-se, assim, que d_t (relação entre dívida pública e PIB) depende de três fatores: o saldo orçamental primário, s_t, o stock de dívida pública que resulta de períodos anteriores, d_{t-1}, e a relação entre taxa de juro nominal e taxa de crescimento nominal do PIB, $(1+r)/(1+g)$. Se a taxa de juro nominal é superior à taxa de crescimento nominal do PIB é necessário um excedente orçamental primário para manter a dívida pública ao seu nível atual.

Alargando o horizonte temporal, é possível reescrever a equação (3) como segue:

$$d_{-1} = \sum_{i=0}^{+\infty} \left(\frac{1+g}{1+r}\right)^{i+1} s_i + \lim_{T \to \infty} \left(\frac{1+g}{1+r}\right)^{T+1} d_T \quad (4)$$

E conclui-se que o stock da dívida acumulado do passado deve igualar o valor atual do somatório dos futuros excedentes orçamentais primários adicionado do valor atual da dívida no final do período. Afastando o que na literatura é designado por jogos Ponzi, dado que o mercado apenas deterá dívida pública se puder prever que ela será paga pelo menos no longo prazo, o valor da dívida num horizonte infinito pode ser considerado como igual a zero. Assim, a sustentabilidade das finanças públicas pode ser definida pela expressão seguinte:

$$d_{-1} = \sum_{i=0}^{+\infty} \left(\frac{1+g}{1+r}\right)^{i+1} s_i \quad (5)$$

O que significa, em conclusão, que para haver sustentabilidade é necessário que o valor atual dos futuros excedentes orçamentais iguale o nível presente da dívida pública.

Fonte: Adaptado de EUROPEAN CENTRAL BANK, "*Challenges to fiscal sustainability in the euro area*", Monthly Bulletin, February 2007.

2.2. Indicadores de sustentabilidade

Com os indicadores de sustentabilidade pretende-se medir o acréscimo de esforço fiscal necessário para restaurar, numa determinada data futura, a sustentabilidade das finanças públicas. Para o efeito, têm sido apresentados vários indicadores [8], de que se destaca o proposto por BLANCHARD *et al* (1990), que pretende medir a alteração do nível de fiscalidade necessária para, tendo em conta a evolução projetada da despesa pública primária e a previsão sobre a taxa de juro implícita da dívida pública e sobre os ajustamentos défice-dívida, atingir, em determinada data futura, um nível de dívida pública idêntico ao existente no presente. Representando por t o nível de fiscalidade atual e por t* o nível de fiscalidade necessário para atingir a referida sustentabilidade, se t* é superior a t, isso significa que mais cedo ou mais tarde as receitas fiscais terão de aumentar e/ou a despesa pública diminuir. O indicador de sustentabilidade, dado pela diferença t*-t, representa, afinal, a dimensão do ajustamento necessário para se conseguir a sustentabilidade.

A Comissão Europeia tem usado dois principais indicadores para avaliar a sustentabilidade das finanças públicas nos Estados Membros, os quais se designam por S_1 e por S_2, conforme se utilize um horizonte finito ou infinito para a restrição orçamental.[9]

---

[8] Para uma síntese teórica veja-se CHALK e HEMMING (2000). Cf. igualmente LANGENUS (2006)

[9] Para maiores desenvolvimentos veja-se EUROPEAN COMMISSION (2006), Annex I. Nos seus relatórios sobre sustentabilidade das finanças públicas, a Comissão Europeia apresenta igualmente o denominado "saldo primário exigido" – "*required primary balance*" (RPB) para ilustrar a situação. O RPB indica a posição orçamental de partida que, uma vez atingida, permitiria assegurar a sustentabilidade das finanças públicas no pressuposto de se manterem inalteradas as políticas seguidas, ou seja, tendo em conta os custos do envelhecimento e os encargos com juros relativos à dívida atual. Se o saldo orçamental efetivo for igual ou mais positivo que o RPB isso significa que as finanças públicas são sustentáveis; o oposto verifica-se quando esse saldo for menor ou mais negativo que o RPB. No relatório de 2009, a Comissão calcula este indicador para o horizonte 2011-2015, que seria de 4, 5% para a UE 27 (sendo o saldo orçamental estrutural em 2009 de – 2 %) e 4,9 % do PIB para a área do euro (com um saldo orçamental estrutural em 2009 de -0,9 %). Para Portugal o RPB seria de 3 % do PIB (com um saldo orçamental estrutural em 2009 de -2,4 %). A dimensão do RPB em alguns países é tão significativa que leva a Comissão a declarar que "*the RPB is so large that it is socially and politically unrealistic to reach and sustain*", pelo que serão necessárias profundas reformas nos seus sistemas de proteção social.

O indicador S_1 inspira-se no aludido indicador de sustentabilidade proposto por BLANCHARD *et al* aplicado ao nível da dívida pública definido para efeitos comunitários ou seja é dado pelo ajustamento orçamental necessário para que a relação entre a dívida pública bruta consolidada e o PIB atinja 60% num determinado ano (2050, no exercício feito em 2006, e 2060, no exercício de 2009). Mais especificamente é definido como a diferença entre o saldo orçamental primário necessário num determinado ano alvo para que o rácio da dívida atinja aquelas percentagens nos anos indicados (pressupondo que após o ano alvo o saldo primário é apenas afetado pelos incrementos da despesa conexionada com o envelhecimento) e o saldo atualmente projetado para aquele ano alvo (BALASSONE *et al*, 2009; p. 19) Trata-se de um indicador dependente do tempo e está ligado ao ano alvo escolhido (que, em geral, se situa no fim do horizonte temporal do programa de estabilidade/convergência).

Já o indicador S_2 retoma total e diretamente a proposta teórica de BLANCHARD *et al* acima referida: pretende medir a dimensão do ajustamento orçamental permanente necessário para satisfazer a chamada "restrição orçamental intertemporal", isto é a diferença entre o saldo primário necessário num ano alvo para igualar o valor presente da sequência de todos os saldos primários futuros em % do PIB (também pressupondo que após o ano alvo o saldo primário é apenas afetado pelos incrementos da despesa conexionada com o envelhecimento) ao valor do rácio projetado da dívida no início do ano alvo e o saldo primário presentemente projetado para o ano alvo (BALASSONE *et al*, 2009; pp 20-21). No pressuposto de que as taxas de crescimento e de juro permanecem constantes ao longo do tempo, S_2 pode, matematicamente, ser expresso do seguinte modo:

$$S_2 = \frac{1+r}{1+g}\left[d_{ty-1} - \sum_{i=ty+1}^{\infty} \Delta pbi \left(\frac{1+g}{1+r}\right)^{i-ty}\right] - pb_{ty-1}$$

onde os símbolos têm o seguinte significado:

pb_i – saldo primário para o ano i (em % do PIB)
d_i – dívida pública para o ano i (em % do PIB)
r – taxa de juro
g – taxa de crescimento do PIB
ty – ano alvo escolhido.

O indicador S_2 pode ser decomposto em duas partes: a posição orçamental inicial (POI), que traduz a variação do saldo primário necessária em relação ao seu valor no presente para que o rácio da dívida se mantenha no seu nível atual; e o custo a longo prazo do envelhecimento (CLP), que representa quanto é que o saldo primário teria que variar para cobrir os custos associados ao envelhecimento.

O indicador S_1, por sua vez, além das duas componentes anteriores integra uma terceira associada ao nível da dívida (RD), aumentando obviamente o ajustamento necessário se o nível da dívida no presente é superior a 60 % e diminuindo-o no caso contrário.

No último relatório publicado sobre a sustentabilidade das finanças públicas na União Europeia – o *"Sustainability Report 2009"* – a Comissão Europeia apresenta estimativas para estes indicadores de sustentabilidade (Quadro I). Verifica-se que, na média da UE 27, a sustentabilidade só estará assegurada através de uma melhoria permanente do seu saldo primário equivalente a 5,4 pontos percentuais do PIB em 2010 para se atingir um rácio de dívida igual a 60 % em 2060 ou em 6,5 pontos percentuais do PIB para que a restrição intertemporal seja respeitada[10]. Os indicadores correspondentes à área do euro são ligeiramente inferiores, sendo, respetivamente, de 4,8 e de 5,8 pontos percentuais. Para Portugal, os indicadores são, respetivamente, de 4,7 e 5,5 pontos.

É evidente que estas estimativas estão intimamente ligadas às feitas para as variáveis demográficas e económicas em que se fundamentam e refletem, sobretudo tendo em conta o horizonte temporal alargado que é considerado, as reservas e incertezas que pairarem sobre estas. Importante é, assim, notar que nas estimativas acima indicadas foram usadas projeções para o crescimento potencial que não tomam em conta qualquer efeito duradouro da crise económico-financeira de 2008-2009. Para tentar ultrapassar esta limitação, a Comissão Europeia, no aludido relatório, apresenta três alternativas de cenários de crescimento tomando em consideração os feitos duradouros da crise. Num primeiro cenário, designado por "ressalto" (*rebound*), que é um cenário otimista, verificar-se-ia

---

[10] Em relação ao relatório de 2006, devido em geral à deterioração da posição orçamental de partida, o indicador S_2 aumentou em média 3,1 ponto percentuais do PIB para os 25 países que, nesse ano, eram membros da UE. Portugal é um dos 4 países em que o indicador é mais baixo – passa de 10,5 pontos em 2006 para 5,5 pontos em 2009 – o que é atribuído à reforma entretanto empreendida no domínio da segurança social.

uma perda no crescimento potencial durante os anos de crise, seguida de um ressalto até 2020, que permitira recuperar o crescimento potencial perdido e a partir de então retomar-se-ia a trajetória inicial. Neste cenário, no longo prazo as diferenças compensar-se-iam e por isso o indicador de sustentabilidade permaneceria invariável. Numa segunda alternativa, denominada sugestivamente de "década perdida" (*'lost decade' of growth*), considera-se que levará uma década a recuperação da taxa de crescimento potencial pré-crise, retomando-se depois a trajetória que se verificaria se a crise não tivesse ocorrido. Nesta alternativa o indicador de sustentabilidade S_2 é, em média, 1,1 e 1,2 pontos percentuais mais elevado na UE 27 e na área do euro, respetivamente. Uma terceira hipótese, designada por "choque permanente" (*permanent shock*), que assume a perspetiva mais pessimista, haveria uma quebra permanente na taxa de crescimento potencial por efeito da crise Neste cenário, o indicador de sustentabilidade S_2 seria, em média, 1,5 e 1,8 pontos percentuais mais elevado na UE 27 e na área do euro, respetivamente. Para Portugal, no cenário de "década perdida" o indicador S_2 aumentaria 1,3 pontos e no cenário "choque permanente" esse aumento seria de 2,3 pontos.

Assim, qualquer indicador deve ser visualizado como uma aproximação à medida da sustentabilidade. A este respeito, a Comissão Europeia nota que o sinal e a ordem de grandeza dos indicadores obtidos são mais importantes do que o valor exato dos mesmos: o sinal denuncia que um ajustamento é necessário, a ordem de grandeza indica se esse ajustamento se pode fazer ou não sem profundas reformas estruturais. Daí que, nas análises daquela Comissão, os indicadores S_1 e S_2 sejam utilizados para colocar cada Estado Membro em diferentes grupos de acordo com os chamados "riscos de sustentabilidade": risco alto, risco médio e risco baixo[11].

Por outro lado, importa ter bem presente que estes indicadores não fornecem qualquer indicação sobre como o ajustamento deve ser feito, do lado das receitas e/ou do lado das despesas. No entanto, não pode ser ignorado que a forma como se fizer e o ritmo com que se fizer esse ajustamento poderão ter, por si só, consequências económicas, com eventuais efeitos na própria sustentabilidade. Assim, por exemplo, um aumento da carga fiscal poderá provocar um menor crescimento económico e, desse modo, afectar a sustentabilidade visada.

---

[11] Portugal passou de "país de alto risco" em 2006 para "país de risco médio" em 2009.

Quadro I
Indicadores de sustentabilidade na União Europeia

	S_1				S_2		
	Total	POI	RD	CLP	Total	POI	CLP
Alemanha	3,1	0,8	0,2	2,1	4,2	0,9	3,3
Áustria	3,8	1,5	0,2	2,2	4,7	1,6	3,1
Bélgica	4,5	0,5	0,6	3,5	5,3	0,6	4,8
Bulgária	-0,6	-0,7	-0,5	0,6	0,9	-0,6	1,5
Chipre	4,6	0,2	-0,3	4,7	8,8	0,5	8,3
Dinamarca	-0,6	-1,9	-0,5	1,8	-0,2	-1,6	1,4
Eslováquia	5,7	4,3	-0,3	1,6	7,4	4,5	2,9
Eslovénia	9,2	3,8	-0,3	5,7	12,2	3,9	8,3
Espanha	9,5	5,9	-0,1	3,6	11,8	6,1	5,7
Estónia	0,3	1,0	-0,6	-0,2	1,0	1,1	-0,1
Finlândia	2,6	-0,8	-0,3	3,7	4,0	-0,5	4,5
França	5,5	3,8	0,4	1,4	5,6	3,8	1,8
Grécia	10,8	2,4	0,7	7,7	14,1	2,6	11,5
Hungria	-1,1	-1,9	0,4	0,4	-0,1	-1,6	1,5
Irlanda	12,1	8,2	0,2	3,7	15,0	8,3	6,7
Itália	1,9	-0,2	0,7	1,4	1,4	-0,1	1,5
Letónia	9,4	8,8	-0,2	0,9	9,9	8,9	1,0
Lituânia	5,4	3,7	-0,3	2,0	7,1	3,9	3,2
Luxemburgo	6,2	-0,6	-0,8	7,5	12,5	-0,4	12,9
Malta	4,7	1,1	0,2	3,4	7,0	1,4	5,7
Países Baixos	5,2	1,6	0,0	3,7	6,9	1,9	5,0
Polónia	2,9	4,2	0,0	-1,2	3,2	4,4	-1,2
Portugal	4,7	3,4	0,3	1,0	5,5	3,7	1,9
Reino Unido	10,8	8,6	0,2	2,0	12,4	8,8	3,6
República Checa	5,3	3,6	-0,3	1,9	7,4	3,7	3,7
Roménia	6,9	4,1	-0,4	3,2	9,1	4,3	4,9
Suécia	0,5	-0,1	-0,3	0,8	1,8	0,2	1,6
Média UE 27	5,4	3,1	0,2	2,0	6,5	3,3	3,2
Média área euro	4,8	2,1	0,3	2,4	5,8	2,3	3,5

Fonte: EUROPEAN COMMISSION, "Sustainability Report – 2009", European Economy, 9/2009

3. A coordenação das políticas orçamentais nacionais na União Europeia

A análise da sustentabilidade das finanças públicas na União Europeia está estreitamente ligada ao combate aos défices excessivos e faz parte da supervisão orçamental levada a cabo pela Comissão e pelo Conselho no âmbito do Pacto de Estabilidade e Crescimento, razão que justifica uma análise breve à evolução verificada neste domínio.

3.1. Combate aos défices excessivos e Pacto de Estabilidade e Crescimento (PEC)

Dada a reduzida dimensão do orçamento da União Europeia e a natureza das suas principais despesas, é aos orçamentos nacionais que tem cabido o papel principal em termos de política orçamental, o que tem sido justificado por permitir a produção de bens públicos mais adaptados às necessidades das populações de cada país, por ser objeto de um controlo democrático mais eficaz e por possibilitar uma concorrência saudável entre os Estados, estimulando desse modo a eficácia e a inovação (BARTHE, 2011).

No entanto, com a instituição de uma moeda única, apesar da autonomia da política orçamental ao nível de cada Estado poder ser justificada com a perda dos instrumentos monetário e cambial e ser, desse modo, a única vertente de estabilização conjuntural ao dispor das autoridades nacionais, foi, desde logo, visualizada a necessidade acrescida de coordenação dos orçamentos nacionais.

É, assim, que o *Tratado de Maastricht* (1992), ao prever "a criação de uma moeda única (..) e a definição e condução de uma política monetária e de uma política cambial únicas" (artº 3º-A do Tratado que institui a Comunidade Europeia – TCE, aditado pelo Tratado de Maastricht), vem a estabelecer que "os Estados-membros devem evitar défices orçamentais excessivos" (artº 104º-C do TCE, na redação dada em Maastricht; atual artº 126 do Tratado sobre o Funcionamento da União Europeia -TFUE), devendo a Comissão examinar em especial o comportamento da disciplina orçamental dos Estados membros com base em dois critérios: o da relação entre o défice e o PIB e o da relação entre a dívida pública e o PIB, para o que se estabelecem valores de referência em relação a cada uma destas relações (3 % para a primeira e 60 % para a segunda[12]) no Protocolo anexo, relativo aos procedimentos aplicáveis em caso de défice excessivo[13].

Com vista a reforçar estas regras, é adotado pelo Conselho Europeu de Amesterdão, de Junho de 1997, o chamado *Pacto de Estabilidade e Crescimento (PEC)*[14], revisto em 2005[15] e 2011[16], o qual se baseia expressamente "no objetivo de assegurar a solidez e a sustentabilidade das finanças públicas" e desse modo "reforçar as condições propícias à estabilização dos preços e a um forte crescimento sustentável suportado pela estabilidade financeira, contribuindo para a consecução dos objetivos da União em matéria de crescimento sustentado e de emprego". O PEC visa um objetivo de médio prazo que permita aos Estados membros alcançar situações próximas do equilíbrio ou excedentárias. Para o efeito, são estabelecidas duas vertentes de atuação da Comissão a propósito do enquadramento dos orçamentos dos diferentes Estados membros:

---

[12] Estes limites têm sido considerados algo arbitrários. Para justificar a sua escolha tem sido aduzido que um défice de 3 % é consistente com o objetivo de longo prazo de 60 % para o rácio dívida pública-produto interno bruto (que era aproximadamente a média registada nos Estados membros cerca de 1990), assumindo uma taxa de crescimento nominal do PIB de 5 % (com uma taxa de inflação de 2 %).

[13] A estas medidas com vista ao enquadramento dos défices excessivos há que adicionar duas outras:
- a da proibição do Banco Central Europeu e dos bancos centrais nacionais de conceder créditos sob forma de descobertos ou sob qualquer outra forma aos organismos públicos ou empresas públicas nacionais, bem como a aquisição direta de dívida pública a essas entidades (artº 104º do TCE, atual artº 123º do TFUE);
- a da falta de solidariedade quer da Comunidade quer dos diferentes Estados membros em relação às dívidas ou compromissos assumidos por um Estado membro, que é, assim, o único responsável pelas mesmos, o que desconexiona as taxas de juro a longo prazo de um país, que apresente riscos de incumprimento das suas obrigações de reembolso da dívida, em relação às praticadas em relação à dívida soberana dos outros países (artº 104-Bº do TCE, atual artº 125º do TFUE) .

[14] Resolução do Conselho Europeu de 17 de Junho de 1997, publicada no JO de 2 de Agosto de 1997 e Regulamentos do Conselho nº 1466/97 e nº 1467/97, ambos de 7 de Julho de 1997, também publicados naquele JO.

[15] Regulamentos do Conselho nº 1055/2005 e nº 1056/2005, de 27 de Junho de 2005, publicados no JO de 7 de Julho de 2005.

[16] Regulamento do Parlamento e do Conselho nº 1175/2005, de 16 de Novembro de 2011 e Regulamento do Conselho nº 1177/2º11, de 8 de Novembro de 2011, publicados no JO de 23 de Novembro de 2011.

- uma primeira vertente, de características preventivas (*preventive arm*), que se baseia numa *supervisão multilateral* efetuada pela Comissão e pelo Conselho, nos termos do artº 121º do TFUE, com base na informação prestada anualmente (até finais de Abril) pelos Estados membros dos respetivos programas de estabilidade (para os países do euro) ou de convergência (para os outros países), onde estão fixados objetivos orçamentais a atingir a médio prazo, em percentagem do PIB estrutural (ou seja, corrigido das oscilações conjunturais e excluindo receitas extraordinárias), a trajetória a seguir para os atingir e bem assim a evolução prevista para o rácio relativo à dívida pública[17];
- uma segunda vertente, de características corretivas (*corrective arm*), que assenta no chamado *procedimento de défice excessivo*, que a Comissão deve abrir quando um Estado membro tem um défice orçamental que ultrapasse 3% do PIB, competindo ao Conselho declarar a sua existência e fazer as recomendações de medidas a encetar de modo a que se restabeleça o cumprimento desse limiar sob pena de aplicação de sanções.

Quanto à primeira vertente, deve assinalar-se que a revisão do PEC, efetuada em 2005, após os problemas decorrentes da malograda aplicação do procedimento de défice excessivo à França e à Alemanha[18], teve em conta a heterogeneidade económica e orçamental verificada na União Europeia

---

[17] Na apreciação a fazer da trajetória de ajustamento para alcançar o objetivo orçamental de médio prazo o "Conselho tomará em conta as reformas estruturais importantes cuja aplicação tenha efeitos positivos diretos a longo prazo, inclusive através do reforço do crescimento sustentável potencial, e que, consequentemente, tenham um impacto verificável na sustentabilidade a longo prazo das finanças públicas" (cf. nº 1 do artº 5º do Regulamento nº 1466/97, na redação que lhe é dada pelo Regulamento nº 1175/2011).

[18] Os procedimentos por défice excessivo levantados à Alemanha, em 21 de Janeiro de 2003 (Decisão nº 2003/89/CE), e à França, em 3 de Junho de 2003 (Decisão nº 2003/487/CE), apesar de não adoção de medidas corretivas adequadas e, por isso, suscetíveis de aplicação de sanções, foram suspensos pelo Conselho ECOFIN em 25 de Novembro de 2003, provocando uma grave crise institucional que levou a Comissão a desencadear um processo contra o Conselho junto do Tribunal de Justiça por desrespeito do PEC. O Tribunal de Justiça, por Acórdão de 13 de Julho de 2004 (Pº C-24/04), viria a anular a suspensão decidida pelo Conselho. Sobre as consequências deste Acórdão veja-se a Comunicação da Comissão ao Conselho – A situação da Alemanha e da França relativamente às respetivas obrigações decorrentes do procedimento

consequente do seu alargamento, diferenciando os objetivos de médio prazo para cada Estado membro "de modo a ter em conta a diversidade das situações e dos desenvolvimentos económicos e orçamentais, além do risco que as situações orçamentais podem acarretar para a sustentabilidade das finanças públicas, nomeadamente à luz de eventuais alterações demográficas"[19]. Deste modo, para cada Estado membro é fixado um objetivo orçamental de médio prazo específico, que "deve ser regularmente atualizado" (segundo o Regulamento nº 1466/97, todos os três anos). Por outro lado, visa-se estabelecer uma abordagem que tenha em conta as flutuações do ciclo económico, reforçando a disciplina orçamental em períodos de conjuntura económica favorável, reduzindo, nessa altura, o défice e a dívida e evitando políticas pró-cíclicas (como a baixa de impostos ou o aumento da despesa) e alcançar gradualmente o objetivo de médio prazo, através de melhorias anuais do saldo orçamental corrigido de variações cíclicas, líquido de medidas extraordinárias ou temporárias, tendo 0,5 % do PIB como valor de referência (artº 5º do citado Regulamento).

No *procedimento de défice excessivo* – descrito em termos gerais no artº 126º do TFUE e aprofundado no referido Regulamento nº 1467/97 – após notificação pelas autoridades nacionais dos dados relativos à execução orçamental do ano anterior, a Comissão elabora um relatório dirigido ao Conselho, o qual deve decidir, em regra, no prazo de 4 meses após o Estado membro ter feito o correspondente reporte, se há ou não défice excessivo. No caso afirmativo, o Conselho faz as recomendações que entenda adequadas no sentido de o Estado membro em causa adotar, no prazo de seis meses (ou de três meses quando a gravidade da situação o justificar), as medidas de política necessárias para, com base num esforço orçamental anual equivalente no mínimo a 0,5 % do seu PIB estrutural, se conseguir o regresso a um défice inferior a 3% (artº 3º do Regulamento nº 1467/97). No caso de tal melhoria não ser conseguida, há lugar à imposição de sanções, que consistem, regra geral, numa multa que, na sua componente fixa, é igual a

---

relativo aos défices excessivos, na sequência do Acórdão proferido pelo Tribunal de Justiça. – COM(2004) 813 final, de 12.12.2004.

[19] Refletindo esse objetivo de médio prazo, previsto no PEC, no caso português, a Lei de Enquadramento Orçamental estabelece, no seu artº 12º-C, que "o saldo orçamental nas administrações públicas, definido de acordo com o Sistema Europeu de Contas Nacionais e Regionais, não pode ser inferior ao objetivo de médio prazo", estabelecendo ainda, quando esta regra não puder ser cumprida, que o "desvio é corrigido nos anos seguintes".

0,2 % do PIB e, na sua componente variável é igual a um décimo do valor absoluto da diferença entre o saldo orçamental expresso em percentagem do PIB no ano anterior e o valor de referência de 3 % ou, se o incumprimento da disciplina orçamental incluir o critério da dívida, o saldo da administração pública expresso em percentagem do PIB que deveria ter sido alcançado de acordo com a notificação feita (cf. artigos 11º e 12º do Regulamento nº 1467/97). As multas não podem exceder o limite máximo de 0,5 % do PIB. O Conselho pode decidir outras sanções contra o Estado membro em situação de défice excessivo, designadamente solicitando ao Banco Europeu de Investimento que reveja a sua política de crédito em relação a esse Estado.

Podem ser invocadas circunstâncias excecionais para que um défice superior a 3 % do PIB não seja considerado excessivo mas sim excecional, que são as seguintes:

a) Um acontecimento extraordinário fora do controlo do Estado membro e que tenha um efeito significativo na situação das finanças públicas;
b) Uma recessão económica grave, o que se considera verificado quando resultar de uma taxa de crescimento anual negativa do volume do PIB ou de uma perda acumulada do produto durante um período prolongado de crescimento anual muito reduzido do volume do PIB relativamente ao seu crescimento potencial (cf. artº 2º do Regulamento do Conselho nº 1467/97).

Verificadas estas condições e considerado que o défice excecional é temporário (o que acontecerá se as previsões orçamentais da Comissão indicarem que o défice se situará abaixo do valor de referência uma vez cessada a circunstância excecional ou a recessão económica grave), não haverá lugar ao procedimento de défice excessivo.[20]

---

[20] Para efeitos do relatório a elaborar pela Comissão sobre o reporte de um Estado membro podem ser tomados em consideração outros fatores (cf. nᵒˢ 3 a 5 do artº 2º do Regulamento 1467/97): a evolução da situação económica a médio prazo (em especial, o crescimento potencial, incluindo as diferentes contribuições proporcionadas pelo trabalho, pela acumulação do capital e pela produtividade total dos fatores de produção, a evolução cíclica e a situação da poupança líquida do sector privado), a evolução das situações orçamentais a médio prazo (em especial, designadamente, o ajustamento conseguido tendo em conta o objetivo orçamental de médio prazo, o nível do saldo primário, a evolução das despesas primárias e a introdução de políticas destinas a prevenir e corrigir desequilíbrios macroeconómicos excessivos e a

3.2. Da crise de 2008-2009 ao Tratado sobre Estabilidade, Coordenação e Governação na União Económica e Monetária

A crise de 2008-2009 provocou uma forte degradação das finanças públicas na União Europeia, colocando novos desafios em termos de sustentabilidade que o Pacto de Estabilidade e Crescimento, por si só, não está em condições de resolver.

Assim, na UE a 27 o défice e a dívida pública passaram de uma média de, respetivamente, -0,9 % e 59 %, do PIB, em 2007, para -6,6 % e 82 %, em 2010. Na área do euro verificou-se um agravamento semelhante: aqueles rácios passaram de -0,7 % e 66,3 % em 2007 para -6,2 % e 85,4 %, em 2010 (veja-se Quadro 2). Por outro lado, enquanto que, em 2007, só 2 países (Grécia e Hungria) ultrapassavam claramente o limiar de -3 % do PIB quanto ao défice (Portugal excedia-o apenas ligeiramente com -3,1 %), em 2010, dos 27 países da União Europeia apenas 5 países (Estónia, Finlândia, Luxemburgo, Dinamarca e Suécia) não ultrapassavam o limiar de -3 % em termos de défice público. Ou seja, 22 países estariam em situação de défice excessivo se não se verificasse uma das circunstâncias excecionais atrás indicadas – uma recessão económica grave.

qualidade geral das finanças públicas) e a evolução da situação da dívida pública a médio prazo, bem como a sua dinâmica e sustentabilidade (tendo em conta, em especial, os fatores de risco, incluindo a estrutura de vencimento da dívida e a unidade monetária em que é expressa, o ajustamento défice-dívida e a sua composição, as reservas acumuladas e outros ativos financeiros, as garantias, nomeadamente as associadas ao sector financeiro, todos os passivos implícitos associados ao envelhecimento demográfico e a dívida privada na medida em que possa representar um passivo potencial implícito para as autoridades públicas). Outros aspetos podem igualmente ser considerados, designadamente os esforços orçamentais desenvolvidos consequentes de contribuições financeiras destinadas a fomentar a solidariedade internacional e realizar os objetivos políticos da União, a dívida contraída sob a forma de apoio bilateral e multilateral entre Estados membros no âmbito da salvaguarda da estabilidade financeira e a dívida relacionada com operações de estabilização financeira durante perturbações financeiras graves. Também merecerá especial atenção a implementação de reformas dos sistemas de pensões que introduzam um sistema em vários pilares, que inclua um pilar obrigatório de capitalização integral e bem assim os custos líquidos do pilar do sistema de segurança social de gestão pública. Essas reformas devem promover a sustentabilidade a longo prazo do sistema sem aumentar os riscos para a situação orçamental a médio prazo.

Quadro 2
Défice Orçamental e Dívida Pública (em % do PIB)

Países	Défice Orçamental				Dívida Pública			
	2007	2008	2009	2010	2007	2008	2009	2010
Alemanha	0,2	-0,1	-3,2	-4,3	65,2	66,7	74,4	83,2
Áustria	-0,9	-0,9	-4,1	-4,4	60,2	63,8	69,5	71,8
Bélgica	-0,3	-1,3	-5,8	-4,1	84,1	89,3	95,9	96,2
Chipre	3,5	0,9	-6,1	-5,3	58,8	48,9	58,5	61,5
Eslováquia	-1,8	-2,1	-8	-7,7	29,6	27,8	35,5	41
Eslovénia	0	-1,9	-6,1	-5,8	23,1	21,9	35,3	38,8
Espanha	1,9	-4,5	-11,2	-9,3	36,2	40,1	53,8	61
Estónia	2,4	-2,9	-2	0,2	3,7	4,5	7,2	6,7
Finlândia	5,3	4,3	-2,5	-2,5	35,2	33,9	43,3	48,3
França	-2,7	-3,3	-7,5	-7,1	64,2	68,2	79	82,3
Grécia	-6,5	-9,8	-15,8	-10,6	107,4	113	129,3	144,9
Irlanda	0,1	-7,3	-14,2	-31,3	24,9	44,3	65,2	94,9
Itália	-1,6	-2,7	-5,4	-4,6	103,1	105,8	115,5	118,4
Luxemburgo	3,7	3	-0,9	-1,1	6,7	13,7	14,8	19,1
Malta	-2,4	-4,6	-3,7	-3,6	62,1	62,2	67,8	69
Países Baixos	0,2	0,5	-5,6	-5,1	45,3	58,5	60,8	62,9
Portugal	-3,1	-3,6	-10,1	-9,8	68,3	71,6	83	93,3
Área Euro 17	**-0,7**	**-2,1**	**-6,4**	**-6,2**	**66,3**	**70,1**	**79,8**	**85,4**
Bulgária	1,2	1,7	-4,3	-3,1	17,2	13,7	14,6	16,3
Dinamarca	4,8	3,2	-2,7	-2,6	27,5	34,5	41,8	43,7
Hungria	-5,1	-3,7	-4,6	-4,2	67	72,9	79,7	81,3
Letónia	-0,4	-4,2	-9,7	-8,3	9	19,8	36,7	44,7
Lituânia	-1	-3,3	-9,5	-7	16,8	15,5	29,4	38
Polónia	-1,9	-3,7	-7,3	-7,8	45	47,1	50,9	54,9
Reino Unido	-2,7	-5	-11,5	-10,3	44,4	54,8	69,6	79,9
República Checa	-0,7	-2,2	-5,8	-4,8	27,9	28,7	34,4	37,6
Roménia	-2,9	-5,7	-9	-6,9	12,8	13,4	23,6	31
Suécia	3,6	2,2	-0,7	0,2	40,2	38,8	42,7	39,7
União Europeia 27	**-0,9**	**-2,4**	**-6,9**	**-6,6**	**59**	**62,5**	**74,7**	**80,2**

Fonte: EUROSTAT

Com efeito, verificou-se, em 2009, relativamente ao ano anterior, uma variação, em termos reais, na média quer da zona euro quer da EU 27, de -4,3 % do PIB, o que coloca necessariamente o problema da sustentabilidade das finanças públicas, já que, como se viu, a relação entre taxa de juro incidente sobre a dívida e taxa de crescimento do PIB é incontornável em termos de endividamento.

Esta situação levou à formulação de críticas do modelo de PEC em face do seu malogro em evitar uma crise tão acentuada, sublinhando-se, em especial, por um lado, o facto de o mecanismo relativo aos défices excessivos não ter tido a aplicação que se justificava e, por isso, terem sido os mercados a impor as "sanções" que esse mecanismo não conseguiu efetivar e, por outro, a ênfase excessiva posta nos indicadores relativos à dívida e, em particular, ao défice (já de si criticáveis por serem algo arbitrários e permeáveis a manipulações de contabilidade criativa e de algum laxismo na supervisão comunitária perante a falta de fiabilidade demonstrada na elaboração da informação estatística)[21], ignorando indicadores de desequilíbrios macroeconómicos, como por exemplo, a formação de bolhas ou a acumulação de dívidas do sector privado, que desempenharam um papel importante no precipitar da crise em alguns países da zona euro.

Entretanto, em alguns países da UE verifica-se uma crise da dívida soberana, consequente da desconfiança dos mercados que leva à exigência

---

[21] Perante as regras impostas no âmbito do PEC é sabido que, em muitos países, foram postos em prática estratagemas destinados a garantir o seu cumprimento apenas sob o ponto de vista formal e não substantivo. É o caso de medidas extraordinárias de carácter reversivo, que permitem aumentar a receita ou diminuir a despesa de um dado exercício e ter, desse modo, um efeito positivo sobre o défice público, mas que inevitavelmente vão provocar uma diminuição de receita ou um aumento de despesa em exercícios seguintes. Além disso, houve algumas práticas que foram designadas por *"desorçamentação"*, ou seja para a saída do perímetro das administrações públicas e, por isso, para deixarem de contar para o cálculo do défice e da dívida de entidades que se não houvesse que cumprir as regras do PEC aí se manteriam. Um inventário das práticas de contabilidade criativa pode ver-se em KOEN e NOORD (2005) e IRWIN (2012). Sobre duas dessas medidas levadas a cabo em Portugal para cumprimento das metas relativas ao défice em resultado do procedimento de défice excessivo instaurado contra Portugal (Decisão do Conselho 2002/923/CE) vejam-se os Relatórios de Auditoria do Tribunal de Contas nº 40/05 – *Auditoria orientada às transferências para a Caixa Geral de Aposentações das responsabilidades com pensões do pessoal dos CTT, RDP, CGD, ANA, NAV-Portugal e INCM e nº 6/2011 – Auditoria à Operação de Cessão de Créditos da Segurança Social para efeitos de Titularização.* Cf. também FREITAS PEREIRA (2009) e PEREIRA (2012).

de prémios de risco elevados nos empréstimos públicos (e à pronunciada alta dos contratos de seguro que garantam o seu reembolso – os chamados *Credit Default Swaps – CDS*), com rápidos e evidentes efeitos de contágio. Neste contexto, o Banco Central Europeu (BCE) é obrigado a tomar medidas extraordinárias através da aquisição de títulos da dívida pública e privada dos países mais atingidos pela crise[22].

Esta situação leva à criação, em 10 de Maio de 2010, pelo Eurogrupo, pela Polónia e pela Suécia, com o concurso do Fundo Monetário Internacional, do *Mecanismo Europeu de Estabilidade Financeira*, destinado a conceder empréstimos aos países em dificuldade, condicionados, no entanto, à implementação de planos de ajustamento estrutural. Neste âmbito foram já aprovados, até 2011, programas de ajuda à Irlanda, à Grécia e a Portugal.

Por outro lado, em 7 de Setembro de 2010, o Conselho Europeu institui, para entrar em vigor em 1 de Janeiro de 2011, o chamado *semestre europeu*, que tem por objetivo o reforço da coordenação das políticas económicas dos Estados membros da União, visando assegurar que os orçamentos nacionais respeitam as orientações gerais definidas ao nível europeu

Nesse objetivo de melhor governação económica na União, traduzida numa supervisão reforçada das políticas económicas nacionais, se insere a revisão do PEC efetuada em 2011. Para o efeito, no âmbito do chamado semestre europeu[23] (veja-se a nova secção 1-A do Regulamento nº 1446/97), o Conselho Europeu faz no princípio de cada ano uma análise global da situação económica, identificando os grandes desafios para a União e para área do euro e definindo as orientações estratégicas sobre as políticas a

---

[22] A aquisição de dívida pública pelo BCE faz-se, no entanto, por uma via indireta, de modo a, sob o ponto de vista formal, não contrariar o disposto no artº 123º do TFUE – a aquisição não se faz por subscrição direta mas, com fundamento no artº 127º do TFUE (que incumbe o BCE de promover o bom sistema de pagamento, prevenindo, desse modo, a ocorrência de crises sistémicas), por uma via indireta através da recompra de obrigações representativas da dívida pública às instituições bancárias de cada país.

[23] O semestre começa com a publicação pela Comissão do seu relatório anual sobre crescimento (*Annual Growth Survey*), a que se segue, ao nível do Conselho, a sua análise e a formulação de propostas, com base nas quais, nos finais de Fevereiro, o Conselho Europeu define as orientações estratégicas a seguir. Segue-se uma segunda fase, na qual os Estados membros elaboram os seus programas nacionais de reformas e os respetivos planos de estabilidade ou de convergência, que submetem até finais de Abril, que são analisados pela Comissão, que elabora, até finais de Junho, as recomendações a fazer a cada Estado membro, de forma a que no mês de Julho o Conselho Europeu formalmente as adote.

seguir. Os quadros orçamentais nacionais deverão ser alinhados com estas orientações e permitir atingir o objetivo de médio prazo definido para cada Estado membro, o qual deverá ser regularmente atualizado com base numa metodologia comum que reflita de forma adequada os riscos para as finanças públicas decorrentes de passivos explícitos e implícitos, ou seja tendo em conta a sua sustentabilidade. Em especial, cumpre destacar os seguintes aspetos:

a) Enquanto não for atingido o objetivo orçamental de médio prazo, a taxa de crescimento da despesa pública não deverá ser superior à taxa de referência de médio prazo do crescimento do PIB potencial, sendo os aumentos que ultrapassem esta norma compensados por aumentos discricionários da receita do Estado e as reduções discricionárias das receitas compensadas por reduções de despesa ;

b) Aos Estados membros confrontados com um nível de dívida pública superior a 60 % do PIB ou com riscos acentuados em termos de sustentabilidade global da dívida, é exigida uma trajetória de ajustamento mais rápida ao objetivo orçamental de médio prazo;

c) Em caso de se verificar um desvio significativo em relação ao objetivo orçamental de médio prazo, a Comissão deverá dirigir ao Estado membro em causa uma advertência, a que se seguirá, no prazo de um mês, uma análise da situação pelo Conselho, que recomendará as medidas de ajustamento necessárias para corrigir o desvio num prazo não superior a cinco meses

Já em 2012, 25 Estados membros da União Europeia (o Reino Unido e a República Checa ficaram de fora) assinaram o chamado *"Tratado sobre Estabilidade, Coordenação e Governação na União Económica e Monetária"*, que tem sido associado à exigência feita aos Estados participantes de consagração nas respetivas Constituições, ou em normas de valor equivalente, do princípio do equilíbrio ou excedente orçamental estrutural, que apenas admite desvios temporários em circunstâncias excecionais, devendo sempre regressar-se a uma situação de equilíbrio ou excedente orçamental (artº 3º, nº 2)[24]. Considera-se verificado esse princípio quando o "saldo estrutural anual das administrações públicas tiver atingido o objetivo de

---

[24] Tem sido muito criticado que o Tratado se centre exclusivamente na vertente da austeridade, não incluindo medidas que promovam especificamente o crescimento e o emprego.

médio prazo específico desse país, tal como definido no Pacto de Estabilidade e Crescimento revisto, com um limite de défice estrutural de 0,5 % do produto interno bruto a preços de mercado" [artº 3º, nº 1, alínea b)], que, no entanto, pode atingir, no máximo, 1 % do PIB a preços de mercado quando a relação entre a dívida pública e esse PIB for significativamente inferior a 60 % e os "riscos para a sustentabilidade a longo prazo das finanças públicas forem reduzidos" [artº 3º, nº 1, alínea d)][25].

A análise a longo prazo da sustentabilidade das finanças públicas ganha nos termos aqui convencionados ainda maior relevo, sendo expressamente invocada como objetivo a ter em conta quanto à coordenação das políticas económicas (veja-se artº 9º).

É também de sublinhar a instituição de mecanismos automáticos de correção. Assim, se for constatado um desvio significativo do objetivo de médio prazo ou da respetiva trajetória de ajustamento, é automaticamente acionado um mecanismo de correção, compreendendo a obrigação de o Estado membro em causa aplicar medidas para corrigir o desvio dentro de um determinado prazo [artº 3º, nº 1, alínea e)].

Por outro lado, é dada maior ênfase ao critério da dívida e, quando caso disso, à sua correção. Assim, nos termos do artº 4º do Tratado, quando a relação entre dívida pública e PIB exceder o valor de referência de 60 %, o que pode determinar a existência de um défice excessivo, o Estado membro em causa tem de reduzir esse excesso a uma taxa média de um vigésimo desse excesso por ano (artº 4º). Os planos de emissão da dívida pública passam a ser comunicados previamente ao Conselho e à Comissão com vista a assegurar uma melhor coordenação do planeamento da emissão de dívida nacional (artº 6º).

É igualmente imposta a obrigação, por parte dos Estados que tenham sido sujeitos a um procedimento por défice excessivo, de instituírem um programa de parceria orçamental e económica que especifique as reformas estruturais que tem de adotar e aplicar para assegurar uma correção efetiva e sustentável desse défice (artº 5º).

---

[25] O "saldo estrutural anual das administrações públicas" é definido como sendo "o saldo anual corrigido das variações cíclicas e líquido de medidas extraordinárias e temporárias" [artº 3º, nº3, alínea a)].

O Tratado consagra ainda a chamada regra de votação no Conselho por maioria qualificada "invertida"[26] relativamente às propostas e recomendações apresentadas pela Comissão no caso de défice excessivo (artº 7º) e atribui ao Tribunal de Justiça poderes de controlo quanto à consagração a nível constitucional ou equivalente do princípio do equilíbrio ou excedente orçamental estrutural e respetivos mecanismos de correção automática (artº 8º).

4. Sustentabilidade das finanças públicas e envelhecimento demográfico

A análise da sustentabilidade das finanças públicas na União Europeia tem vindo a incluir, como se disse, quer no indicador S_1 quer no indicador S_2, o efeito do envelhecimento demográfico.

Os custos associados ao envelhecimento decorrem da evolução demográfica prevista para a UE e incluem em termos orçamentais os correspondentes efeitos quanto a despesas com pensões, com cuidados de saúde, com cuidados com a velhice e com a educação[27].

---

[26] A maioria qualificada não se reporta à aprovação da decisão proposta ou recomendada mas à oposição a essa decisão.

[27] A Comissão Europeia vem publicando com regularidade relatórios neste domínio, que suportam as análises de sustentabilidade das finanças públicas que leva a cabo. No presente trabalho os dados referidos são os que suportam o relatório de 2009. Estão, porém, já em desenvolvimento os estudos com vista a um novo relatório, a publicar em 2012, no qual se insere o chamado *"The 2012 Ageing Report"*. Pode dizer-se que os dados aí referidos não diferem substancialmente para a UE no seu todo dos constantes do relatório de 2009. Projeta-se que o total da população na UE 27 seja, em 2060, de 516 milhões, mais 2,4 milhões que o projetado no EUROPOP 2008. O índice de dependência da população idosa será de 52,5 %, mas aumenta o número de pessoas com mais de 80 anos (que será de 12 % do total, muito próximo dos 14 % da população jovem com idades compreendidas entre 0 e 14 anos). No período 2010-2060 prevê-se uma taxa anual média de crescimento do PIB potencial de 1,5%, ligeiramente inferior à projetada no relatório de 2009. As despesas especificamente relacionadas com o envelhecimento populacional aumentam, entre 2010 e 2060, na UE27, no cenário de referência 4,1 pontos percentuais do PIB (ou 4,8 pontos no cenário de risco) e, na área do euro, 4,5 pontos no cenário de referência e 5,3 pontos no cenário de risco: sendo o nível das mesmas em 2010 de 25 % na UE27 e 25,7 % na área do euro. Desagregando estes incrementos no cenário de referência tem-se – pensões: 1,5 p.p. na UE 27 e 2,0 p.p. na área do euro; saúde: 1,1 p.p. quer na UE 27 quer na área do euro; cuidados continuados: 1,5 p.p. na UE 27 e 1,7 p.p. na área do euro; educação: menos 0,1 p.p. na UE 27 e menos 0,2 p.p. na área do euro. .

Assim, seguindo aqui de perto o referido no "*Sustainability Report 2009*" da Comissão Europeia, de acordo com as projeções demográficas efetuadas para o período 2008-2060, é um facto que, por efeito conjugado do aumento da esperança de vida (em média, de mais 7 anos para as mulheres e de 8,5 anos para os homens, passando, por isso, a ser de 88,9 anos para as primeiras e de 84,5 anos para os segundos) e da insuficiência do índice de fertilidade (ou seja do número médio de nascimentos por cada mulher) que, embora suba de 1,5 para 1,6, continua a não assegurar a substituição populacional (que exigiria uma taxa de 2,1), existe um envelhecimento demográfico na União Europeia que os fluxos migratórios não estão em condições de compensar. Com efeito, essas projeções apontam para uma certa estabilização no total da população mas, a sua distribuição por escalões etários altera-se profundamente, acentuando o peso da população mais idosa (Gráfico 1).

Gráfico 1
Pirâmide de idades (em milhares) na UE 27 em 2008 e 2060

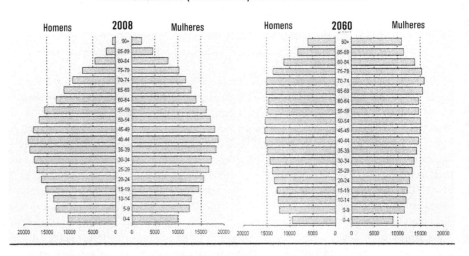

Fonte: EUROSTAT, EUROPOP 2008; EUROPEAN COMISSION, "*Sustainability Report – 2009*", p. 23

Esta evolução tem acentuadas consequências económicas, a primeira das quais é a da diminuição da população em idade ativa (que passa de cerca de 331,9 milhões em 2007 para 283,3 milhões em 2060) e um aumento da população idosa exigindo apoio: o índice de dependência desta, ou seja a relação entre a população com 65 ou mais anos e a população com idades compreendidas entre os 15 e os 64 anos passa de 25 % em 2007 para 54 % em 2060. E como o crescimento económico é determinado pelo aumento da população ativa e pelo aumento da produtividade, o decréscimo da primeira faz baixar a taxa desse crescimento a menos que a produtividade acelere. Não é, por isso, de estranhar que se projete uma diminuição do crescimento económico na União Europeia, que passaria de 2,4 % em média no período 2007-2020 para uma média anual de 1,3 % no período 2011-2060.

Tal evolução em termos de crescimento económico não pode deixar, por si só, de ter consequências orçamentais, mas a estas acrescem o aumento da despesa pública decorrente da evolução demográfica assinalada, com maior população reformada e vivendo a sua reforma durante um período mais longo devido ao aumento da longevidade. Por outro lado, este período mais longo refletir-se-á também em incremento das despesas com a saúde e bem assim nos cuidados a ter com a população idosa, que as alterações nas estruturas familiares e uma maior mobilidade geográfica também impõem. Por último, quanto às despesas com a educação, esta evolução demográfica, com menores crianças e jovens em idade escolar, sugere uma baixa, ainda que reduzida, mas que pode ser compensada por uma política mais ambiciosa neste domínio.

No seu atrás citado relatório de 2009 sobre a sustentabilidade das finanças públicas na União Europeia, a Comissão estima, para o período 2010-2060, um crescimento da despesa pública associado à evolução demográfica de 4,6 pontos percentuais do PIB para a globalidade da UE 27 e de 5,1 pontos para a área do euro, discriminados do seguinte modo:

- as despesas com pensões, que, em 2010, representariam 10,2 % do PIB na UE 27 e 11,2 % do PIB na área do euro, registariam, entre este ano e 2060, um aumento, respetivamente, de 2,3 e 2,7 pontos percentuais;
- as despesas com a saúde, no mesmo período, cresceriam 1,4 e 1,3 pontos percentuais na UE 27 e na área do euro, respetivamente, a partir de uma base, nos dois casos, de 6,8 % do PIB em 2010;
- as despesas com cuidados continuados (específicos da população idosa), devido ao acentuado crescimento da população com mais de 80 anos, veriam o seu peso no PIB quase a duplicar, aumentando 1,1

FINANÇAS PÚBLICAS DA UNIÃO EUROPEIA

e 1,3 pontos percentuais na UE 27 e na área do euro, respetivamente, para atingir 2,4 % e 2,7 % em 2060 em cada um desses agregados;
- as despesas com subsídios de desemprego, baseadas apenas na evolução das taxas de desemprego prevista para o período considerado, estima-se que desçam de 0,8 % do PIB para 0,6% do PIB.

Importa sublinhar que estas variações consideradas ao nível global escondem variações muito diferentes entre os diferentes Estados membros em cada uma das componentes consideradas, bem expressas no facto de a variação do total destas despesas, no período em causa, ter uma amplitude que vai de um aumento de 18,2 pontos percentuais no Luxemburgo (devido ao aumento das despesas com pensões de 15,3 pontos) até uma variação negativa de 1,1 pontos percentuais na Polónia[28].

Visualizando os efeitos dos custos associados ao envelhecimento nos indicadores de sustentabilidade, verifica-se que os mesmos contribuem 3,2 pontos percentuais para o indicador S_2 (que é, no total, de 6,5 % do PIB) e 2 pontos percentuais para o indicador S_1 (que é de 5,4 % do PIB) relativos à UE 27 e, na área euro, com 3,5 pontos percentuais para o indicador S_2 (que é, no total, de 5,8 % do PIB) e 2,4 pontos percentuais para o indicador S_1 (que é, no total de 4,8 do PIB)[29]. Comprova-se, assim, um elevado

---

[28] Para o caso de Portugal no relatório sobre a sustentabilidade das finanças públicas de 2009 é estimada uma variação total de 2,9 pontos percentuais, acrescendo a uma base de 24,9 % do PIB em 2010, os quais encontram-se distribuídos do seguinte modo: + 1,5 pontos para as despesas com pensões (para uma base, em 2010, de 11,9 % do PIB); + 1,8 pontos percentuais para as despesas com a saúde (a acrescer aos 7,3 % do PIB de 2010); + 0,1 pontos percentuais para as despesas com cuidados continuados (a acrescer aos 0,1 % do PIB em 2010); e -0,4 pontos percentuais para as despesas com educação e subsídios de desemprego (para uma base de 5,6 % do PIB em 2010). Portugal é classificado no grupo de países que apresenta um crescimento moderado (até 4 pontos percentuais), o que é atribuído à reforma verificada no sistema de pensões. Já no *"The 2012 Ageing Report"*, em que se consideraram as medidas entretanto tomadas, como, nas pensões, o corte salarial médio de 5 % verificado em 2011 e o corte nos subsídios de férias e de Natal a partir de 2012, são as seguintes as variações projetadas para o período 2010-2060: + 0,2 pontos para as despesas com pensões (para uma base, em 2010, de 12,5 % do PIB); + 1,1 pontos percentuais para as despesas com a saúde (a acrescer aos 7,2 % do PIB de 2010); + 0,3 pontos percentuais para as despesas com cuidados continuados (a acrescer aos 0,3 % do PIB em 2010); e -1,1 pontos percentuais para as despesas com educação (para uma base de 4,7 % em 2010).

[29] Estes valores são inferiores aos expressos pelo incremento das despesas relativas ao envelhecimento devido principalmente ao impacto do desconto dos valores futuros das despesas

peso dos custos associados ao envelhecimento para a sustentabilidade das finanças públicas.

Bibliografia

AFONSO, António, *Fiscal policy sustainability: some unpleasant European evidence*, ISEG Working Papers, Lisbon, WP 2000/12, August 2000.

AFONSO, António e RAULT, Christophe, *3-Step Analysis of Public Finances Sustainability: the Case of the European Union*, School of Economics and Management, Lisbon, WP 35/2008/DE/UECE.

BALASSONE, Fabrizio and FRANCO, Daniele, "*EMU Fiscal Rules: a new answer to an old question?*", in Banca d'Italia, *Fiscal Sustainability*, essays presented at the Bank of Italy workshop held in Perugia, 20-22 January 2000.

BALASSONE, Fabrizio and FRANCO, Daniele, *Assessing Fiscal Sustainability: a review of methods with a view to EMU*, in Banca d'Italia, *Fiscal Rules*, papers presented at the Bank of Italy workshop held in Perugia, 1-3, February, 2001.

BALASSONE, Fabrizio, CUNHA, Jorge, LANGENUS, Geert, MANZKE, Bernhard, PAVOT, Jeanne, PRAMMER, Doris and TOMMASINO, Pietro, *Fiscal Sustainability and Policy Implications for the Euro Area*, European Central Bank, Working Paper Series, nº 994, January 2009.

BARBOSA, António S. Pinto, *Economia Pública*, Lisboa, McGraw-Hill, 1997.

BARTHE, Marie-Annick, *Économie de l'Union européenne*, 4ᵉ ed., Economica, Paris, 2011.

BLANCHARD, Olivier, "*Suggestions for a New Set of Fiscal Indicators*", OECD Working Paper nº 79. April 1990.

BLANCHARD, Olivier, CHOURAQUI, Jean-Claude, HAGEMANN, Robert P. and SARTOR, Nicole, *The Sustainability of Fiscal Policy: new answers to an old question*, OECD Economic Studies nº 15, Autumn 1990.

BRAZ, Cláudia, CAMPOS, Maria Manuel, CUNHA, Jorge Correia da, MOREIRA, Sara e PEREIRA, Manuel Coutinho, "*Finanças Públicas em Portugal: tendências e desafios*", in *A Economia Portuguesa no Contexto da Integração Económica, Financeira e Monetária*, Departamento de Estudos Económicos, Banco de Portugal, Lisboa, 2009, pp 339-421.

BUITER, Willem H., "*Guide to Public Sector Debt and Deficits*", *Economic Policy: A European Forum*, vol I (November 1985), pp 13-79.

CHALK, Nige e HEMMING, Richard, "*Assessing Fiscal Sustainability in Theory and Practice*", IMF Working Paper WP/00/81, Internacional Monetary Fund, Washington, D.C., 2000.

DOMAR, Evsey D., "*The "Burden of the Debt" and the National Income*", in *The American Economic Review*, vol. 34, nº 4 (Dec, 1944), pp 798-827.

EUROPEAN CENTRAL BANK, "*Challenges to fiscal sustainability in the euro area*", *Monthly Bulletin*, February 2007, pp 59-72.

e da sua distribuição temporal, em que se esperam menores valores para os primeiros anos da projeção.

EUROPEAN COMMISSION, "*The long-term sustainability of public finance in the European Union*", European Economy, vol. 4, 2006.

EUROPEAN COMMISSION, "*The 2009 Ageing Report – Economic and Budgetary projections for the 27 EU Member States (2008-2060)*", European Economy, 2/2009.

EUROPEAN COMMISSION, "*Sustainability Report – 2009*", European Economy, 9/2009

EUROPEAN COMMISSION, "*The 2012 Ageing Report – Economic and Budgetary projections for the 27 EU Member States (2010-2060)*", European Economy, 2/2012

FREITAS PEREIRA, Manuel H., "*Controlo e Avaliação das Finanças Públicas: Que transformações ?*", in *Colóquio Internacional 'A Moderna Gestão Pública: uma resposta à crise económica' ?*, Lisboa, Tribunal de Contas, 2009, pp 143-157.

IRWIN, Thimothy C., "*Accounting Devices and Fiscal Illusions*", IMF Staff Discussion Note, March 28, 2012.

KEYNES, J. (1923). *A Tract on Monetary Reform*, in The Collected Writings of John Maynard Keynes, vol. IV, Macmillan, 1971.

KOEN, Vincent e van den NOORD, Paul, "*Fiscal Gimmickry in Europe: one-off measures and creative accounting*", OECD, Economic Department Working Papers, nº 417, Paris, 10-Feb-2005.

LANGENUS, Geert, *Fiscal sustainabilitry indicators and policy design in the face of ageing*, National Bank of Belgium, Working Paper Research nº 102, Brussels, October 2006.

MARINHEIRO, Carlos Fonseca, *Sustainability of Portuguese Fiscal Policy in Historical Perspective* (February 2005), CESifo Working Paper No. 1399. Available at SSRN: http://ssrn.com/abstract=665525

PEREIRA, Paulo Trigo, AFONSO, António, ARCANJO, Manuela e SANTOS, José Carlos Gomes dos, *Economia e Finanças Públicas*, 4ª ed., Lisboa, Escolar Editora, 2012.

PEREIRA, Paulo Trigo, *Portugal: Dívida Pública e Défice Democrático*, Fundação Francisco Manuel dos Santos, Lisboa, 2012.

SANTOS, J. Albano, *Finanças Públicas*, INA Editora, Oeiras, 2010.

TRIBUNAL DE CONTAS, *Parecer sobre a Conta Geral do Estado de 2006*, vol I, Lisboa, 2007, disponível em www.tcontas.pt.

TRIBUNAL DE CONTAS, *Relatório de Auditoria nº 40/05 – Auditoria orientada às transferências para a Caixa Geral de Aposentações das responsabilidades com pensões do pessoal dos CTT, RDP, CGD, ANA. NAV-Portugal e INCM*, disponível em www.tcontas.pt

TRIBUNAL DE CONTAS, *Relatório de Auditoria nº 6/2011 – Auditoria à Operação de Cessão de Créditos da Segurança Social para efeitos de Titularização*, disponível em www.tcontas.pt

ÍNDICE

Nota de Apresentação
   João Ricardo Catarino e José F.F. Tavares (Coordenadores)   7

Prefácio – AS FINANÇAS NA CONVENÇÃO EUROPEIA – REFLEXÃO E TESTEMUNHO
   Guilherme d'Oliveira Martins   11

Capítulo 1 – A CRISE DO EURO E O PAPEL DAS FINANÇAS PÚBLICAS
   Eduardo Paz Ferreira   19

Capítulo 2 – LINHAS DE EVOLUÇÃO DAS FINANÇAS PÚBLICAS EUROPEIAS
   José F.F. Tavares   35

Capítulo 3 – OS ÓRGÃOS FINANCEIROS DA UNIÃO EUROPEIA
   Alexandra Pessanha   61

Capítulo 4 – O SISTEMA FINANCEIRO ATUAL E FUTURO DA UNIÃO EUROPEIA
   Manuel Porto   87

Capítulo 5 – O ORÇAMENTO DA UNIÃO EUROPEIA
   João Ricardo Catarino   109

Capítulo 6 – PROCESSO E EXECUÇÃO ORÇAMENTAL
   Guilherme Waldemar d'Oliveira Martins   149

Capítulo 7 – A PRESTAÇÃO DE CONTAS NA UNIÃO EUROPEIA
Manuel Lourenço   167

Capítulo 8 – O CONTROLO DAS FINANÇAS PÚBLICAS EUROPEIAS
Vitor Caldeira   187

Capítulo 9 – AS RESPONSABILIDADES INERENTES À ATIVIDADE FINANCEIRA
Helena Maria Mateus de Vasconcelos Abreu Lopes   223

Capítulo 10 – AS FINANÇAS PÚBLICAS EUROPEIAS NA ENCRUZILHADA ENTRE A INTEGRAÇÃO ORÇAMENTAL E A PLURILOCALIZAÇÃO DA EXECUÇÃO E DO CONTROLO ORÇAMENTAL
Maria d'Oliveira Martins   265

Capítulo 11 – SUSTENTABILIDADE DAS FINANÇAS PÚBLICAS NA UNIÃO EUROPEIA
Manuel Henrique de Freitas Pereira   287